老旧建筑小区
海绵化改造技术及实施案例

尹文超　卢兴超　刘永旺　等 编著

化学工业出版社
·北京·

本书集老旧建筑小区海绵化改造技术理论、设计、施工及管理于一体，主要介绍了老旧建筑小区海绵化改造背景、老旧建筑小区海绵化改造适宜技术、老旧建筑小区海绵化改造技术实施方案、老旧建筑小区海绵化改造规划设计方法及图示、老旧建筑小区海绵化改造典型案例等内容，旨在帮助读者熟悉并掌握“分类实施”的技术策略，直观、系统地了解老旧建筑小区海绵化改造的流程和技术方法体系。

本书具有较强的技术性和针对性，可供海绵城市建设背景的科研人员、设计人员、工程人员以及政府管理者参考，也可供高等学校城市规划、市政工程、环境工程及相关专业师生参阅。

图书在版编目（CIP）数据

老旧建筑小区海绵化改造技术及实施案例/尹文超等编著. —北京：化学工业出版社，2020.3

ISBN 978-7-122-36129-5

Ⅰ.①老… Ⅱ.①尹… Ⅲ.①居住区-旧房改造-研究-中国 Ⅳ.①TU984.12

中国版本图书馆CIP数据核字（2020）第021901号

责任编辑：刘兴春　刘兰姝　　装帧设计：韩　飞

责任校对：宋　玮

出版发行：化学工业出版社（北京市东城区青年湖南街13号　邮政编码100011）

印　　装：北京宝隆世纪印刷有限公司

787mm×1092mm　1/16　印张18　字数368千字　　2020年5月北京第1版第1次印刷

购书咨询：010-64518888　　售后服务：010-64518899

网　　址：http://www.cip.com.cn

凡购买本书，如有缺损质量问题，本社销售中心负责调换。

定　　价：148.00元

编 著 人 员

编 著 者：尹文超　卢兴超　刘永旺　梁 岩　张 超
张 玥　薛晓宁　曹 政　张 卫　熊蒂程
张跃洋　刘 博　黄 静

序一

由尹文超博士带领团队编著的《老旧建筑小区海绵化改造技术及实施案例》一书，是一部理念创新、技术先进和内容丰富多彩的著作。本书对我国一些城市的老旧建筑小区的现状，尤其是雨水内涝的危害做了较多的现场踏勘和调研，做出了全面系统的分析和归纳总结，提出了分类实施的海绵小区治理措施。

为有效地治理老旧建筑小区的雨水为患难题，作者们对国内外城市和小区雨水治理的成功经验和先进技术进行了大量的调研，尤其是美、德等国家的绿色基础设施，包括其先进的理念和技术以及其成功的范例，进行认真地研究、吸收、消化和改进，并成功地用于我国老旧建筑小区的海绵小区改造中。

作者们根据老旧建筑小区的雨水危害的不同程度，提出了分类实施策略，即基本型、提升性和全面型的治理措施，在一系列的绿色措施或海绵治理措施（如绿色屋顶、雨水花园、渗水性路面、广场和停车场等、植被滞留坑、槽、沟等，雨水渗滤、净化和储存池，雨水储存净化塘，雨水人工湿地，屋顶雨水收集储存桶，地下雨水储存层等），根据雨水不同的为患程度确定适宜的分类技术，采用优化组合的方式，对老旧建筑小区进行治理改造，以达到预期的效果。

本书中作者们对各种绿色或海绵单元技术进行了详细的阐述和介绍，并针对老旧建筑小区的雨水为患的程度不同提出了相应的优化组合治理方案，为老旧建筑小区海绵化改造设计、施工和维护运行提供了指南和准则；同时，也详细地介绍了国内外一些城市和小区雨水治理的成功案例，为老旧建筑小区的绿色或海绵设施的改造提供了可参考和借鉴的样板。

本书是集建筑小区雨水治理的创新理念、先进技术和成功实践的大成，为老旧建筑小区的成功改造和新建筑小区的成功建设提供了很有价值的理论、技术和实践的支持。

王宝贞

2019年10月

序二

2015年10月，国务院办公厅发布了《关于推进海绵城市建设的指导意见》(国办发[2015]75号)，明确提出："到2020年，城市建成区20%以上的面积达到目标要求；到2030年，城市建成区80%以上的面积达到目标要求"。据此，海绵城市建设在全国如火如荼地开展，在各个省市推行开来。

老旧建筑小区在城市建成区中占地面积大、人口密度高、环境错综复杂，其环境质量直接影响城市居民的生活品质。针对老旧建筑小区在城市发展过程中出现的问题和潜在的风险情况，中央和地方政府先后出台了老旧建筑小区的综合整治指南、导则和行动计划，保障居民安全感、提高居民幸福感、增强居民获得感。

建筑与小区作为海绵城市建设的重要组成部分，其海绵化改造对城市建成区海绵城市建设的推进具有极其重要的作用。通过国内海绵试点城市的踏勘，发现部分老旧建筑小区在海绵化改造过程中，常因本地情况调查不明、设计方法不当、技术措施不合理、施工工程不规范、运行管理不科学等因素，导致改造效果欠佳，不能达到小区民民的满意度。

《老旧建筑小区海绵化改造技术及实施案例》是一本集设计、施工、管理于一体的书籍，其创新性地提出"分类实施策略"，并将其贯穿始末。"分类实施策略"统筹了问题诉求、本底条件、资金渠道、居民支持度等因素，制定的科学技术策略，对老旧建筑小区改造实施因地制宜、因地施策提供了基础资料，同时展示了国内外的典型案例，对海绵城市建设的工程实践具有很高参考价值。

赵锂
中国建筑设计研究院有限公司副总经理、总工程师
住建部海绵城市建设技术指导专家委员会委员
2019年10月

前 言

建筑小区是城市的重要组成部分，是城市居民生活的重要载体。随着城市化进程的逐步推进，不同年代的建筑小区见证了我国城市的不断发展，服务了百姓的幸福生活。十九大报告指出，要注重百姓生活的幸福感、安全感、获得感，以满足人民日益增长的美好生活需要。当前，建设时间长、居住环境差、生活品质低的老旧建筑小区逐步成为百姓生活的痛点，成为基本公共服务均等化、社会主义现代化的重要障碍。

以“小雨湿鞋、大雨积水”为代表的建筑小区水系统相关问题是老旧建筑小区的重点问题，直接影响居民生活的幸福感、安全感。海绵城市是一种新型城市发展理念，通过发挥建筑、道路和绿地、水系等生态系统对雨水的吸纳、蓄渗和缓释作用，有效控制雨水径流，实现自然积存、自然渗透、自然净化。老旧建筑小区海绵化改造是将海绵城市建设和老旧小区改造相结合，充分利用海绵城市建设的相关理念和技术措施，解决建筑小区内的水系统及生态环境问题，整体提升建筑小区居住品质。

当前，老旧建筑小区海绵化改造过程中常因本底情况摸查不清、改造目标不明确、设计方法不适宜、运维管理不科学等原因，导致在建设过程中出现占用场地面积大、技术简单无特色、施工粗暴不精细、设施单一不集成、目标模糊不统一等现象出现，常常造成改造建设效果差、问题未解决、居民不满意等问题。

针对以上需求与问题，本书结合现场实际踏勘、工程实践总结和相关技术标准，提出“分类实施”技术策略，划分为“基本型、提升型、全面型”三种分类等级，编著老旧建筑小区海绵化改造技术，并通过实施案例来为老旧建筑小区海绵化改造提供技术支持和参考。本书内容包括：老旧建筑小区海绵化改造背景、老旧建筑小区海绵化改造适宜技术、老旧建筑小区海绵化改造技术实施指南、老旧建筑小区海绵化改造规划设计方法及图示、老旧建筑小区海绵化改造典型案例。首先，从老旧建筑小区海绵化改造的政策、需求、问题以及目标等方面进行改造背景的阐述；其次，分析适用于老旧建筑小区海绵化改造的常规技术和新型技术，着重对新型适用技术进行详细介绍，并提出非标设计参数和适用范围；再次，提出“分类实施”的技术实施路线，并贯穿本底调查、规划设计、工程建设、运行维护等整个过程；随后，按照“收集入渗、调节排放、净化回用”进行归纳分类，提出单项设施和集成技术的规划设计方法和图示；最后，通过国内外典型工程案例，阐述不同技术分类级别的工程实施过程和效果。

本书是一本集理论、设计、施工以及管理于一体的老旧建筑小区海绵化改造书籍，旨在帮助读者熟悉掌握“分类实施”的技术策略，直观、系统地了解老旧建筑小区海绵化改造的流程和技术方法体系，并在实际工程中进行应用，书中给出国内外典型工程案例，具有很好的参考价值。本书具有较强的技术性和针对性，可供具有海绵城市建设背景的科研人员、设计人员、工程人员以及政府管理者参考，也可供高等学校城市规划、市政工程、环境工程及相关专业师生参阅。

本书由尹文超、卢兴超、刘永旺等编著，具体编著分工如下：第1章由尹文超、卢兴超、刘永旺编著，第2章由尹文超、张卫、卢兴超、刘永旺、刘博编著，第3章由梁岩、卢兴超、张玥、张超、薛晓宁编著，第4章由张超、梁岩、张玥、张卫、张跃洋编著，第5章由尹文超、卢兴超、刘永旺、曹政、熊蒂程、薛晓宁、黄静编著。在此感谢赵锂总工程师、郭汝艳总工程师，以及周玉文教授、郑克白教授级高级工程师、张险峰教授级高级工程师、李星研究员、吴俊奇教授、陈永研究员、张磊教授级高级工程师，在编著阶段给予的指导，同时在此一并感谢为本书提供资料的相关单位。本书由国家重点研发计划《既有城市住区功能提升与改造技术》（2018YFC0704800）和中国建筑设计研究院有限公司科技创新基金《老旧建筑小区海绵化改造设计技术研究》（Y2017102）资助支持，特此感谢。

限于编著者水平及编著时间，书中不足和疏漏之处在所难免，敬请读者批评指正。

编著者
2019年9月

目 录

第1章

老旧建筑小区海绵化改造背景

改革开放40年以来，国内经济发生了突飞猛进的发展，城市如“摊大饼”式地扩张建设，建筑小区作为城市的基本单元，随着时间的推移逐渐出现设施老化和配套服务不完善的问题。根据住房和城乡建设部（以下简称“住建部”）标准定额司的初步统计，目前我国有老旧小区近16万个，涉及居民超过4200万户，建筑面积约为40亿平方米。老旧建筑小区居住环境质量差、配套设施不完善、私搭乱建现象严重等问题，直接影响居民生活水平的提升和对美好城市环境的向往。为解决城市老旧建筑小区居民的生活难题，通过实施老旧建筑小区海绵化改造，改善居民生活环境，满足人民日益增长的美好生活需要，提高居民群众的安全感、幸福感和获得感。

1.1 老旧建筑小区海绵化改造政策背景

1.1.1 老旧建筑小区改造

（1）概念与划定

我国的城市建筑小区在20世纪60年代开始兴起，70年代为建设发展期，80～90年代为建设繁荣期，尤其是改革开放之后，整个国家处于经济高速发展的阶段，城市建筑小区如雨后春笋发展形成起来。国内学者对老旧小区的研究较早，国家行政学院政府经济研究中心主任、经济学教研部王建教授，在《推进老旧小区改造——应对中国经济下行压力的新思路》一文中对老旧小区的定义为：“2000年之前建成的城市居住小区。”黄珺在《城市老旧小区治理的三重困境—以南京市J小区环境整治行动为例》一文中对城市老旧小区定义为：“单位制改革之前的由政府、单位出资建设的居住区，与1998年房改（商品房改造）之后建设成的居住区相对。”闫明艳在《城市开放式老旧小区治理对策研究——以济南市市中区为例》中提到，城市开放式老旧小区概念可归纳为：“在空间方面以道路或地形布局自然分割，不设围墙等显性遮挡物，同周围环境无清晰的分割边界；在公共事务管理方面由政府主导，物业管理公司、业主委员会、社会团体等其他治理主体相对缺位；在公共服务方面，所享受的公共服务从数量和质量上都同高档封闭式小区以及城市核心区存在差异，善治程度不高。”

从国家到地方政府对老旧小区的时间和标准界定有所不同，住建部在《建设部关于开展旧住宅区整治改造的指导意见》（建住房〔2007〕109号）中规定，旧住宅区是指房屋年久失修、配套设施缺损、环境脏乱差的住区。在《北京市人民政府关于印发北京市老旧小区综合整治工作实施意见的通知》中，对“十二五”时期北京市老旧小区综合整治范围边界进行确定：一是，1990年（含）以前建成的、建设标准不高、设施设备落后、功能配套不全、没有建立长效管理机制的老旧小区（含单栋住宅楼），市政府为主整治；二是，1990年以后建成、存在上述问题的老旧小区，由各区县政府另行制定综合整治方案，并加快组织实施。在《上海市住宅修缮工程管理试行办法》中，老旧住房修缮对象为房龄在50年以上，由于建设标准低、结构简单、年久失修等因素的老旧住房。《杭州市老旧住宅小区物业管理改善工程实施方案》规定，老旧住宅小区是指1999年以前的、房屋标准成套、尚未开展专业化物业管理的老旧小区。《河北省老旧小区改造技术导则》中提出，老旧小区是指2000年（含）前建成的环境条件差、配套设施不全或破损严重、无障碍设施缺失、管理服务机制不健全，且不宜整体拆除重建的居住小区以及住宅楼。《淄博市老旧住宅小区整治改造实施方案》对老旧建筑小区的定义为：建设年代久远，建设标准不高，房屋年久失修，设施落后，配套不全，人文环境差，物业管理不完善的小区。老旧小区见图1-1。

结合专家学者、中央政府及地方政府对城市老旧小区的界定，城市老旧小区指建造时间比较长，市政配套设施老化，公共服务缺项等问题比较突出，居住年限在20年以上的住宅小区。同时具备以下特点：

① 管网破旧，上下水、电网、煤气，还有光纤，要么缺失，要么老化非常严重。

② 公共服务缺失，如养老、抚幼、物业，还有文化娱乐、健身、机动车和非机动车的存放等。尤其是现在很多老旧小区老龄化程度较高。

③ 没有物业管理，公共环境普遍比较差，包括道路破损、秩序混乱、私搭乱建等。

（2）老旧小区改造国家政策推进

老旧建筑小区改造关系着城市居民的福祉，从2016年2月国务院发布的《关于进一步加强城市规划建设管理工作的若干意见》，提出有序推进老旧住宅小区综合

图1-1 老旧小区（来源：新华网）

整治是切实解决群众住房困难的重要手段，到2019年7月，住建部副部长黄艳对试点城市老旧小区改造情况提出工作指导，实质性来推进老旧建筑小区的改造。在这三年多的时间内，中央在政策、技术、资金等方面颁布了相关的文件予以支持，推动老旧小区的改造，国家对老旧小区改造主要政策时间轴线见图1-2。

2016年2月6日

中共中央国务院发布《关于进一步加强城市规划建设管理工作的若干意见》，明确老旧住宅小区是推进综合整治的重点对象……

2017年12月1日

住建部部长黄蒙徽在厦门召开老旧小区改造试点工作座谈会，确定了15个城市为老旧小区改造试点城市，分别为厦门、广州、韶关、柳州……

2019年4月22日

住建部会同国家发改委、财政部联合印发《关于做好2019年老旧小区改造工作的通知》，全面推进城镇老旧小区改造……

2019年6月11日

国家发改委发布的《中央预算内投资保障性安居工程专项管理暂行办法》中，提到专项支持范围包括：……城市、县城（城关镇）老旧小区改造配套基础设施建设等……

2019年6月19日

国务院总理李克强在主持召开的国务院常务会议中，部署推进城镇老旧小区改造等工作会议，会议强调，积极做好“六稳”工作，稳投资是重要方面……

2019年7月1日

住建部副部长黄艳根据试点及各地反馈情况和城镇老旧小区改造情况，对做好老旧小区改造工作提出需要破解的三个难题……

图1-2 国家对老旧小区改造主要政策时间轴线图

（3）老旧小区改造地方政策实施

早在2017年之前，国内部分城市已经推陈出新开展老旧建筑小区改造实施策略。2015年11月17日，淄博市政府印发《淄博市老旧住宅小区整治改造实施方案》，方案提出，通过整治改造，着力解决老旧小区“脏、乱、差”的问题，进一步改善老旧小区的居住环境，提升居民的生活品质和幸福感。

2017年3月24日秦皇岛市政府印发《秦皇岛市推进老旧小区改善提升工作实施方案》，方案内容包括：道路修补、绿化、楼体粉刷、配备垃圾箱等小区环境综合整治，管网修复、疏通等基础设施改善，完善治安防控、消防设施等，并在当年完成秦皇岛市老旧小区改善提升项目共102个。

2017年12月，住建部确定第一批老旧小区改造试点城市开展以来，全国各地开启了老旧小区整治改造热潮，部分城市制定了相关的导则、指南或实施路径，为有效推进老旧住宅小区改造提供了技术支撑。各省、自治区、直辖市以及地方政府制定的相关政策如下：

2018年1月18日，山东省出台了《山东省老旧住宅小区整治改造导则》，改造按照：政府主导、业主参与、社会支持、企业介入；统一规划、同步改造、保证质量、便民利民；因地制宜、阳光透明、完善机制、督导考核等原则，推进老旧住宅小区整治改造。

2018年2月7日，湖南省印发《城市老旧小区提质改造三年行动方案（2018～2020）》，方案提出，切实提高群众获得感、幸福感和安全感。长沙市作为全国15个老旧小区改造试点城市，要率先抓好老旧小区改造试点工作。各地要完成摸底调查，制定政策方案，编制三年工作规划和年度计划，率先提质改造环境条件较差、配套设施破损严重、群众反映强烈的老旧小区。

2018年2月8日，上海市政府办公厅印发《上海市住宅小区建设“美丽家园”三年行动计划（2018～2020）》，提出以坚持“问题导向、需求导向、效果导向”的指导思想，把安全有序、整洁舒适、环境宜居、幸福和谐的“美丽家园”作为工作目标，来进一步提高小区运行安全水平和居住环境品质。

2018年2月25日，沈阳市政府组织召开了2018年全市老旧小区改造提升试点工作部署大会，并制定了《沈阳市2018年老旧小区改造提质试点工作方案》，明确了试点小区房屋本体、配套设施、小区环境、服务设施4项重点改造内容。在2019年继续按照《沈阳市居民小区改造提升三年行动计划（2018～2020年）》，做好老旧小区改造提升工作。

2018年3月4日，北京市政府办公厅印发《老旧小区综合整治工作方案（2018～2020年）》，方案对外公布改造整治的内容清单，包括除基础项外，增电梯、补停车位、设充电桩、加阳台等34项类别，同时也充分挖掘老旧小区周边企事业单位停车资源，建立起错时停车机制。

2018年广州重点推进老旧小区的微改造，同年3月制定了《广州市“城中村”

改造三年（2018～2020年）行动计划》，以消除安全隐患、补齐配套短板、优化城市空间、改善人居环境、传承历史文脉、实现产业升级，形成“城中村”治理长效机制为目标，在2020年前完成779个老旧小区改造。

2018年5月8日，攀枝花市政府印发《攀枝花市老旧小区改造试点工作方案》，全面推进老旧小区改造试点工作。通过各县（区）摸底调查，2018～2020年全市需要改造老旧小区共30个，涉及13785户，总投资约2.58亿元。

2018年8月24日，宁波市出台了《关于推进老旧住宅小区改造工作的实施意见》，内容包括屋（墙）面渗漏水、架空线“上改下”、给排水设施、消防设施设备、小区停车、垃圾分类、污水零直排、海绵设施、加装或更新电梯、建筑幕墙、危房加固、电瓶车集中充电、电动汽车充电桩、云柜、居家养老和社区用房等。此次改造将从传统的“单一”改造转为“打包”整治，力求破解一揽子“老大难”问题的症结。

2018年9月湖北省颁布了《湖北省老旧小区改造工作指南》，目的是为了改善老旧小区居民的生活环境和居住条件、完善共建、共治、共享社区治理体系。以先民生后提升、先规划后建设、先功能后景观、先地下后地上的原则，改善居民的生活水平，营造良好的宜居环境。

截至2018年12月，试点城市共改造老旧小区106个，惠及5.9万户居民，形成了一批可复制、可推广的经验。国内其他省、市在颁布了老旧小区改造的相关指南、方案或导则后，也陆续开展了老旧建筑小区的改造。

1.1.2 海绵城市建设

（1）新型城市发展理念的重要阐述

2012年11月8日，在召开的中国共产党第十八次全国代表大会上首次把“美丽中国”作为生态文明建设的宏伟目标，把生态文明建设摆上了中国特色社会主义五位一体总体布局的战略位置。

2013年5月24日，习近平总书记在中央政治局第六次集体学习时的讲话，表明“既要金山银山，也要保住绿水青山”，同时强调“生态环境保护是功在当代、利在千秋的事业”。

2013年11月15日，习近平总书记在《关于〈中共中央关于全面深化改革若干重大问题的决定〉的说明》中提出，山水林田湖是一个生命共同体，人的命脉在田，田的命脉在水，水的命脉在山，山的命脉在土，土的命脉在树，用途管制和生态修复必须遵循自然规律，对山水林田湖进行统一保护、统一修复是十分必要的。

2013年12月12日，习近平总书记在中央城镇化工作会议上谈到：“在提升城市排水系统时要优先考虑把有限的雨水留下来，优先考虑更多利用自然力量排水，建设自然积存、自然渗透、自然净化的海绵城市。”

2014年3月14日，习近平总书记在中央财经领导小组第五次会议上指出，治水的问题，过去我们系统研究不够，“今天就是专门研究从全局角度寻求新的治理之道，不是头疼医头、脚疼医脚”。

2017年10月18日，党的十九大报告提出，我们要建设的现代化是人与自然和谐共生的现代化，既要创造更多物质财富和精神财富以满足人民日益增长的美好生活需要，也要提供更多优质生态产品以满足人民日益增长的优美生态环境需要。因此，海绵城市是生态文明城市建设的有效抓手，对关系人民幸福生活的福祉具有重要作用。

（2）相关政策文件

为贯彻落实习近平新时代中国特色社会主义思想，顺利推动海绵城市建设，从2014年至2019年，国家财政部、住建部、水利部，从技术标准、人才队伍、资金配套、绩效奖励等方面，发布了一系列的政策文件，国家对海绵城市建设政策时间轴线如图1-3所示。

2014年10月22日

住建部发布《住房城乡建设部关于印发海绵城市建设技术指南——低影响开发雨水系统构建（试行）的通知》（建城函〔2014〕275号）。

2014年12月31日

国家财政部、住建部、水利部联合开展海绵城市建设试点全面工作，发布了《关于开展中央财政支持海绵城市建设试点工作的通知》（财建〔2014〕838号）。

2015年4月2日

国家财政部、住建部、水利部联合公示“2015年海绵城市建设试点名单”，分别为迁安、白城、镇江、嘉兴、池州、厦门等16个海绵试点城市。

2015年7月10日

住建部发布《住房城乡建设部办公厅关于印发海绵城市建设绩效评价与考核方法（试行）的通知》（建办城函〔2015〕635号）。

2015年10月11日

国务院办公厅发布《国务院办公厅关于推进海绵城市建设的指导意见》（国办发〔2015〕75号），要求加快推进海绵城市建设。

2015年12月10日

住建部及国家开发银行发布《住房城乡建设部国家开发银行关于推进开发性金融支持海绵城市建设的通知》（建城〔2015〕208号），要求各地国家开发银行加大对海绵城市项目的信贷支持力度。

2016年2月25日

财政部、住建部、水利部联合发布《关于开展2016年中央财政支持海绵城市建设试点工作的通知》（财办建〔2016〕25号），开展第二批海绵城市建设试点申报工作。

2016年3月11日

住建部发布《住房城乡建设部关于印发海绵城市专项规划编制暂行规定的通知》（建规〔2016〕50号），要求各地结合实际，抓紧编制海绵城专项规划。

2016年4月27日

国家财政部、住建部、水利部联合公示“2016年海绵城市建设试点名单”，分别为北京、天津、大连、上海、福州等14个海绵试点城市。

2018年12月26日

住建部关于发布国家标准《海绵城市建设评价标准》的公告，要求自2019年8月1日起实施该项标准，以指导海绵城市的建设评估工作。

图1-3　国家对海绵城市建设政策时间轴线

1.1.3 老旧建筑小区海绵化改造

2015年，《国务院办公厅关于推进海绵城市建设的指导意见》（国办发〔2015〕75号）中提出，从2015年起，全国各城市新区、各类园区、成片开发区要全面落实海绵城市建设要求。老城区要结合城镇棚户区和城乡危房改造、老旧小区有机更新等，以解决城市内涝、雨水收集利用、黑臭水体治理为突破口，推进区域整体治理，逐步实现小雨不积水、大雨不内涝、水体不黑臭、热岛有缓解。在推广海绵型建筑小区的过程中，要因地制宜采取屋顶绿化、雨水调蓄与收集利用、微地形等措施，提高建筑小区的雨水积存和蓄滞能力，实现建筑小区的海绵化改造。

2016年，《中共中央国务院关于进一步加强城市规划建设管理的若干意见》（简称"《若干意见》"）中指出，建筑八字方针为"适用、经济、绿色、美观"，防止片面追求建筑外观形象，其中"绿色"是指建筑设计要符合自然生态系统客观规律，最大限度节资、节能、节地、节水、节材、保护环境和减少污染，实现低影响的开发建设。"美观"是指在绿色建设的基础上，与周围自然环境相融合，创造健康舒适的生活场所，给人们的身心带来愉悦。《若干意见》提出，到2020年，基本完成现有的城镇棚户区、城中村和危房改造，力争将垃圾回收利用率提高到35%以上等。海绵城市建设强调通过低影响管理措施，遵照因地制宜、经济高效、本地保护、安全第一的原则，对城市进行规划建设管理，将城市打造成为安全、生态、绿色、美观、和谐的人居环境，这与《若干意见》中对建筑小区提出的"绿色、美观、资源化高效利用"理念相符合，两个"意见"相辅相成，推动着老旧建筑小区海绵化改造的推进。

1.2 老旧建筑小区海绵化改造需求与问题分析

1.2.1 老旧建筑小区海绵化改造有需求

通过对国内多个城市，如北京、上海、廊坊、唐山、玉溪、遂宁、南宁等不同行政等级城市的老旧建筑小区进行走访发现，老旧建筑小区的问题突出，居民对老旧建筑小区海绵化改造所解决问题的需求非常强烈，如停车与通行兼顾需求、内涝积水消除需求、雨污错混接改造需求、景观绿化提升需求、环境整洁改善需求、娱乐舒适体验需求等，这些需求也是老旧建筑小区居民对美好生活向往的需求，针对这些需求具体分析如下。

（1）停车与通行兼顾需求

通道狭窄，空间局促，停车位严重不足，这些都是老旧建筑小区的典型特征。老旧建筑小区在进行海绵化改造时，应充分考虑现有通行道路宽度的不足，扩宽通行道路，满足基本通行需求；在停车难、乱停车问题上，通过优化停车场位大小、增设停车位数，利用停车场上层空间、建立立体停车位，利用人行道进行停车与通行并重的多功能改造，白天人行道通行，晚上人行道停车，以上多种措施实现停车目标。

停车位与通行改造需求如图1-4所示。对于场地内原有的停车位下垫面，可以根据南方、北方区域特征进行不同程度的改造，南方地区采用表面粗糙度高的透水砖、嵌草砖作为停车位，提高场地的蓄、渗能力；北方地区可采用透水砖、透水混凝土停车位提高雨水的原位渗透功能。最终实现老旧建筑小区停车与通行并存的目的。

(a) 空间狭窄

(b) 停车无序

(c) 占用通道（来自城市晚报）

(d) 面层破损

图1-4　停车位与通行改造需求

（2）内涝积水消除需求

老旧建筑小区内涝积水时有发生，严重威胁着人民群众生命和财产的安全。老旧小区的内涝积水主要由于建设初期缺乏系统规划，个别路段缺乏排水管网、部分低洼地段管径过小，排水能力不足；同时常年缺乏管理维护，管道淤堵破损，导致排水能力大打折扣，久而久之导致内涝积水的产生。解决小区内涝积水问题是老旧小区海绵化改造的重中之重，也是城市水安全保障的重要环节，更是海绵化改造的最大需求（见图1-5）。除对老旧建筑小区中的管网系统进行改造与新建，提高排水能力外，调整内涝积水点的地形地势，改善汇水面积，改变下垫面的类型，提高雨水分散滞纳处理的能力，降低管道压力，最终均能满足内涝积水的消除需求。

(a) 排水系统缺失（来自搜狐新闻）

(b) 雨水箅子不畅

(c) 下垫面渗透性差

(d) 汇水面积大（来自东方快讯）

图1-5 内涝积水消除需求

（3）雨污错混接改造需求

老旧建筑小区雨污水管错混接问题严重，一般表现为屋面雨落管与阳台污水管相接、污水支管与雨水干管相接、污水干管与雨水干管相接等，最终导致污水直排排入沟塘湖泊，给小区的景观水体造成严重的污染。景观水体污染直接造成水体植物和动物的死亡，生态系统的破坏，导致发黑发臭，甚至在夏天散发异味、滋生蚊虫，严重影响居民的日常生活（见图1-6）。老旧建筑小区海绵化改造是针对小区水环境破坏的重要修复举措，是改善居民环境、提高居民生活品质的重要手段。

（4）景观绿化提升需求

老旧建筑小区开发建设之初，规划一般比较简单，小区整体绿化面积较少，绿化率低，这就导致小区局部热岛效应明显（见图1-7）。通过海绵化改造可以降低硬化率，提高绿化率的比例，将原有的不透水地表改造成为透水面层，同时增大绿地的蓄水能力。在对绿地进行改造时，除了增加绿化率，还需要注意避免单一绿地植

(a) 阳台雨污合流

(b) 屋面雨落管断接

(c) 雨污错混接

(d) 污水直排（来自海峡网）

图1-6 雨污水管错混接改造需求

(a) 维护不当

(b) 土地裸露

(c) 缺乏景观

(d) 私搭菜园

图1-7 景观绿化提升需求

草的种植，应恢复原有的土壤植物群落，体现植物群落的空间性和层次感，提倡园艺改造，增加整体植被群落的景观化，让整个老旧建筑小区的海绵化改造绿化率和景观化有机融合。

（5）环境整洁改善需求

相对现代化小区，老旧建筑小区多数为开敞式或半开敞式住区，在缺乏物业管理的情况下与外界的交流较为频繁，小区的环境整理和垃圾清理频次相对较少，具体表现为道路破损与面层老化、植被杂乱与缺乏景观化、居民私建乱搭与空间占用、垃圾缺乏分类与废物乱弃等（见图1-8）。

(a) 道路脏乱

(b) 道路破损

(c) 垃圾缺乏分类与废物乱弃

(d) 居民私建乱搭与空间占用

图1-8 环境整洁改善需求

（6）娱乐舒适体验需求

现代小区不仅拥有日常的居住生活功能，还应具有公园化和森林化的休闲娱乐功能，同时体现生态城市的宜居理念。老旧建筑小区基础配套设施老化陈旧，受到当时建设条件的限制，大部分只有单调的休闲广场和廊道，缺乏居民活动健身器材和儿童的娱乐设施（见图1-9），同时高硬化率、低景观性呈现出生态性差的特点。在进行老旧建筑小区海绵化改造时，应充分结合居民的需求，优化娱乐设施，增加生态景观，美化娱乐环境等，让娱乐与生态有效地结合起来。

(a) 健身器材老化

(b) 缺乏娱乐设施

图1-9　娱乐舒适体验需求

1.2.2　老旧建筑小区海绵化改造有问题

(1) 施工未按设计严格执行

老旧建筑小区海绵化改造建设需要严格按照相应的技术标准和规范来执行，在建设过程中施工方法简单粗暴是导致建设效果差的重要原因，部分海绵设施的施工人员缺乏专业技能培训，施工技能水平较差，施工随意，未按照设计图纸严格执行，导致无法满足建设要求，如下凹绿地高于两侧道路，路面雨水无法汇入绿地中，部分汇水口过小，无法收集雨水径流等（见图1-10）。

(a) 下凹绿地收水逆向

(b) 收水口过小

图1-10　下沉绿地收水布设不规范

(2) 关键设计参数不合理

部分生物滞留设施的雨水溢流口的溢流高度过高（见图1-11），导致超过生物滞留设施蓄水能力的雨水无法顺利排出，植物长期处于淹没缺氧状态，造成大片死亡。部分区域雨水径流会倒灌进入城市路面和建筑底层，造成局部内涝积水问题，给城市居民生命财产造成了一定的威胁。

(a) 溢流口位置不合理

(b) 溢流口高度过高

图1-11 雨水溢流口位置不合理或溢流高度过高

(3) 施工质量不过硬

① 透水砖以次充好，强度、透水性能、水稳定性达不到质量要求，出现路面凹陷、松动、开裂、翘动等问题（见图1-12）。

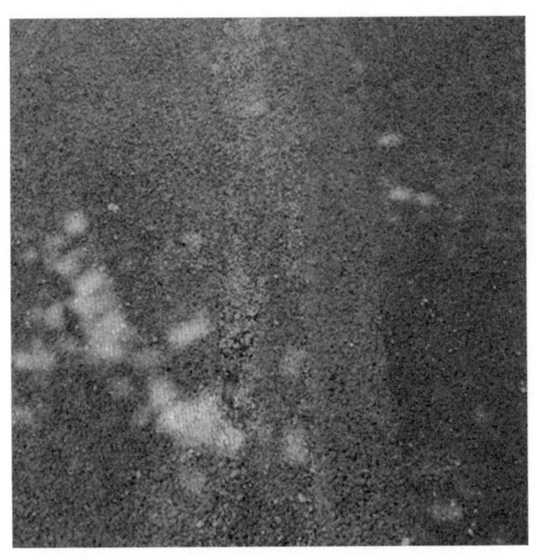

(a) 透水路面开裂

(b) 透水铺装松动

图1-12 透水铺装开裂、松动

② 在南方地区容易滋生苔藓，导致行人滑倒的问题（见图1-13）。

③ 混凝土雨水收集池盖板脱皮。调蓄池顶板的混凝土表层容易脱皮，长时间缺乏维护，容易影响结构安全性。

(4) 对周边建筑安全影响未充分考虑

① 在计算小区的年径流总量控制率无法达标时，往往出现雨水调蓄塘的滥用情况，由于小区场地有限，在对景观调蓄塘挖深挖大时必然会降低与建筑基地的安全

图1-13　透水铺装滋生苔藓

距离，有的甚至不足3m，对建筑物基地的安全造成严重的影响。

② 建筑物边角直接进行雨水的渗蓄会导致雨水进入建筑基层，长时间雨水的浸泡会影响其安全性，破坏地基结构。需要在建筑物基底安全范围线以外进行雨水的渗透和调蓄。

蓄渗设施距离建筑物过近情况如图1-14所示。

(a) 雨水湿塘离建筑基地过近

(b) 植草沟位于建筑基地处

图1-14　蓄渗设施距离建筑物过近情况

（5）工程后期运维不当

① 植被的选择性和存活率存在一定的问题。我国的南北气候差异较大，不同区域对植物的生长要求也有所不同，如沿海城市和西北区域盐碱度较高，在进行植被的选择时需要耐盐性强的植物，南方常年降雨多需要耐淹的植物，北方冬季寒冷需要耐寒植物等。同一城市不同场地对植物的种植要求也有所不同，如制药厂要求植被不能是大量开花的植物，原因是花粉会影响药厂生产。

② 雨水回用利用率低。雨水收集池经常保持低水位，内部泥沙沉积，水质发臭，无法进行浇花冲厕，同时夏天会出现腐臭难闻现象，易滋生蚊虫。

③ 缺乏安全提示用语。雨水回用设施缺少相关警示标识，易造成误接误用，对公共安全造成危害。地埋式雨水收集池缺少相关警示标识，易造成错误开挖，影响结构安全。不规范的警示标识如图1-15所示。

图1-15 警示标识不规范

（6）统筹协调问题

① 居民改造意愿难以调动。受规划、住户意愿等因素限制，老旧建筑小区综合整治具有其局限性，如部分老旧建筑小区不具备增设停车位等住户需求强烈的改造内容的实施条件，涉及户内加固、增加电梯等的改造内容很难顺利推进，户内管线不能彻底更新，违章建筑难以拆除。

② 整治后管理维护难。老旧建筑小区综合整治能很大程度上解决房屋和小区本身的问题，但不能从根本上解决造成老旧建筑小区各种问题的历史和管理问题，改造成果的维护和保持将成为改造后的老旧建筑小区面临的最大问题。

③ 投资渠道单一问题。与商业化运作模式不同，老旧建筑小区综合整治主要依靠政府主导出资，组织推动，缺乏资本收益基础，难以实现社会资本收益，可持续性难。

1.3 老旧建筑小区海绵化改造的意义及价值

1.3.1 生态文明城市建设重要组成部分

在2013年年底召开的中央城镇化工作会议上，习近平总书记提出要大力建设自然积存、自然渗透、自然净化的海绵城市。2015年习近平在中央财经领导小组第九次会议强调指出，按照“节水优先、空间均衡、系统治理、两手发力”的方针治水，统筹做好水灾害防治、水资源节约、水生态保护修复、水环境治理。2017年10月党的十九大报告指出：加快生态文明体制改革，建设美丽中国。具体要求，必须坚持节约优先、保护优先、自然恢复为主的方针，形成节约资源和保护环境的空间格局、产业结构、生产方式、生活方式，还自然以宁静、和谐、美丽。

海绵城市是在快速城镇化、高强度开发以及大量硬质覆盖建设下，导致城镇原有的自然生态及水文特征发生变化，进而使得城市生态、环境、资源、安全、文化等各方面都受到影响的背景下提出的。通过实施海绵城市建设，对城市雨水径流进行控制，恢复城市原始的水文生态特征，使其地表径流尽可能达到开发前的自然状态，即恢复“海绵体”，从而实现修复水生态、改善水环境、涵养水资源、提高水安全、复兴水文化的五位一体的目标。海绵城市建设是生态文明建设的重要起点，随着国家对生态文明重视程度的不断加大，特别是十九大将建设生态文明提升为“千年大计”，推进海绵城市建设，既是落实生态文明的重要举措，也是城市绿色转型发展的重要方式之一。

海绵城市建设是落实生态文明建设的重要举措，是城镇化绿色发展的重要方式。通过海绵城市建设，保护城市原有的河流、湖泊、湿地、坑塘、沟渠等生态敏感区，充分利用自然地形地貌，调节雨水径流，涵养水源、净化水质，调节城市小气候，减少城市热岛效应，同时，也为生物特别是水生动植物提供栖息地，恢复城市生物多样性，营造生态优美的景观环境。

老旧建筑小区是城市基本单元，也是城市居民的重要聚集区，践行老旧建筑小区海绵化改造有利于直接从源头减少雨水外排量、提高雨水滞留能力、削减管网洪峰流量、缓解城市热岛效应、提高区域生态涵养以及降低合流制溢流频次等，间接地改善人民生活环境，满足人民日益增长的美好生活需求。

1.3.2 增强人民群众的幸福感与获得感

当前老旧建筑小区所面临的问题不仅关系到现阶段紧迫的居住环境问题，也是阻碍城市有机更新和影响全面实现小康社会的现实问题。2017年年底，住建部在广州、韶关、柳州、秦皇岛、张家口、许昌、厦门、宜昌、长沙、淄博、呼和浩特、沈阳、鞍山、攀枝花和宁波15个城市启动了城镇老旧小区改造试点，截至2018年12月，试点城市共改造老旧小区106个，惠及5.9万户居民，在历经1年多的改造任务中，形成了一批可复制、可推广的改造经验。

党的十九大报告明确指出，我国经济已由高速增长阶段转向高质量发展阶段，正处在转变发展方式、优化经济结构、转换增长动力的攻关期。与此同时，城市建设也已步入由高速发展变为高质量发展的转型期。海绵城市以打造绿色宜居生态家园为目标，正是顺应了高质量发展的要求，是生态环境高质量的体现、城乡建设高质量的要求、人民生活高质量的载体。海绵城市建设是“促改革、惠民生”的重要内容，其涉及城市建设的方方面面，与新区建设、旧城改造以及棚改紧密相关，涉及房地产、道路、园林绿化、水体、市政基础设施等建设，能够有效拉动投资，提高生态产品的供给。

老旧建筑小区海绵化改造是贯彻生态文明理念、改善城市居住环境、提高人居环境质量的重要抓手。针对老旧建筑小区长期存在的内涝积水频发、停车与通行困难、景观绿化效果差、娱乐休闲不配套等问题，通过海绵化改造，切实做到解决小区的小雨积水问题，提高小区的绿化品质，将城市河道水还清，形成一系列优质生态工程，造就优质生态产品，满足市民对优美生态环境的需求，增强人民群众的获得感和幸福感，让市民切身感受到海绵城市带来的福利好处。老旧建筑小区海绵化改造可以让良好的建设效果呈现在市民眼前、回荡在市民耳边、展现在市民脚下，让市民能够真切地感受到海绵城市建设工作给大家带来的点滴变化，提高市民的参与度和认同感。

参考文献

[1] 王健. 推进老旧小区改造——应对中国经济下行压力的新思路 [J]. 人民论坛，2015（30）:58-59.
[2] 黄珺，孙其昂. 城市老旧小区治理的三重困境——以南京市J小区环境整治行动为例 [J]. 武汉理工大学学报（社会科学版），2016, 29（1）:27-33.
[3] 闫明艳. 城市开放式老旧小区治理对策研究——以济南市市中区为例 [D]. 济南：山东大学，2015.
[4] 张承宏，穆冠霖. 城市老旧小区改造现状及难点与对策分析 [J]. 宁波职业技术学校学报，2016, 20（6）:77-79.
[5] 张欢. 街区制背景下老旧小区改造为美丽街区的规划研究 [D]. 邯郸：河北工程大学，2018.
[6] 周弘婧. 多中心治理视阈下的城市老旧社区治理的对策思路——以无锡市南长区X社区为分析样本 [D]. 上海：华东政法大学，2016.
[7] 朱仁健. 老旧小区停车难的调查与思考 [J]. 城市管理与科技，2017.
[8] 金萍. 老旧小区排水管网改造工程设计探讨 [J]. 工程设计，2013, 27（3）:342-344.
[9] 孟祥宇. 老旧小区排水管网改造工程中的问题及策略 [J]. 工程施工，2015, 14（2）:10-11.
[10] 蔡琳. 对住宅小区阳台污水截污治理的分析 [J]. 园林绿化，2015（7）：193-194.
[11] 闫晓靓. 华北地区老旧小区绿色改造策略研究 [D]. 邯郸：河北工程大学，2018.
[12] 王文静. 海绵城市建设中存在的问题及建设方向的探讨 [J]. 城市建设理论研究（电子版），2015（25）：5290-5291.
[13] 赵林栋. 基于生态文明的海绵城市建设研究 [D]. 郑州：郑州大学，2017.
[14] 唐磊，车武. 基于低影响开发的合流制溢流污染控制策略研究 [J]. 给水排水，2013（8）:47-51.
[15] 中共中央文献研究室. 习近平关于社会主义生态文明建设论述摘编 [M]. 北京：中央文献出版社出版，2017.
[16] 马骁. 城市生态文明建设知识读本 [M]. 北京：红旗出版社，2012.
[17] 赵林栋. 基于生态文明的海绵城市建设研究——以鹤壁市为例 [D]. 郑州：郑州大学，2017.

第2章 老旧建筑小区海绵化改造适宜技术

为了响应国家近年来对于老旧建筑小区海绵化改造工程的推广推进，除了相关政策、法律法规、工程标准等软件上的推广，硬件的普及推广也至关重要。而适用于老旧建筑小区的新型海绵化技术作为老旧建筑小区海绵化改造的硬件更是应该在结合软件的基础上不断完善并运用于实际工程中，为老旧建筑小区改造添砖加瓦。新型海绵化改造技术顾名思义，是有别于常用型海绵化手段技术的新型技术，包括新产品、新理念、新技术。而常用型海绵化改造技术是不同于传统硬质工程技术的硬质工程软质化技术，作为现有的海绵化建设手段应用于各大工程中。传统硬质工程技术“管道-水池”模式仅仅将小区污染物转移到了另一个地方，同时对雨水利用率极为低下。而海绵化改造技术则结合了海绵城市理念，将硬质工程和软质工程结合，不仅能有效解决小区内涝积水等问题，也对雨水有了高效利用，从整体上提高小区的生态功能，提供更加宜居舒适的生活环境。本章从小区海绵化的传统技术出发，先介绍这些市面上成熟、可靠的“老”技术，它们依旧是目前小区海绵化改造的重点技术，应用广泛，然后介绍通用技术中近年来不断发展的、相对更加新颖、更具优势、开拓未来的新型技术。

2.1 老旧建筑小区海绵化改造常用技术

2.1.1 透水铺装

目前老旧建筑小区地面主要为传统不透水地面，包括高强度混凝土、小颗粒沥青、水泥等透水性差的材料。因此路面透水性差导致雨水无法下渗进入土壤，区域内不能将地表水输送到地下水系或者地下含水层，破坏了自然水文循环并且造成小区内涝现象。与此同时地表径流的增加携带大量从生活垃圾、草坪类养护药剂、汽油、油脂、沥青屋顶、柏油路中产生的烃类化合物与重金属，这些污染物随着径流进入环境不断累积，造成环境和生态的双重破坏。在过去的40年中，不透水表面增长率超过了人口增长率的5倍，而不透水表面产生的雨水径流比自然表面多了2～6倍。因此，对于小区的路面（停车场、广场、过道）的改良可以有效处理雨水径流问题。

为了解决不透水地面的种种问题，在城市海绵化的建设中不断出现了种种透水铺装技术，这些渗透性铺装在一定程度上可以解决不透水地面的径流问题。下面按地面材料进行划分，根据空隙度由低到高的顺序进行简单逐一介绍目前工程常用的透水地面材料。

（1）多孔沥青

多孔沥青路面（porous asphalt，PA）与普通沥青路面相比较，根本区别在于它的空隙率高达15%～20%，甚至超过20%，而普通沥青路面的空隙率仅3%～6%。由于有相对较大的空隙率，雨水可渗入路面之中，由路面中的连通孔隙向路面边缘排走。因为能迅速排走路面表面积水，所以这种路面也称为排水沥青路面（drainage asphalt pavement）。多孔沥青路面具有良好的宏观构造（见图2-1），它不仅在路表面而且在路面内部形成发达而贯通的孔隙，应该说这在沥青路面结构上是一种创新。目前沥青路面主要用于停车场，雨水能从表面渗入下层砾石蓄水床，然后再进一步渗透到土壤中。

图2-1　多孔沥青结构图（来源：中国砂石协会）

同时，使用的沥青路面可显著降低汽车内部和车外的噪声，有助于防止事故的发生，减轻压力的来源，缓解驾驶者的疲劳。从防滑的角度考虑，多孔沥青的混合料配合比的排水能力和精度对于提高防滑性起到至关重要的作用。沥青表面防滑性较好的情况下，使用的安全性是最重要的。例如，小区或者有极端道路的坡度或弯曲外侧。从安全角度来看，沥青路面用鲜艳的颜色以及纹理填充，方便司机识别特殊道路，例如小区特殊道路、盲人道路和居民运动跑步路面等。彩色沥青也被用来提醒驾驶员注意危险地区，如小区内部隐藏的路口，急转弯，以及需要特别安全防范的区域，如小区内幼儿园、养老院等特殊公共场所。

多孔沥青主要局限性还是在于其孔隙易堵塞，不宜清理。当空隙率达到22%，铺筑厚度不超过3cm，在高速行车状态下路面不会出现孔隙阻塞现象，无需特别的维护。然而当多孔沥青面层铺筑厚度超过4cm，空隙率不足20%时，很难避免出现孔隙阻塞现象。因此，在交通量小或者低速道路以及经常被各种杂物掩盖的道路上不宜采用多孔沥青路面，因为在这些道路上孔隙阻塞现象太严重，清孔难度太大。此外，在气候寒冷地区，多孔沥青路面的结冰也是一个难以解决的问题。国外尚无好的办法，只能是提前做好冰雪灾害的预报，在路面上预先喷洒融雪剂，以减轻孔隙结冰对路面造成的损坏。

① 减缓热岛效应：少量有效。

② 设施维护：日常巡查、定期清扫、冬季防冻、防止孔隙堵塞（高压水冲洗、真空吸尘器抽吸）。

③ 初始成本：中等偏高。

④ 使用寿命：10～30年。

（2）透水混凝土

透水混凝土又称多孔混凝土、无砂混凝土、透水地坪。是由集料、水泥、增强剂、水拌制而成的一种多孔轻质混凝土，而其中不含细集料。透水混凝土由粗集料表面包覆一薄层水泥浆相互黏结而形成孔穴均匀分布的蜂窝状结构，故具有透气、透水和质量轻的特点。最早透水混凝土就是由欧美、日本等国家和地区针对原城市道路路面的缺陷，开发使用的一种能让雨水流入地下，有效补充地下水，缓解城市的地下水位急剧下降，并能有效的消除地面上的油类化合物等对环境污染的危害的路面；同时，是保护地下水、维护生态平衡、缓解城市热岛效应的优良的铺装材料；其有利于人类生存环境的良性发展，在城市雨水管理与水污染防治等工作上，具有特殊的重要意义。

除此之外，透水混凝土系统拥有系列色彩配方，配合设计的创意，针对不同环境和个性要求的装饰风格进行铺设施工。这是传统铺装和一般透水砖不能实现的特殊铺装材料。这种材料从20世纪70～80年代在美国就开始研究和应用，不少国家都在大力推广，如德国预期要在短期内将90%的道路改造成透水混凝土，改变过去破坏城市生态的地面铺设，透水混凝土路面取得广泛的社会效益；而且应用透水混凝土可减少其他城市管理措施，有效降低项目整体成本。

透水混凝土适用于轻荷载道路路面，不适用于严寒地区、湿陷性黄土地区、盐渍土地区、膨胀土地区的路面。透水混凝土路面的设计应该考虑小区地质条件、荷载等级、景观要求、环境情况、施工条件等因素。基层全透水结构层的技术要求，结构形式如图2-2和图2-3所示。

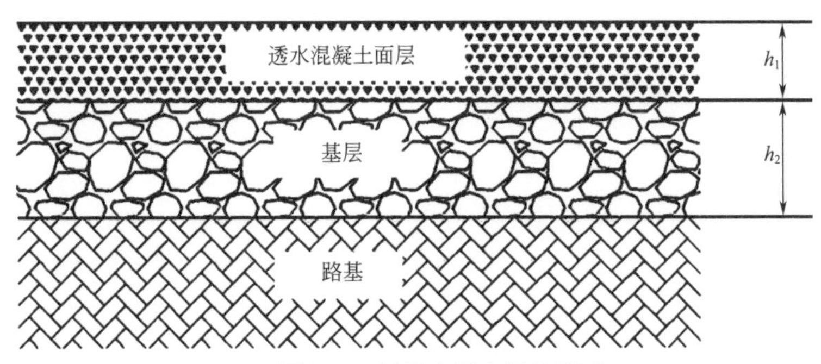

图2-2 基层全透水结构形式

图2-2中基层厚度h_2不小于150mm，基层由级配砂砾及级配砾石基层、级配碎石及级配砾石基层和底基层组成。

基层半透水结构层的技术要求如图2-3所示。

图2-3中稳定土类基层或石灰、粉煤灰稳定砂砾基层和底基层总厚度h_2不小于180mm。

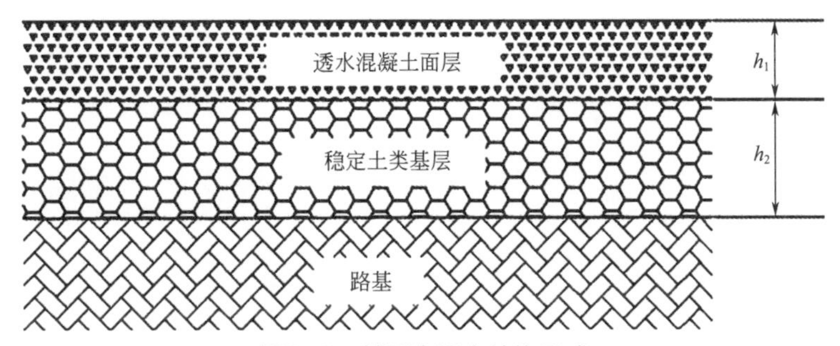

图2-3 基层半透水结构形式

透水混凝土路面如图2-4所示。

① 减缓热岛效应：少量有效。

② 设施维护：日常巡查、定期清扫、防止孔隙堵塞（高压水冲洗、真空吸尘器抽吸）。

图2-4 透水混凝土路面

③ 初始成本：中等。

④ 使用寿命：10～30年。

(3) 透水砖

透水砖起源于荷兰，在荷兰人围海造城的过程中，发现排开海水后的地面会因为长期接触不到水分而造成持续不断的地面沉降。一旦海岸线上的堤坝被冲开，海水会迅速冲到比海平面低很多的城市把整个临海城市全部淹没。为了使地面不再下沉，荷兰人制造了一种长200mm、宽100mm，高50mm或60mm的小型路面砖铺设在街道路面上，并使砖与砖之间预留2mm的缝隙，这样下雨时雨水会从砖之间的缝隙中渗入地下，这就是后来很有名的荷兰砖。后来20世纪90年代中国出现了舒布洛科砖，北京市政部门的技术人员根据舒布洛科砖的原理发明了一种砖体布满透水孔洞、渗水性很好的路面砖，雨水会从砖体中的微小孔洞中流向地下。又过了一段时间，为了加强砖体的抗压强度和抗折强度，技术人员用碎石作为原料加入水泥和胶性外加剂使其透水速度和强度都能满足城市路面的需要。这种砖才是市政路面上使用的透水砖。这种砖的价格比起用陶瓷烧制的陶瓷透水砖相对便宜，适用于大多数地区工程。目前透水砖已经应用于各种城市道路改造工程中，同样也包括老旧建筑小区改造（见图2-5）。

图2-5　透水砖路面效果图

目前已有一些新型透水砖，如拱桥砖等（见图2-6）。这些透水砖下部有类似于拱顶一样的结构进行支撑，从而大幅提高路面承载能力；同时降雨可通过砖之间的缝隙流入下层进行透水。这些新型结构的透水砖目前也广泛应用于小区内廊道、通道等地方。

透水砖的主要问题是易泛霜，易生苔。无论是泛霜还是生苔都将导致一个问题——路面打滑，有小区内居民摔倒的风险，尤其是老人和孕妇等群体。目前国内外还尚无良好解决方案，只能是定期打理清扫，防止生苔。

① 减缓热岛效应：少量到中等有效。

图2-6　小区中的拱桥砖

② 设施维护：定期清扫、防止暴晒、防止龟裂。

③ 初始成本：低到中等。

④ 使用寿命：10 ～ 20年。

（4）透水性塑胶地面

透水性塑胶细节如图2-7所示。透水性塑胶地面是目前运动场地中普遍采用的铺装形式，同样可延伸至运用于小区内部运动场地及健身场地的地面铺装（见图2-8）。它采用环保型的弹力橡胶颗粒为材料，具有透水透气功能，弹性好，减震，耐磨，耐冲击，耐候性极佳，不易老化。塑胶地面铺装材料的透水性能强，在雨天场地表面不会有积水现象，达到规范《合成材料跑道面层》（GB/T 14833—2011）标准，在小雨天里甚至可以不用停止赛事。

图2-7　透水性塑胶细节图

图2-8 透水塑胶在小区运用

透气透水性塑胶地面由聚氨酯黏合剂按控制比例混合特殊胶粒后，经过专业施工机械控制厚度进行铺设。并在其表面以EPDM胶粒与同色聚氨酯面漆混合用专业的喷涂机喷洒覆盖在橡胶基垫上，形成特殊的有组织的纹路，赋予面层正确的附着摩擦力和抗滑阻力。经机械铺装的地面平整度佳，成型后材料内含有多孔，具有透气功能并使雨后不积水，能立即投入使用，提高使用效益和性价比。透气透水性塑胶地面是由国外引进的先进技术，现已作为专用跑道，成为深受我国大学、中学、小学欢迎的田径运动场地面。据不完全统计，透气透水性塑胶跑道在大学、中学、小学的塑胶铺装比例占63%。透气透水性塑胶跑道适用于全国各地学校、体育场地、专业体育场、田径场跑道、半圆区、辅助区、全民健身道路等，适合气候条件在-16℃以上的地区，不适用于高寒冰雪地区。

透气性塑胶跑道具有使用寿命长、综合性能适中、施工快捷等优点，它经济、价格低廉，而且不会有鼓泡现象发生，同时也减少了地基经费的投入。

① 减缓热岛效应：中等有效。

② 设施维护：标准养护、检测补平，寒冷地区避免使用。

③ 初始成本：中等。

④ 使用寿命：10～50年。

（5）砾石铺装

砾石是直径在10～50mm的自然石料，一般要经过筛选，保证尺寸均等，通过机器滚圆处理，颜色统一均匀，常见的有黑色、白色、灰色和黄色四种，由于黑色和白色是比较强烈的颜色，除非特别的设计要求，一般采用灰色或者黄色，使其更加柔和、自然、舒适。该种铺装主要由嵌入式的网格状边框模块、土工布和砾石集料组合而成。这种铺装已然具有良好的空隙度，可以较为快速地渗透雨水，大幅减缓径流。但其最大的缺点可能是行走不便，并且不易通车，对机动车或非机动车轮胎有磨损作用，同时存在一定安全隐患。在小区改造中用于和其他铺装组合使用。砾石用在现代风格的花园中，与线条直爽的铺装相融合，柔化了铺装本身的坚硬感，同时砾石的区域也可做成收水的设施，解决了水点外露的不良视觉效果，可以和汀步、木板铺装等组合使用（见图2-9）。在私人庭院中也可用于菜园中，利用砾石铺设道路，可以很好地让种植区透水、透气，并且拥有点缀装饰庭院的良好效果（见图2-10）。

(a) 与汀步结合

(b) 与木板结合

图2-9 砾石铺装与汀步、木板铺装结合（来源：https://huaban.com）

图2-10 庭院内砾石铺装应用（来源：https://huaban.com）

① 减缓热岛效应：中等到高等有效。

② 设施维护：添加砾石、定期检查砾石平整性和均匀度。

③ 初始成本：较高。

④ 使用寿命：10 ～ 20年。

（6）嵌草砖铺装

很多住宅小区的道路两旁都与绿化带相接，草坪一般铺到路边，很多绿地的土壤由于疏于管理，土壤严重板结。而嵌草砖的出现刚好解决了这个难题。而且嵌草砖还广泛应用于消防通道和停车场。增加绿地，提高了生态环境质量和安全性。目前较为成熟的嵌草砖集成构筑方案主要为素土夯实+碎石+混凝土基础+瓜子片+无纺毯+嵌草砖+混合营养。这种铺装可以在保护植物根系不被压实的同时提供良好的承载能力，而嵌草砖孔隙和植物土层都可以很好地渗透雨水，控制地面径流的同时也保证了植物根系发育，有助于蓄水能力的提高。

运用于停车场的嵌草砖如图2-11所示。

图2-11　运用于停车场的嵌草砖

① 减缓热岛效应：高等有效。

② 设施维护：定期检查植物生长情况保证植物高度不要过高，定期浇水。

③ 初始成本：高。

④ 使用寿命：20 ～ 40年。

2.1.2　绿色屋顶

屋顶绿化国际上的通俗定义是：一切脱离了地气的种植技术，它的涵盖面不单单是屋顶种植，还包括露台、天台、阳台、墙体、地下车库顶部、立交桥等一切不与地面、自然、土壤相连接的各类建筑物和构筑物的特殊空间的绿化，当然也可以用于居民小区的各个角落。它是人们根据建筑屋顶结构特点、荷载和屋顶上的生态环境条件，选择生长习性与之相适应的植物材料，通过一定技艺在建筑物顶部及一切特殊空间建造绿色景观的一种形式。

被称为“建筑第五立面”的屋顶，处于一种被忽略、被遗忘甚至被糟蹋的状态。一方面是城市绿化面积和水面面积被越来越多的高密度建筑物蚕食；另一方面大量的屋顶却仍然素面朝天，未被有效利用，甚至成了“垃圾仓库”，这是目前城市建设及管理上的一个死角。而被众多生态环境专家、城市规划专家、建筑设计专家所推崇的屋顶绿化，若是能利用好小区屋顶空间，则既能兼顾建筑景观，同时又能改善小区生态环境。

从小区整体角度出发，绿色屋顶在源头捕获雨水达到慢排缓释的效果，植物蒸腾过程也可以减少径流总量，对管控短历时强降雨非常有效，在气候温和区每年能累计减少50%的径流总量。而对于洪涝多发区，绿色屋顶处理周期性短历时降雨效果也令人满意。从小区建筑层面出发，绿色屋顶的隔热功能可以调节建筑温度，有效降低建筑冷热调节负荷，也能减少空调的使用。同时保护建筑物顶部表面，延长屋顶建材使用寿命。绿色屋顶典型构造如图2-12所示。

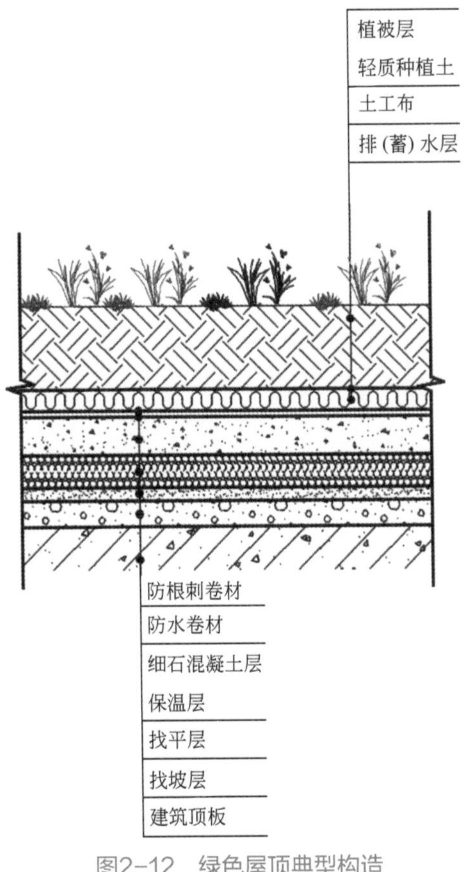

图2-12 绿色屋顶典型构造

目前来看，我国对绿色屋顶的建设，包括相关管理政策、奖励政策、法律法规等与国外相比仍极不完善。虽然部分地区早已开始加强对绿色屋顶的改造，以作为中国第一批发展屋顶绿化的城市北京为例，绿色屋顶的建筑相对总建筑的占比还不到1%。相比之下，国外对绿色屋顶的建设则更加健全。日本东京规定，凡是新建建筑物占地面积超过1000m^2，屋顶必须有20%为绿色植物覆盖，否则要被罚款。目前，东京市屋顶绿化率已经达到14%。多种多样的绿色屋顶如图2-13所示。

图2-13　多种多样的绿色屋顶

绿色屋顶的设计可参考《种植屋面工程技术规程》（JGJ 155）。经过总结，绿色屋顶能为小区带来如下好处：

① 提高小区绿化覆盖，创造空中景观。

② 吸附尘埃减少噪声，改善环境质量。

③ 减少小区热岛效应，发挥生态功能。

④ 缓解雨水屋面溢流，减少排水压力。

⑤ 有效保护屋面结构，延长防水寿命。

⑥ 保持建筑冬暖夏凉，节约能源消耗。

当然，绿色屋顶虽然有诸多好处，也不可避免地存在一些缺点和弊端，这里对弊端做详细总结，希望对绿色屋顶建设有借鉴意义。

① 一般屋顶的设计和构造，大多没有考虑在屋顶上铺垫很厚的泥土的载重设计，承载能力不够。而对于100m^{2}的楼顶垫上泥，房子就要承重几十吨。

② 屋顶防水层上面有土壤和植物覆盖，如果发生渗漏，很难发现漏点。花草有根须，根须无孔不入，如果防水层搭接部位或材料本身有孔隙，根须即会浸入并扩展，使防水层失去作用，导致屋顶漏水。

③ 花草生存需要水和肥料，而屋顶长期的湿润环境加上肥料中酸碱盐的腐蚀对防水层会造成持久性的破坏。若防水层破坏，污水将通过孔隙渗入屋内。

④ 遇到暴雨，泥沙、污物被冲刷而下，会堵塞下水道和污染外墙；遇到大风，则尘土飞扬，污染环境。

⑤ 在狂风等极端天气情况下，轻质花盆或其他种植物品被刮飞，容易对行人造成伤害，具有一定安全隐患。

2.1.3 下沉式绿地

下沉式绿地是低于周围地面的绿地，其利用开放空间承接和储存雨水，达到减少径流外排的作用，内部植物多以本土草本植物为主。下沉式绿地具有狭义和广义之分，狭义的下沉式绿地指低于周边铺砌地面或道路200mm以内的绿地；广义的下沉式绿地泛指具有一定的调蓄容积（在以径流总量控制为目标进行目标分解或设计计算时，不包括调节容积），且可用于调蓄和净化径流雨水的绿地，包括生物滞留设施、渗透塘、湿塘、雨水湿地、调节塘等。本节叙述为狭义下沉式绿地。狭义的下沉式绿地应满足以下要求：a.下沉式绿地的下凹深度应根据植物耐淹性能和土壤渗透性能确定，一般为100～200mm；b.下沉式绿地内一般应设置溢流口（如雨水口），保证暴雨时径流的溢流排放，溢流口顶部标高一般应高于绿地50～100mm。

下沉式绿地可广泛应用于小区道路、绿地和广场内。对于径流污染严重、设施底部渗透面距离季节性最高地下水位或岩石层小于1m及距离建筑物基础小于3m（水平距离）的区域，应采取必要的措施防止次生灾害的发生。下沉式绿地可以聚集周围硬质地表生成的雨水径流，通过植被、土壤、微生物等作用来截留和净化中等流量径流，而超过绿地最大蓄渗容量的雨水则通过雨水口进入小区雨水管网。可以看到这种设施不仅可以削减径流量，起到错峰调蓄减轻小区内部积水的作用，同时入渗雨水可以起到补充区域地下水的作用。拦截污染物的同时，污染物本身携带氮磷等污染物反而为绿地内植物提供了生长所需营养。目前国家或地方出台过一些标准，为下沉式绿地的设计建造提供一定依据，如《建筑小区雨水控制及利用工程技术规范》（GB 50400—2016）指出了小区内下沉式绿地与周围路面的高程差标准，以及确保雨水进入绿地的措施，下沉式绿地一般结构示意见图2-14。北京市《雨水控制与利用工程设计规范》（DB 11685—2013）指出了下沉式绿地竖向设计参数和与周边路面衔接方式等具体问题（见图2-15）。

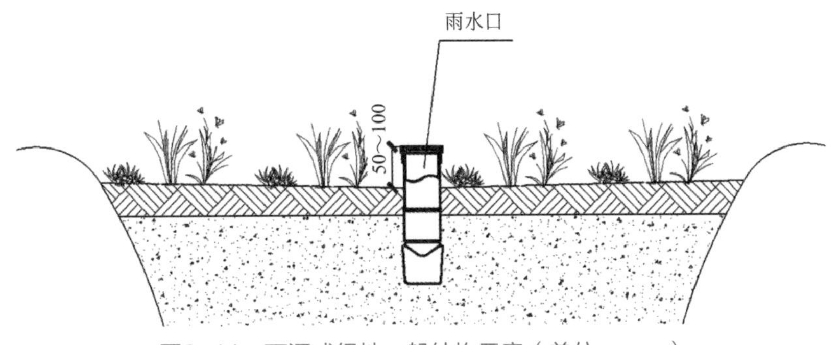

图2-14 下沉式绿地一般结构示意（单位：mm）

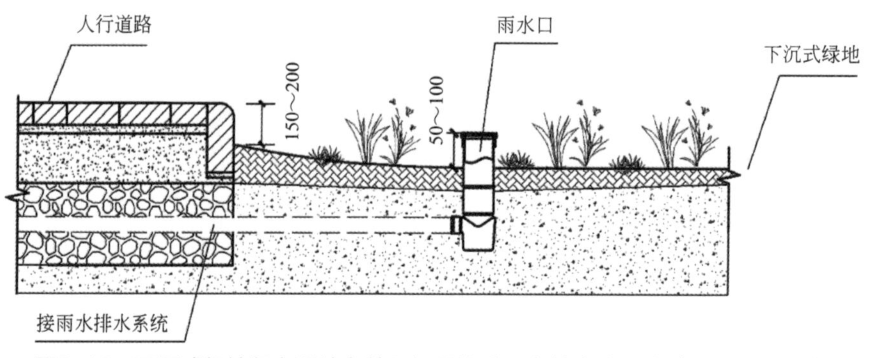

图2-15　下沉式绿地竖向设计参数和与周边路面衔接方式示意（单位：mm）

这种设施优点，一方面在于确实可对小区内径流量和径流污染有一定程度上的削减，减少城市洪涝灾害；另一方面下渗雨水可以有效增加土壤内含水量，补充地下含水量，减少绿地浇灌用水。绿地植物也可起到净化空气的作用，为小区提供舒适的生活环境。

同样的，下沉式绿地也有自身固有的不足之处。

① 这种下沉式场地需要派人定期清理维护并检查设施情况、植物生长情况，并且检查频率要更多于其他设施，无疑增加了许多人力费用成本。

② 大雨过后下沉式绿地并不能迅速启动为市民提供服务的功能。

③ 下沉式绿地会减少不耐水植物的生存空间，从而一定程度上降低了生物多样性的发展。

2.1.4　雨水花园

雨水花园是自然形成的或人工挖掘的浅凹绿地，被用于汇聚并吸收来自屋顶或地面的雨水，通过植物、沙土的综合作用使雨水得到净化，并使之逐渐渗入土壤，涵养地下水，或使之补给景观用水、厕所用水等城市用水。雨水花园是一种生态可持续的雨洪控制与雨水利用设施。

真正意义上的雨水花园则形成于20世纪90年代。在美国马里兰州的乔治王子郡（Prince George's County），一名地产开发商在建住宅区的时候有了一个新的想法，就是希望用一个生态滞留与吸收雨水的场地来代替传统的雨洪最优管理系统（BMPs）。在该郡环境资源部的协助下，最终使雨水花园在萨默塞特地区被广泛地建造使用。该区每一栋住宅都配建有30～40m^{2}的雨水花园。它的建造被证明是高效而节约的。建成后对其进行了数年的追踪监测，结果显示雨水花园平均减少了75%～80%地面雨水径流量。此后，在世界各地都开始广泛地建造各种形式的雨水花园。

需要注意的是，雨水花园是有别于一般的下沉式绿地的。一些表述不清的地方会把二者相混淆，事实上二者的确有一部分共同点。简单来说可以从三个方面说明二者的差异。首先从植被角度来讲，雨水花园更加注重景观效果，种植多样性更高、种类更多的而并非单一的植物，而下沉式绿地以草本植物为主，相对较为单一。其次从结构来讲，雨水花园一般要设计滤料层，部分设计单元需要渗管、溢流口等附属设备，构造相对复杂。而下沉式绿地在一般情况下构造相对简单一些，成本也相对较低。最后从雨水储存的角度谈论，下沉式绿地由于植物本身挑选为特定的耐盐植物，具有更好的耐淹性能从而可以获得更长的水力停留时间。相比而言雨水花园由于更注重观赏性从而包含了大量景观设计，包括植物排列构造等。同时植物耐淹性各不相同，因此在淹没时间上可能不如传统的下沉式绿地。

雨水花园一般包含多层根际覆盖物和有机砂质结构，这样的结构有利于增加雨水渗透的同时增强微生物活性。根据不同的气候、土壤、温度湿度条件各方面因素考虑，适当地选取不同的植物组合进行种植，更加推荐种植本土植物同时少使用杀虫剂和非天然化肥等化学制品。雨水花园最适合在小区这种小尺度区域应用并发挥作用，如图2-16所示，门前通道、廊道、房屋附近低洼区域均可发挥很好的效果。

图2-16　小区内的雨水花园

雨水花园尽量保持离建筑房屋距离在3m以外，保证不发生渗水返潮、霉菌滋生、对房屋地基进行渗透破坏等问题，同时应尽量保证设置在光照充足、通风良好的地方，对植物生长和排干雨水均有促进作用。

这种绿色设施能有效去除径流中悬浮物、有机污染物、重金属离子等有害物质，通过合理良好的植物配置为昆虫和鸟类、猫咪等动物提供良好的栖息环境，增加小区物种多样性，改善小区生态环境。同时雨水花园中的植物通过蒸腾作用可以调节环境温度和湿度，对气候起正反馈作用。最后雨水花园不仅仅是一种绿色的、海绵化作用的设施，它可以为居民们带来更多新的景观享受和视觉体验。雨水花园主要的问题是选择种植植物的问题，一般来说耐旱的植物一般不耐涝，耐涝的植物一般不耐旱。若是选择的植物不当，仅仅考虑耐涝问题可能会在极端天气的情况下受到摧毁，例如极端的枯水大旱年。

2.1.5 渗透塘

渗透塘是一种用于雨水下渗补充地下水的洼地，也具有一定净化雨水和削减洪峰流量的作用。一般渗透塘塘底至溢流水位不小于0.6m，塘边坡坡度一般不大于1∶3，池塘底部构造一般为200～300mm的种植土、透水土工布和300～500mm的过滤介质层。渗透塘排空时间要小于24h，而溢流设施应负责溢流超泄雨水，并衔接于小区雨水管网系统通过雨水管排出。考虑到居民安全问题，渗透塘外围必须设立警示牌和安全防护措施。

设置渗透塘，最重要的前置措施是要设立前沉砂池或前置塘等预处理设施，以便去除大颗粒固体污染物并能起到减缓流速的作用。而在多发降雪的城市小区则应当考虑采取弃流、排盐等措施以防止融雪剂对植物和土壤造成侵害。

渗透塘一般只适用于汇水面积较大，并且有一定空间条件的小区，一般为地势良好且空间足够的大型小区，因此受空间条件制约较严重。同时，不适用于径流污染非常严重、地下水位较高的小区，以免发生次生灾害。最后，渗透塘能否正常工作、发挥良好蓄水渗透作用，需要小区内居民有较高的自觉意识，不可自行向渗透塘倒入生活垃圾、杂物，典型渗透塘示意如图2-17所示。

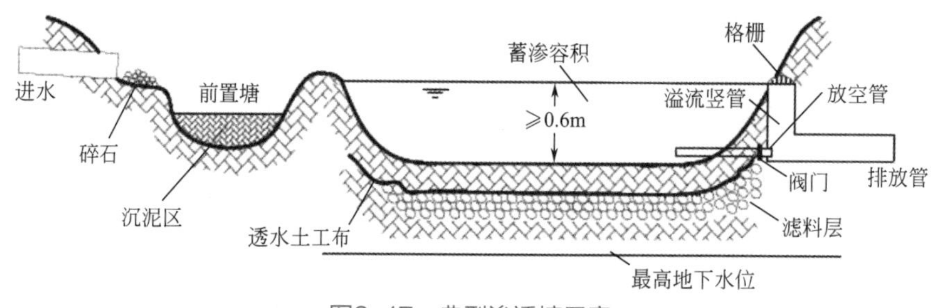

图2-17　典型渗透塘示意

2.1.6 渗井、渗管/渠

渗井指通过井壁和井底进行雨水下渗的设施，一般而言为增大渗透效果可以在渗井周围设置水平渗排管，并在渗排管周围铺设砾石或碎石。渗井的水源应通过植草沟、植被缓冲带等设施对雨水进行预处理，且出水管的内底高程应高于进水管管内顶高程，但不应高于上游相邻井的出水管管内底高程。集水渗井宜采用PE（聚乙烯）材质成品集水渗透检查井，井壁及井底均开孔，具有渗透功能，开孔率宜＞15%，井口公称直径宜为600～800mm，井深宜≤1～1.4m。渗井宜与渗管配套使用，集水渗井的井坑和辐射渗井的井底应用粗砂填充，渗井的井体周边应用砾石填充，砾石的含泥量宜＜1%，粒径范围宜为16～64mm。渗井的砾石层应外包透水土工布，透水土工布性能指标应符合规范规定。

渗井一般适用于建筑小区内建筑、道路和停车场的周围绿地内，在区域土壤渗透条件良好的情况下适宜设置渗井。渗井在应用于径流污染严重、设施底部渗透面距离季节性最高地下水位或岩石层小于等于1m以及距离建筑物基础小于水平距离3m的区域时，应当采取必要的防范措施避免次生灾害的发生。一种渗井构造如图2-18所示。

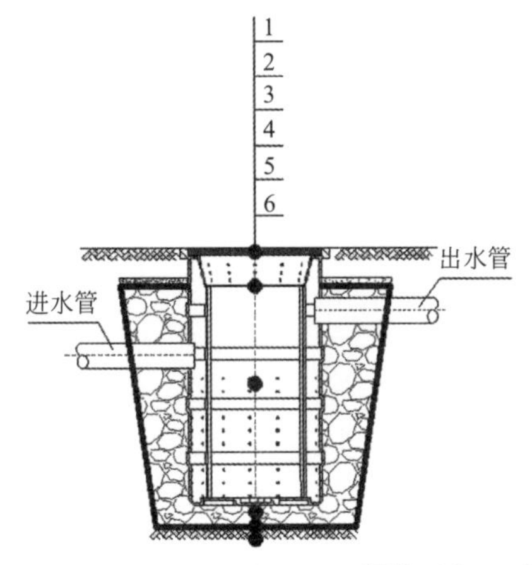

名称编号对照表

编号	名称
1	雨水井盖板
2	截污挂篮
3	渗井
4	碎石层
5	透水土工布
6	夯实素土

图2-18　一种渗井构造

目前而言，国内情况下渗井在公路排水领域应用成熟且较为广泛。2013年河北省已经结合省内实际气候条件编制了《公路排水渗井系统设计与施工技术规范》（DB13/T 1793—2013），以此为依据，有效解决平原区部分公路长期以来排水问题。但是回到海绵城市、海绵小区领域，渗井的发展建设却并不尽人意。尽管住建部早在2014年就颁布了《海绵城市建设指南——低影响开发雨水系统构建》，其中提到了渗井的具体做法和适用范围，但是高建设成本、高难度施工等客观条件限制了渗井在海绵小区中的应用，截至2019年，渗井在海绵小区改造中的使用并不广泛。而在国外，渗井在雨水利用控制方面的研究比较广泛，包括日本、德国、澳大利亚、美国、法国等发达国家，也包括东南亚的菲律宾、泰国、印度等发展中国家。其中日本的渗井利用技术一直处于领先水平，早在1980年左右日本已经开始推行雨水储存渗透计划，1992年发布了“第二代城市地下水总体规划”，正式把渗井、渗管/渠作为城市总体规划的组成部分。随着城市规划方案的正式颁布，越来越多的新型渗井在日本得到迅速发展，这些渗井占地面积小、成本合适、性能可靠。

在建筑小区及公共绿地内转输流量较小、且土壤渗透情况良好的区域，可采用渗管或渗渠（见图2-19），地下水位较高、径流污染严重及易出现结构塌陷等区域不宜采用渗管或渗渠。渗管或渗渠应设置植草沟、沉淀池等预处理设施。渗管或渗渠四周应填充砾石或其他多孔材料，砾石层外包透水土工布。渗管宜与渗井配合使用，渗透管沟宜采用穿孔塑料管、无砂混凝土管等透水材料，并应符合下列要求：

① 管材在不承压条件下应符合现行国家标准《无压埋地排污、排水用硬聚氯乙烯（PVC-U）管材》（GB/T 20221）的规定，在承压条件下应符合现行国家标准《给水用硬聚氯乙烯（PVC-U）管材》（GB/T 10002.1）的规定。

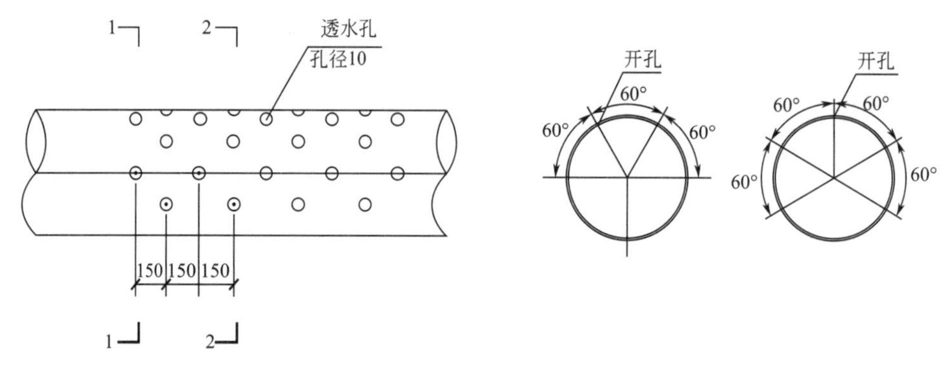

图2-19　一种渗管构造（单位：mm）

② 渗透管的管径不宜小于150mm，塑料管的开孔率不宜小于15%，无砂混凝土管的孔隙率不宜小于20%。

③ 检查井之间的管道铺设坡度宜采用1% ～ 2%。渗渠宜采用成品PE渗透式排水沟，开孔率不宜低于15%，深度和宽度宜为300 ～ 500mm。渗管或渗渠周边宜填充空隙率为35% ～ 45%的砾石或其他多孔材料，并采用厚度不小于1.2mm、单位面积质量不小于200g/m^{2}的透水土工布与压实度92%左右的回填土隔离。透水土工布性能指标应符合标准规范规定。渗排结合构造示意如图2-20所示。

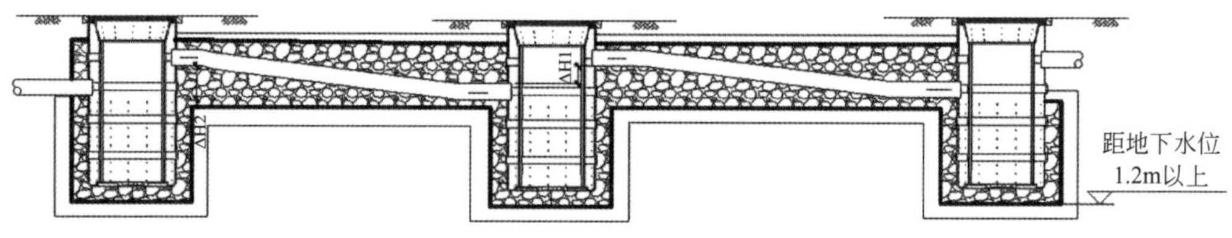

图2-20　渗排结合构造示意

2.1.7　植草沟/生物洼地

简单来说，植草沟/生物洼地是一种开放式的由植被缓坡组成而用来处理、收集、输送、排放径流雨水并具备一定雨水净化作用的地表沟渠。这种绿色设施可以衔接其他单项设施、小区内雨水管网系统、超标雨水排放系统等。主要有转输型植草沟、干式植草沟及湿式植草沟，根据具体情况，可以在不同程度上削减径流总量并控制径流污染。

植草沟可以一定程度上降低地下雨水管网建设需求，因此降低了单位面积土地开发成本，通常植草沟设立在位于道路沿线或停车场周边，汇水面积不大于2hm^2（1hm^2 = 10000m^2，下同），而与停车场周边衔接需要运用切割开口路缘石等技术手段将雨水径流快速有效引入植草沟中。若是土壤渗透性较差的区域则需要有应对强降雨的措施手段，比如和其他设施结合使用。植草沟建设维护费用相对较低，同样也可以与景观建筑相结合作为它的优势。但是开发强度较大的小区容易受场地条件制约。典型植草沟构造结构如图2-21所示。

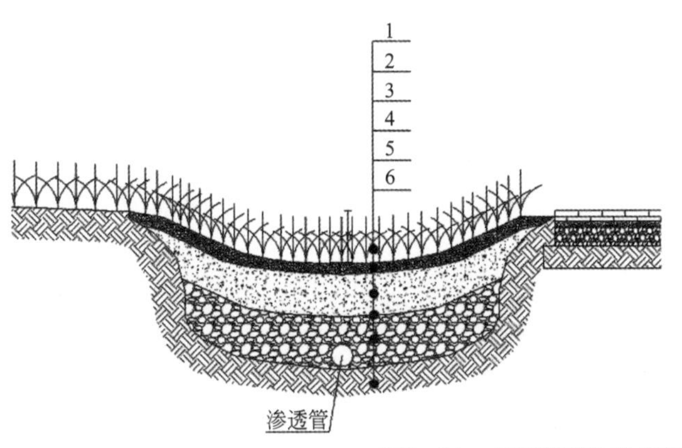

设计参数：
1. 植被层，植物宜选用耐旱、耐淹类灌木及草花类植物；
2. 砂石层厚度在30～50mm；
3. 种植土层厚度在150～300mm；
4. 透水土工布层，质量200g/m^2；
5. 砾石层厚度为150～250mm；
6. 实土层。

图2-21 典型植草沟构造结构

需要注意的是，要明确区分植草沟/生物洼地、下沉式绿地、雨水花园的作用与区别，前面已经介绍了雨水花园和下沉式绿地的不同。通常来讲，植草沟/生物洼地是用来替代传统的线性排水沟排水渠系统的，总体上为标准的传输型，水力停留时间短，净化效果稍弱，主要功能在于输水。雨水花园强调与景观设计、美学效果相结合，要综合考虑去污效果和景观观赏性。一般而言雨水花园下部土壤经过改良能够强化污染物去除能力和雨水渗透效果，需要较长的水力停留时间。下沉式绿地则更多是希望能利用开放空间来储存雨水，对下沉深度有一定要求并且其土质多未经过改良。

2.1.8 生物滞留设施

生物滞留设施指在地势较低的地区，通过植物、土壤和微生物系统蓄渗、净化径流雨水的设施。一般而言，生物滞留设施分为简易型生物滞留设施和复杂型生物滞留设施，按应用位置不同、规模不同、作用不同又有不同的称谓。事实上，前面所介绍的植草沟、雨水花园都属于生物滞留设施（见图2-22）。更广泛的生物滞留设施还有生物滞留带、高位花坛、生态树池（见图2-23）等。生物滞留设施应满足以下要求。

① 对于污染严重的汇水区应选用植草沟、植被缓冲带或者沉淀池等对径流雨水进行预处理，去除大颗粒污染物并控制流速；采取弃流、排盐等措施防止融雪剂和石油类等高浓度污染物侵害植物。

② 屋面径流雨水可以通过屋顶自身房檐设计或雨落管接入生物滞留设施，道路径流雨水则通过切割路缘石的豁口进入，路缘石豁口尺寸和数量则应根据道路纵坡等经过具体计算设计确定。

③ 生物滞留设施应用于道路绿化带时，若道路纵坡大于1%，应设置挡水堰/台阶以减缓流速并增加雨水渗透量；而设施靠近路基的部分应进行防渗处理，防止对道路路基稳定性造成影响。

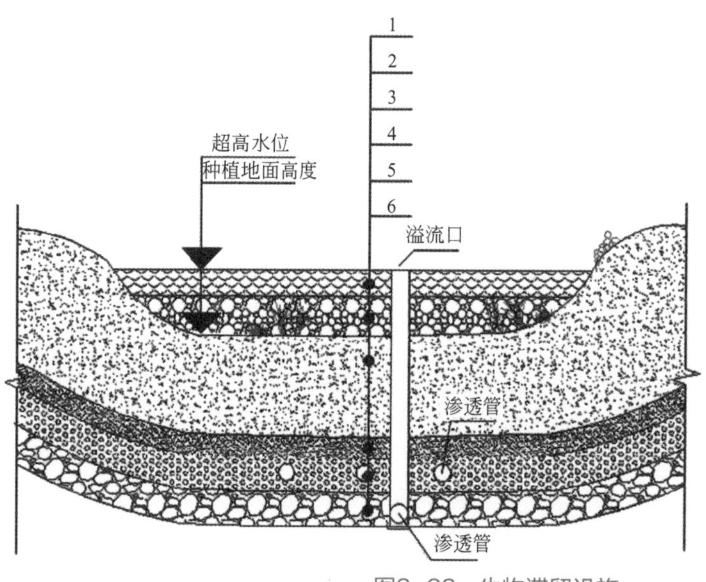

图2-22　生物滞留设施

图2-23　小区内的生态树池

④ 生物滞留设施内应设置溢流设施，可选择溢流竖管、盖箅溢流井或者雨水口等，溢流设施顶部一般应低于汇水面100mm。

⑤ 生物滞留设施宜选择分散布置且规模不宜过大，生物滞留设施面积与汇水面面积之比一般为5%～10%。

⑥ 复杂型生物滞留设施结构层外侧以及底部应设置透水土工布，防止周围原土侵入。若经过评估认为下渗会造成周围建筑物塌陷风险，或者拟将底部出水进行集蓄回用时，可在生物滞留设施底部与四周设置防渗膜。

⑦ 生物滞留设施的蓄水层深度应该根据植物耐淹性能和土壤渗透性能综合确定，一般为200～300mm，并设置100mm的超高；换土层介质类型以及深度应满足出水水

质要求，还应符合植物种植及园林绿化养护管理技术要求；为防止换土层介质流失，换土层底部一般设置透水土工布隔离层，也可以采用厚度不小于100mm的砂层（细砂和粗砂）代替；砾石层主要起到排水作用，厚度一般为250～300mm，可在其底部埋置管径为100～150mm的穿孔排水管，砾石应洗净并且粒径不能小于穿孔管的开孔孔径；为提高生物滞留设施的调蓄作用，在穿孔管底部可增设一定厚度的砾石调蓄层。

生物滞留设施广泛适用于小区内建筑、道路及停车场的周边绿地，对于径流污染严重、设施底部渗透面距离季节性最高地下水位或岩石层小于1m及距离建筑物基础水平距离小于3m的区域，可采用底部防渗的复杂型生物滞留设施。

生物滞留设施形式多种多样，适用区域广泛，易与景观结合，径流控制效果显著，同时建设与维护费用相对较低。但是地下水位与岩石层较高、土壤渗透能力差、地形陡峭的地区应采取必要的换土、防渗、设置阶梯等措施避免次生灾害的发生，若在这类地区选择构建生物滞留设施，将会大幅增加建设费用。

2.2 高强度雨水渗净铺装技术

2.1节所述传统的透水铺装应用范围广、工艺成熟，然而仍然有透水性能衰减快、整体稳定性较差的问题。随使用年限增加，容易造成污堵导致渗透性能下降，再加上土基渗透系数小于透水铺装层，容易导致基层不稳，减少透水铺装使用年限，因此传统透水铺装的耐久性和稳定性都是不可忽略的问题。目前现有的渗透铺装主要存在以下问题：a.市场上现有的透水铺装，长期使用出现透水孔淤堵，面层开裂，在污染较为严重的地区，渗透会导致地下水造成污染；b.南方地区使用透水铺装，出现夏季滋生青苔现象，北方地区冬季出现冻融胀裂问题，这些直接会降低铺装的使用寿命，也给居民的行走带来一定的困难。与此同时常规雨水渗透排放系统依赖雨水箅子进行点式收水，收集效率较低，仍存在雨天排水不畅，造成内涝积水问题，雨天积水排出不及时会造成地基变形。

为解决传统透水铺装的种种问题，近几年又研发了各种新型、性能优越、稳定性可靠的技术。下面以一种高强度雨水渗透铺装设施为例做简要说明。该设施为停车场、人行道、庭院、广场等雨水利用工程的设计与实施提供技术层面的参考和支持，旨在改良市面产品存在的问题与不足，并提供一体化的配套设施，不仅设施能够保障安全、健康、经济适用，而且能兼顾美观、舒适、和谐。

2.2.1 系统构造与组成

系统由渗透单元与排放单元组成，而渗透铺装包含于渗透单元。渗透单元自上而下包括混合填料、收集槽、透水土工布、砂砾垫层、素土垫层。整个渗透单元可快速布置，所需工程量小，而排放单元自上而下包括雨水箅子、雨水口穿孔壁、雨水口、雨水管。其中收集槽包括多个收集槽单元，收集槽单元的排列方式为矩形阵列排列，收集槽单元呈凹槽型，凹槽的底部和四周设置规则的孔口，其中雨水口穿孔壁置于收集槽一侧，雨水渗透单元无法渗透的雨水通过收集槽单元周边的孔口，经过雨水口穿孔壁进入雨水口，经雨水管排出。具体系统组成结构如图2-24所示。

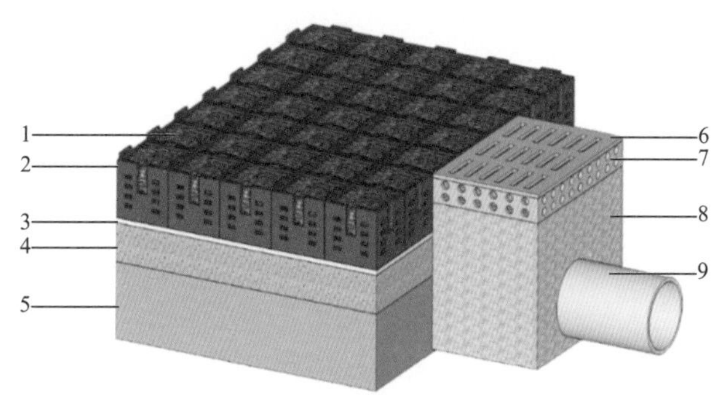

图2-24　渗透单元结构示意

1—混合填料；2—收集槽；3—透水土工布；4—沙砾垫层；5—素土垫层；6—雨水箅子；7—雨水口穿孔壁；8—雨水口；9—雨水管

（1）渗透单元

① 混合填料主要为活性氧化铝和页岩碎石混合填料，粒径为8～10mm。

② 收集槽为改性PP材质，长、宽、高均为90～150mm，标准定为100mm。

③ 透水土工布选用200g/m^{2}的具有较高的纵横向拉伸强度、延展性能，而且具有良好的耐酸碱、抗老化并且渗透性良好的产品。

④ 沙砾垫层厚度为90～150mm，粒径为0.35～0.50mm。

⑤ 素土垫层应为密实度>95%的夯实素土。

（2）排放单元

① 雨水箅子为不锈钢材质，长700～800mm、宽400～500mm。

② 雨水口穿孔壁为不锈钢材质，长700～800mm、宽400～500mm，高50～60mm，孔洞直径8～12mm。

③ 雨水口为雨水进水井，材料为砖砌体或混凝土浇筑体。

④ 雨水管选用PVC材料，防腐耐用且无害。

2.2.2　工作原理

该系统工作原理及过程为：一次降雨事件后，雨水经过混合填料处理后通过透水土工布渗入砂砾垫层，经砂砾垫层过滤后渗入地下。而雨水口穿孔壁置于收集槽一侧，当雨水渗透单元无法及时渗透雨水（例如暴雨情况），则累积在槽内的雨水将通过收集槽周边的孔口，经过雨水口穿孔壁进入雨水口，最后由经雨水管进行排放，避免产生内涝。

功能上该系统核心是装填了混合填料的模块化收集槽，收集槽强度高、韧性高、不易损坏，混合填料孔隙率和渗透性能均高于透水砖，雨量小时可以快速净化、渗透雨水，配合土工布和砂砾垫层可以实现雨水净化后入渗到下垫面；雨量大时也可通过雨水箅子排入雨水管道，避免内涝。结构上该系统采用模块化设计，可根据需求任意组合，不受场地限制。

2.2.3 各部分实施效果

（1）单元收集槽

收集槽为改性PP材质，长、宽、高均为100mm。收集槽的前后、左右以及底部采用大小不等的对称式开孔。每个收集槽预留卡扣槽，便于单元槽之间无缝式衔接。收集槽之间可以前后、左右进行拼接，单元收集槽的占地面积为0.01m^2，根据场地的大小和形状可进行任意拼接。因此，实际使用方面，该收集槽具有占地面积小、装填效果好、材料耐用性强、模块化快速拼接而适应具体场地条件能力强等多种优势。单元收集槽尺寸及样式如图2-25所示，具体尺寸大小不限于此。

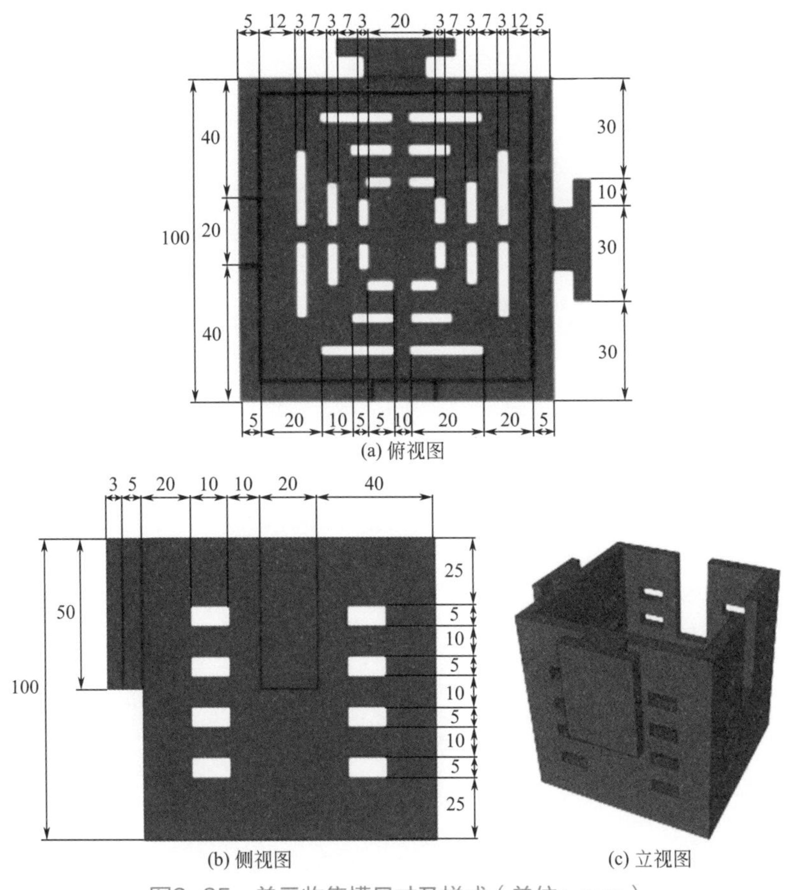

图2-25 单元收集槽尺寸及样式（单位：mm）

（2）混合填料

通过静态吸附实验结果显示，活性氧化铝对磷的吸附效果最明显，陶粒对氨氮的吸附性更强。考虑到吸附性和对滤料的实际功用需求，选取8～10mm页岩陶粒+活性氧化铝+碎石为收集槽中的混合填料，可以有效吸附雨水中的氨、氮、磷等成分。而与此同时，根据海绵城市建设过程中的相关研究情况，绿地对污染物SS削减率可达70%，具有很强的净化作用，同时对年径流总量控制率达到80%。因此收集槽混合填料下层的土壤选择改良优化的种植土，土∶砂∶植物碎屑=6∶2∶2。

（3）渗透单元

结合以上设施和优势，不仅可以形成透水性强、不易堵塞的模块化高强度铺装，而且能对雨水达到一定的去污作用，有效降低地表的面源污染，防止造成地下水污染。其中活性氧化铝＋页岩陶粒混合填料对污染物的去除效率为：

① 对SS的平均去除率为68.31%～70.71%；
② 对NH_3-N和TN的平均去除率分别为14.38%～17.65%和4.82%～5.93%；
③ 对TP的平均去除率为82.54%～84.13%；
④ 对Zn和Pb的平均去除率分别为84.28%～85.20%和84.62%～86.97%。

2.2.4 工程应用场景

（1）停车场新型雨水收集回用设施

将该系统与市场上现有的雨水PP模块池、硅砂混凝土池、钢化玻璃池相结合，在停车场构建新型雨水收集回用设施。一方面具有良好的承载力，满足机动车的停车需求，从而不改变其原有的使用特性；另一方面从源头收集并净化地表雨水径流，使更多的雨水被收集并利用起来，用于停车场上车辆的清洗与回用，降低传统水源的使用，实现水资源的有效节约。停车场雨水原位回用洗车技术与渗排系统结合如图2-26所示。

（2）景观绿化带与生态广场

该系统也可以用种植土和草皮进行填充，变成植草格代替传统的绿地，形成城市道路景观绿化带，也可以在广场上广泛使用，形成生态广场。同时用于小区、公建、道路等公共场所绿化带，学校绿化体育操场，以及绿色屋顶等。通过采用不同的颜料生产不同颜色的收集槽，与周边的景观进行有效的融合，形成视觉上的美感。

（3）私人庭院

该系统同样可以应用于私人庭院的铺装，代替传统的透水铺装，实现雨水的净化、渗透，以及自然排放。比起传统的透水铺装，该系统不仅可以充分发挥模

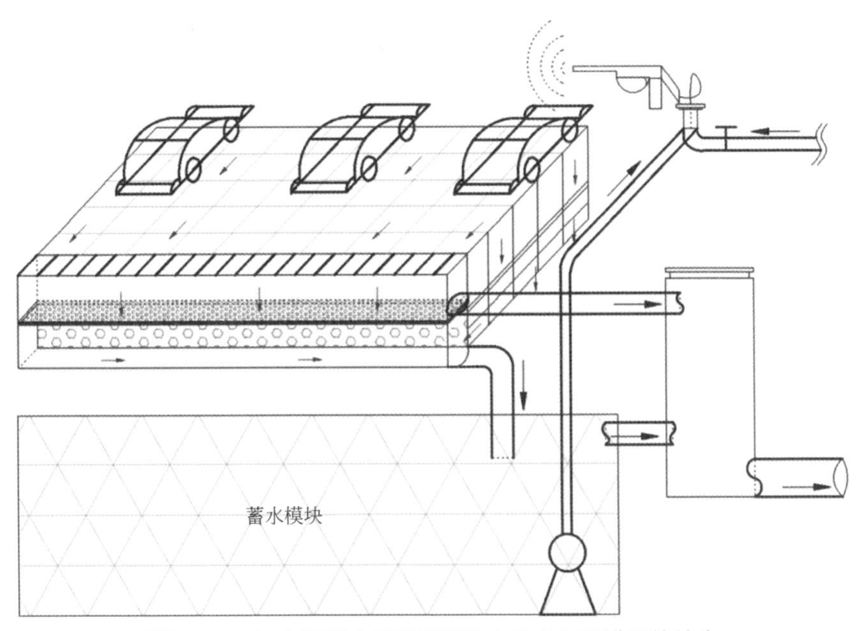

图2-26　停车场雨水原位回用洗车技术与渗排系统结合

块化快速拼接适应不同私人庭院不同地形的优势，同样可以起到对庭院绿色装饰的良好作用。

（4）生态树池

该系统可以作为城市的生态树池，美化景观环境，起到点缀城市作用。生态树池如图2-27所示。

图2-27　生态树池

本节主要介绍了老旧建筑小区路面处理技术，主要以道路铺装为主简要介绍了从传统路面不透水铺装到市面上现有的以空隙度由低到高而排序的透水铺装技术，最后从近年来新型透水铺装技术中选取一种具有代表性的铺装做详细介绍。老旧建筑小区的改造工程要与海绵城市理念紧密结合，而路面作为雨水与地下的交界面在其中起到极为重要的作用，主要反映了雨水渗透入土壤的能力。

2.3 一体化雨水净化收集渠

（1）传统线性排水沟

目前传统小区仍以传统U形雨水排水沟为主（见图2-28），虽然能够具备基本的排水输水能力，但功能单一，往往不能提高雨水管理效果，也不具备雨水净化层，无法对雨水进行初期处理，优点是造价相对便宜。

图2-28 U形雨水排水沟（来源：排水渠生产厂）

（2）新型一体式雨水净化收集渠

在海绵城市建设过程中，也出现过分强调渗、滞、蓄、净、用、排等措施中的单一或两种措施，往往不能系统解决雨水的控制和利用矛盾，甚至出现一些简单粗暴的渗透滞留设施，长期使用对土壤和浅层地下水造成污染。城市建设造成了大量的不透水地面、屋面、混凝土和沥青地面，此类路面径流系数一般为0.9，意味着将近90%的降雨量将形成地面径流流失，这不仅是水资源的巨大浪费，同时也加大了城市排水设施的负担并增加了城市雨水洪涝灾害的概率。而据相关统计数据显示，目前全国600多个城市中有400多个缺水，110个严重缺水。一方面城市水资源紧缺，另一方面城市内涝、径流污染问题频发。雨水资源作为一种较丰富的水资源，对其加以利用则可以有效缓解城市水资源严重短缺的现象，同时可以有效预防和缓解城市内涝问题。

因此，需要一种能有效地对雨水进行收集、净化和回收利用的雨水收集利用系统。

由于市场上目前所存在的传统雨水排水渠功能单一，缺乏将多项功能集于一体的系统化设施，难以助力城市综合雨水管理能力的提升。现介绍一种新型雨水收集利用（调蓄净化）系统，并简要说明这种新型一体化系统对提升城市雨水管理能力的作用。本节简要介绍该系统中的一体化雨水净化收集渠设施。

2.3.1 系统构造与组成

该所述雨水净化渠主要由水渠U形槽、储水空间、雨水过滤层（填料层）A、净化后雨水收集管、雨水格栅、透水隔板、雨水过滤层（填料层）B、可拆卸式支座构成，构造示意如图2-29所示。

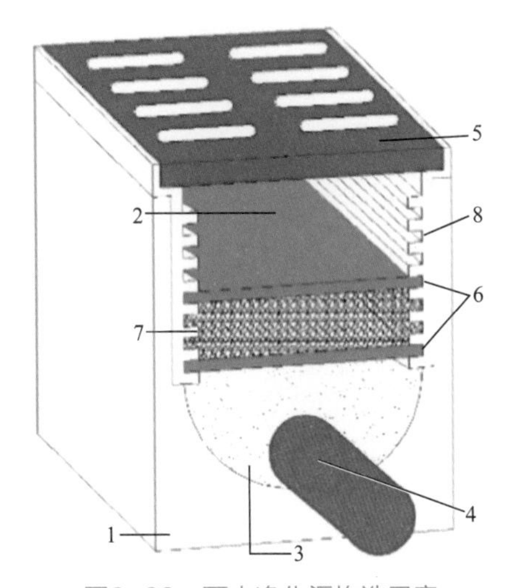

图2-29 雨水净化渠构造示意

1—水渠U形槽；2—储水空间；3—雨水过滤层A；4—净化后雨水收集管；5—雨水格栅；6—透水隔板；7—雨水过滤层B；8—可拆卸式支座

其中雨水格栅采用球墨铸铁盖板、填料为活性氧化铝包页岩+活性炭混合填料、渠体采用HDPE材料，渠宽为10～15cm，渠深为20～30cm，实际尺寸不限于此。内部容器包括所述雨水格栅板与透水隔板形成的内部用于暂时储存雨水的储水空间，相邻透水隔板之间形成的容纳用于过滤和净化雨水的所述填料层的上层，透水隔板与内部容器底部形成的用于容纳过滤和净化雨水的所述填料层的下层。内部容器位于U形槽的内部用于储存雨水和容纳过滤和净化雨水的所述填料层，其上部开口与U形槽的开口处于同一平面，内部容器的底端还设置有雨水收集管，用于收集净化处理后的雨水。雨水收集管位于所述填料层的下层的底部，用于收集净化后的雨水。同时，雨水收集管采用HDPE材料，其表面开孔并采用土工材料包裹，可防止净化层活性炭进入，同时保证净化后的雨水快速渗入。雨水净化渠实物布置分解如图2-30所示。

图2-30　雨水净化渠实物布置分解图

1—U形混凝土槽；2—雨水篦子；3—过滤滤料；4—滤后水收集管；5—滤后水储水模块

2.3.2　工作原理

雨水控制利用系统设备中雨水净化收集渠的平面雨水篦子可以实现快速排水，在雨水篦子下面有较大的雨水调蓄空间，起到滞留雨水的作用，在调蓄空间下是过滤层，可以有效去除雨水中的TP、TSS、Cu和Zn等污染物。净化后的雨水通过埋在过滤层下部的排水管排出进入系统后续单元。

2.3.3　工程应用场景

（1）住宅小区和公建的停车场和人行道

该设备适用于住宅小区和公建的停车场和人行道，能够全方面快速收集雨水，降低积水风险。

（2）小区道路、广场和其他公共区域

同样适用于小区道路、广场和其他公共区域，控制降雨后小区道路造成的严重面源污染问题，同时降低产生内涝的风险。

2.4　模块化雨水调蓄净化系统

本节主要介绍能满足海绵城市建设过程中所强调“渗、滞、蓄、净、用、排”等措施的一体化的雨水收集利用（调蓄净化）系统，在2.3部分已对系统中的一体化雨水净化收集渠做充分详解。

2.4.1 系统构造与组成

雨水调蓄净化系统主要包括雨水收集净化水渠、蓄水容器、雨水管、溢流堰、雨水井、雨水回用管。雨水调蓄净化系统布置参考见图2-31，本书仅提供一种标准化的系统模块布置，实际情况可根据相应需求自行改进。

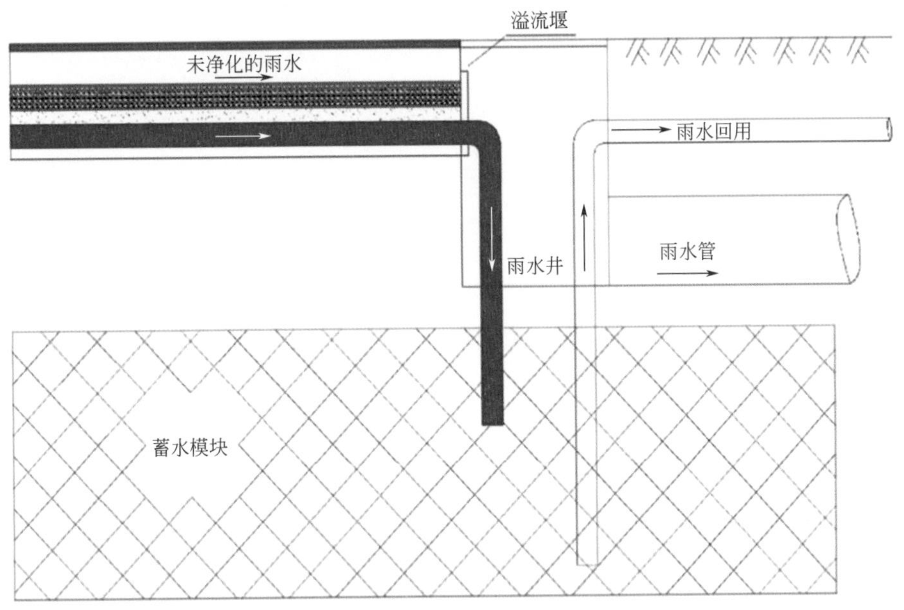

图2-31 雨水调蓄净化系统布置参考

2.4.2 工作原理

一次降雨事件后，雨水进入排水渠经过净化处理后收集汇入地下蓄水容器中储存，当有需要时可抽取净化后的雨水回用；当大量径流汇入雨水收集净化渠中时，雨水无法在短时间内渗入净化层而在储水空间蓄积，当水位达到末端溢流槽高度时，高出的雨水排入雨水检查井，经雨水管网排入水体或污水处理厂。横向来看，这种雨水收集利用系统是采用表面过滤和深层过滤相结合的方式，既保证了较大的过滤表面，也实现了深度净化。纵向结合具体模块来看，雨水汇入雨水收集净化水渠时，通过雨水格栅板进入储水空间，部分雨水透过透水隔板进入填料层，透水隔板截留雨水中大部分悬浮物，通过填料层的上层沸石离子交换作用、吸附作用，以及填料层下层的活性炭的吸附作用，可依次去除水中包括氨氮在内的部分溶解性污染物和重金属等污染物，经过填料层净化处理后的雨水通过雨水收集管收集汇入地下蓄水容器中储存，当有需要时可通过雨水回用管抽取净化后的雨水回用。当大量径流进入雨水收集净化水渠时，储水空间中的雨水无法在短时间内渗入填料层而在储水空间蓄积，当储水空间的水位达到末端溢流堰高度时，高出的雨水会流入雨水井，通过雨水管输送至污水厂处理。表面过滤与深层过滤差异对比见图2-32。

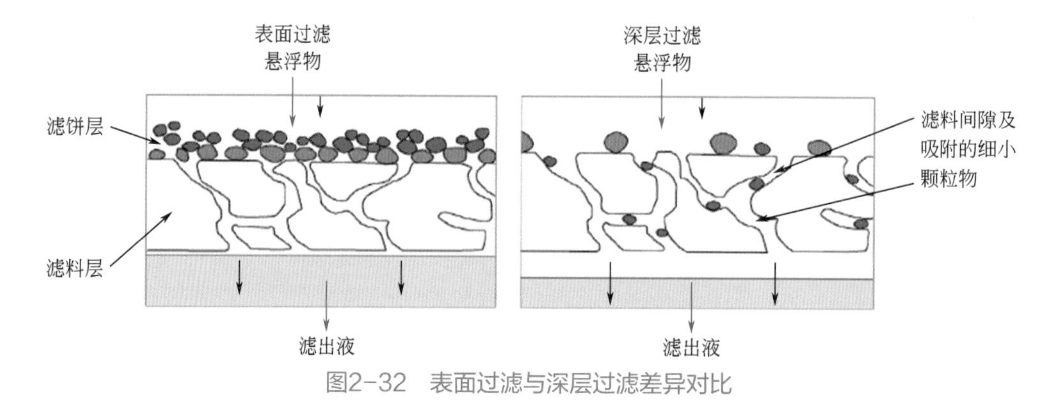

图2-32 表面过滤与深层过滤差异对比

2.4.3 各部分实施效果

（1）雨水收集净化渠去污能力

根据实验，雨水收集净化排水渠的上层净化层分别采用页岩陶粒和活性氧化铝，粒径分别为10 ～ 15mm和5mm，铺设厚度为50mm；下层净化层采用直径4mm柱状活性炭，确保充满半径为125mm的半柱形储水空间。

测试时分别采用的水力负荷为11L/（min • m^2）和7L/（min • m^2），上层净化层的水力停留时间分别为13.2s和8.4s，下层净化层的水力停留时间分别为11.9s和7.5s。将配制好的雨水存至右侧水桶中，连接水管至雨水净化排水渠；启动泵待雨水收集管出水稳定后开始采集水样，每间隔2min进行水样采集；在规定时间内检测水样，进行除污效果的检测与评估。去污能力测试装置简图如图2-33所示。

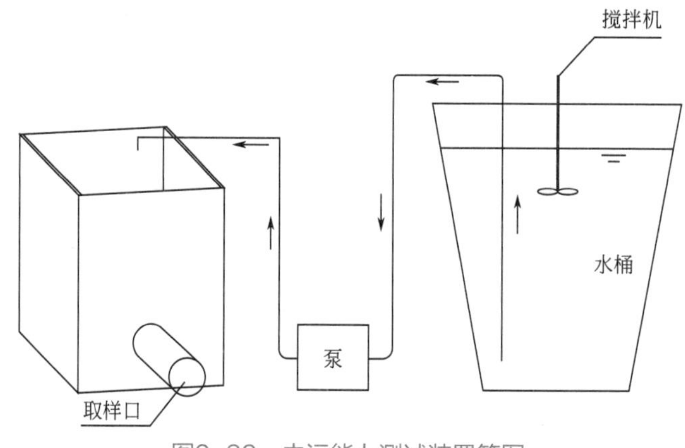

图2-33 去污能力测试装置简图

1）页岩陶粒＋活性炭净化层

① 对SS的去除效能较高，平均去除率在66.80% ～ 71.73%范围［见图2-34（a）］；

② 对NH_3-N平均去除率在12.81% ～ 16.82%范围［见图2-34（b）］；

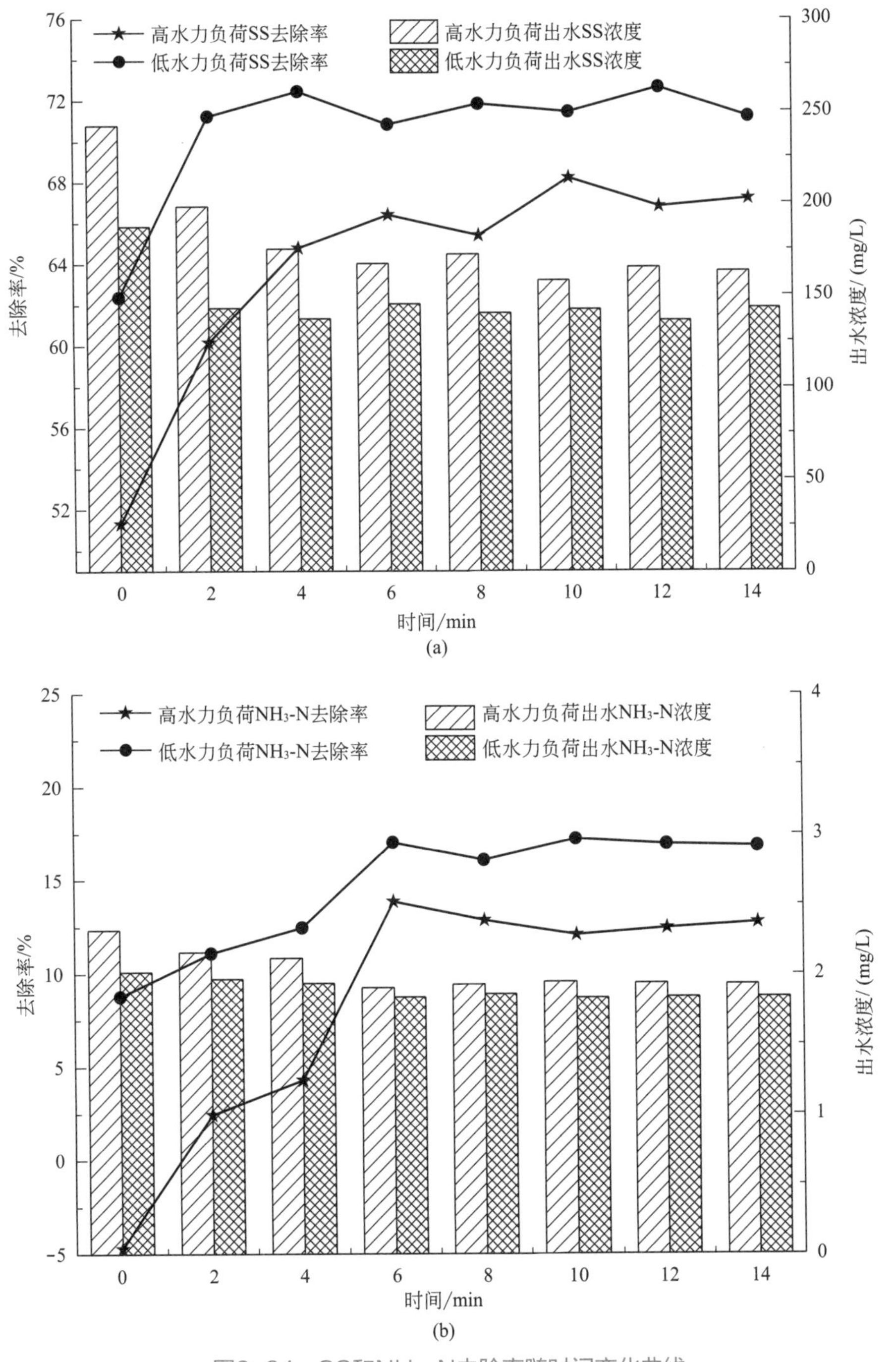

图2-34 SS和NH_3-N去除率随时间变化曲线

③ 对TN平均去除率在5.20%～9.21%范围［见图2-35（a）］；

④ 对TP的平均去除率在3.90%～6.46%范围［见图2-35（b）］；

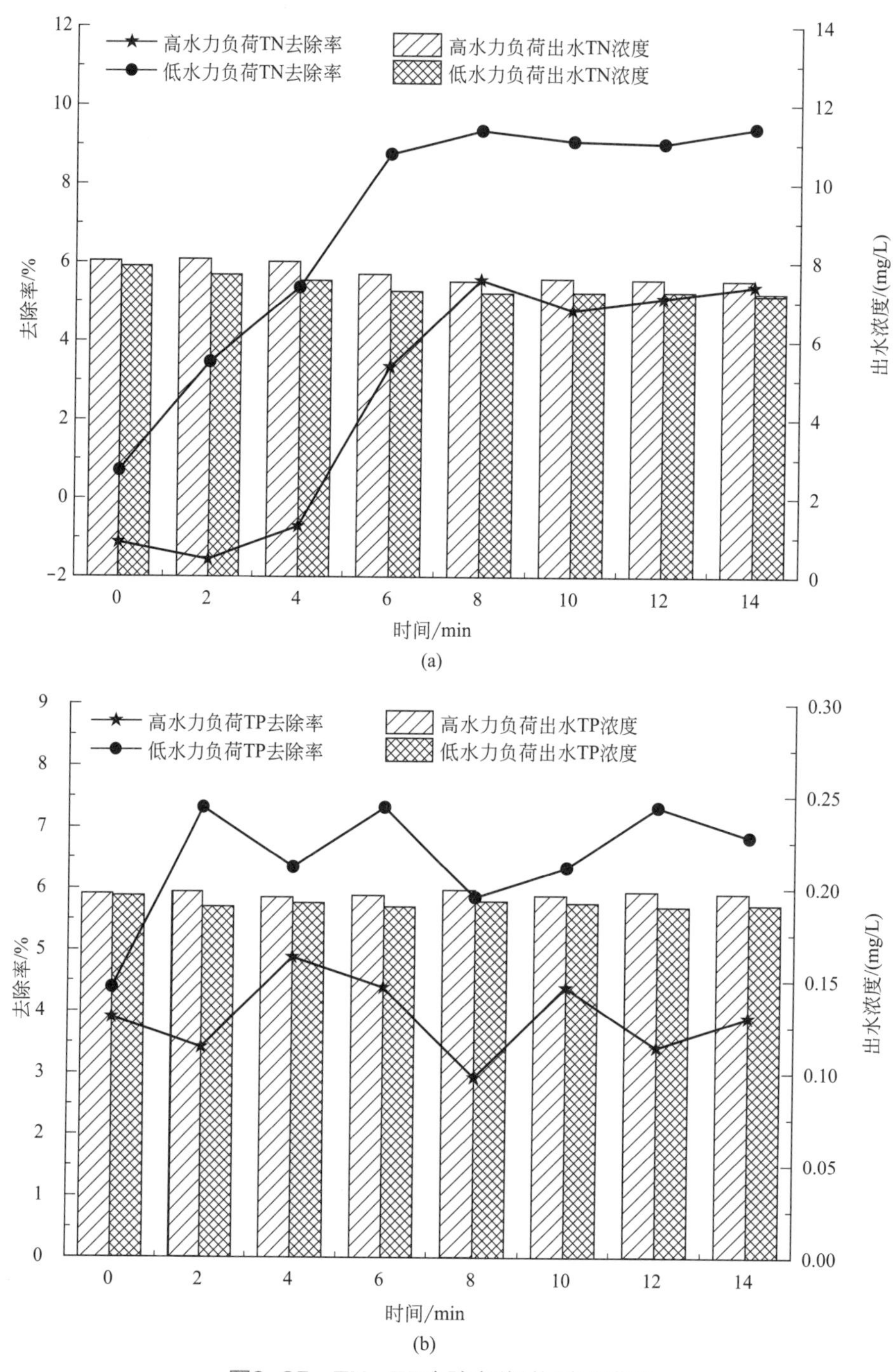

图2-35 TN、TP去除率随时间变化曲线

⑤ 对Zn和Pb的平均去除率分别为46.88% ~ 58.27%和79.75% ~ 82.17%（见图2-36）。

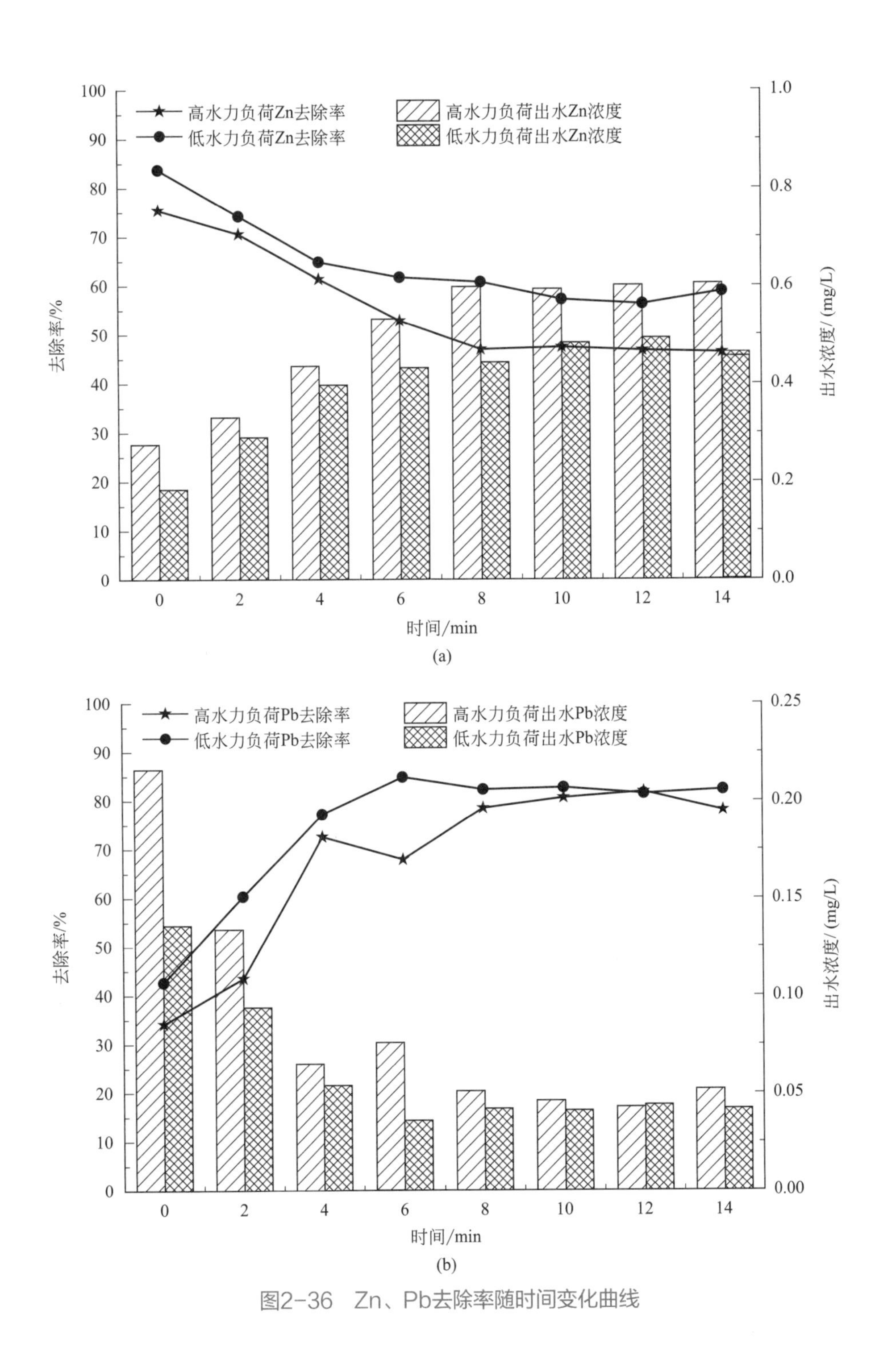

图2-36　Zn、Pb去除率随时间变化曲线

2）活性氧化铝+活性炭净化层

① 对SS和NH_3-N的平均去除率为68.31%～70.71%和14.38%～17.65%（见图2-37）。

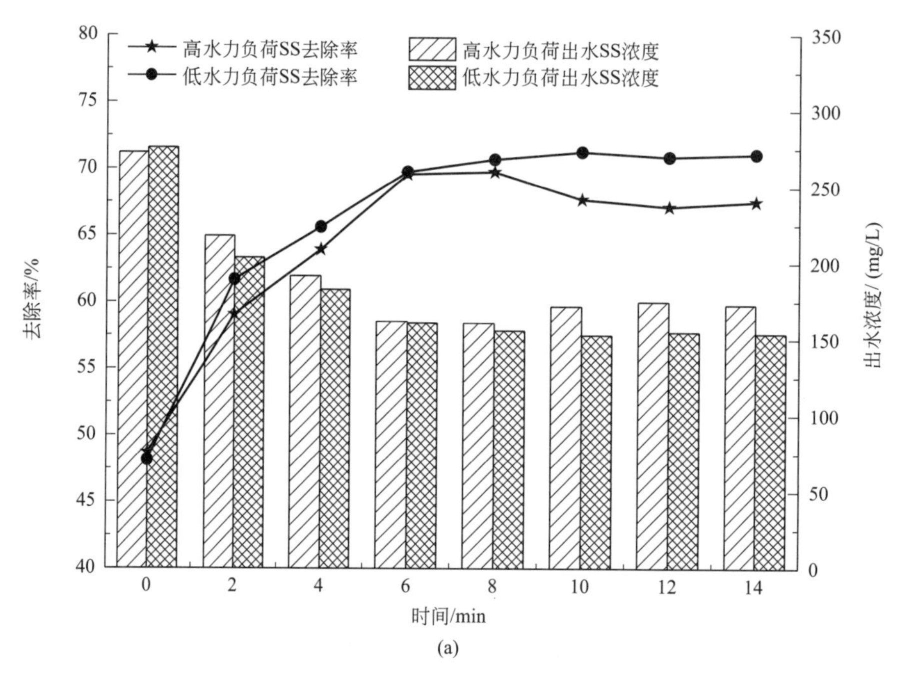

(a)

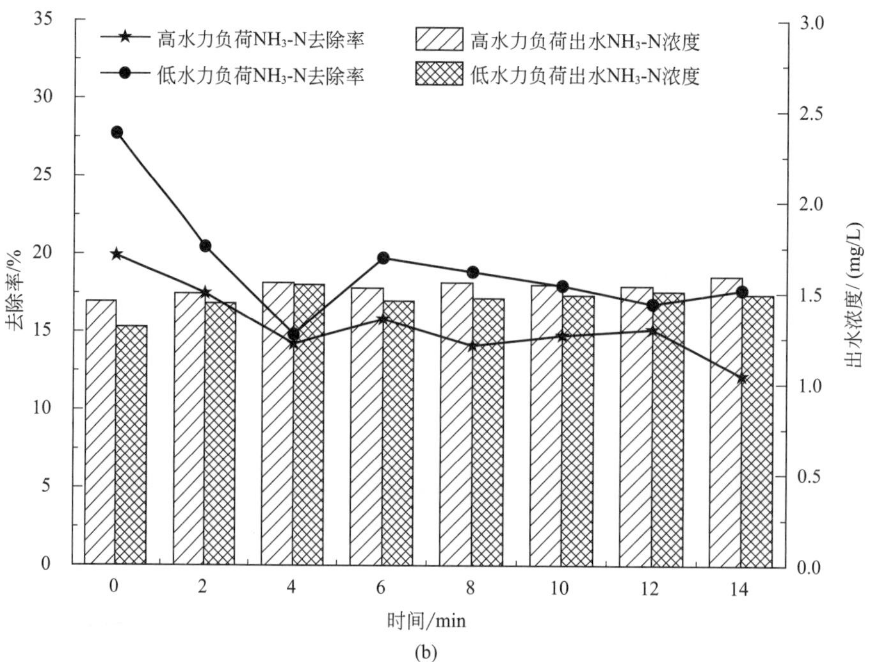

(b)

图2-37　SS和NH_3-N去除率随时间变化曲线

② 对TN和TP的平均去除率分别为4.82%～5.93%和82.54%～84.13%(见图2-38)；

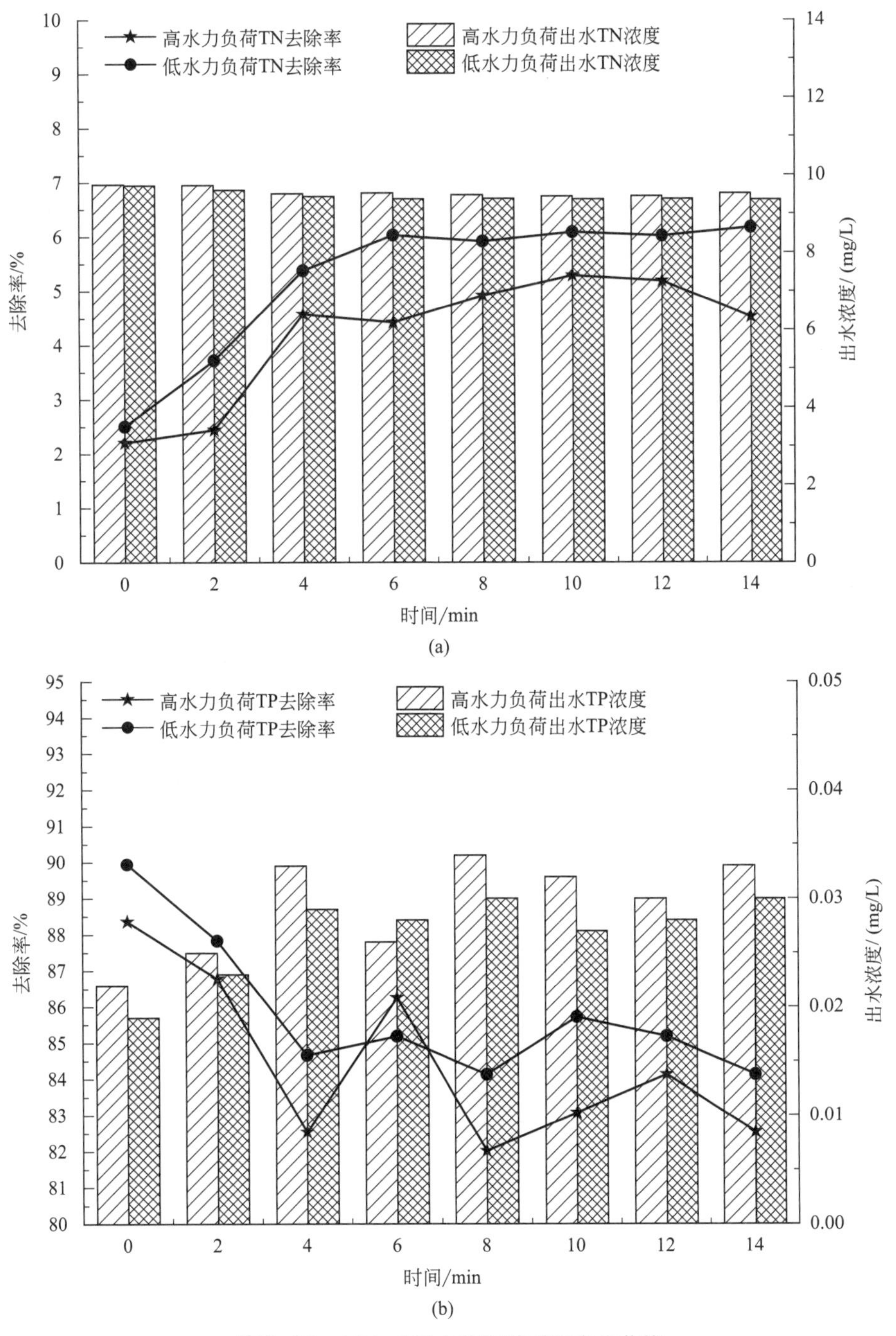

图2-38 TN、TP去除率随时间变化曲线

③ 对Zn和Pb的平均去除率分别为84.28%～85.20%和84.62%～86.97%（见图2-39）。该组合滤层总体优于“页岩陶粒＋活性炭净化层”组合。

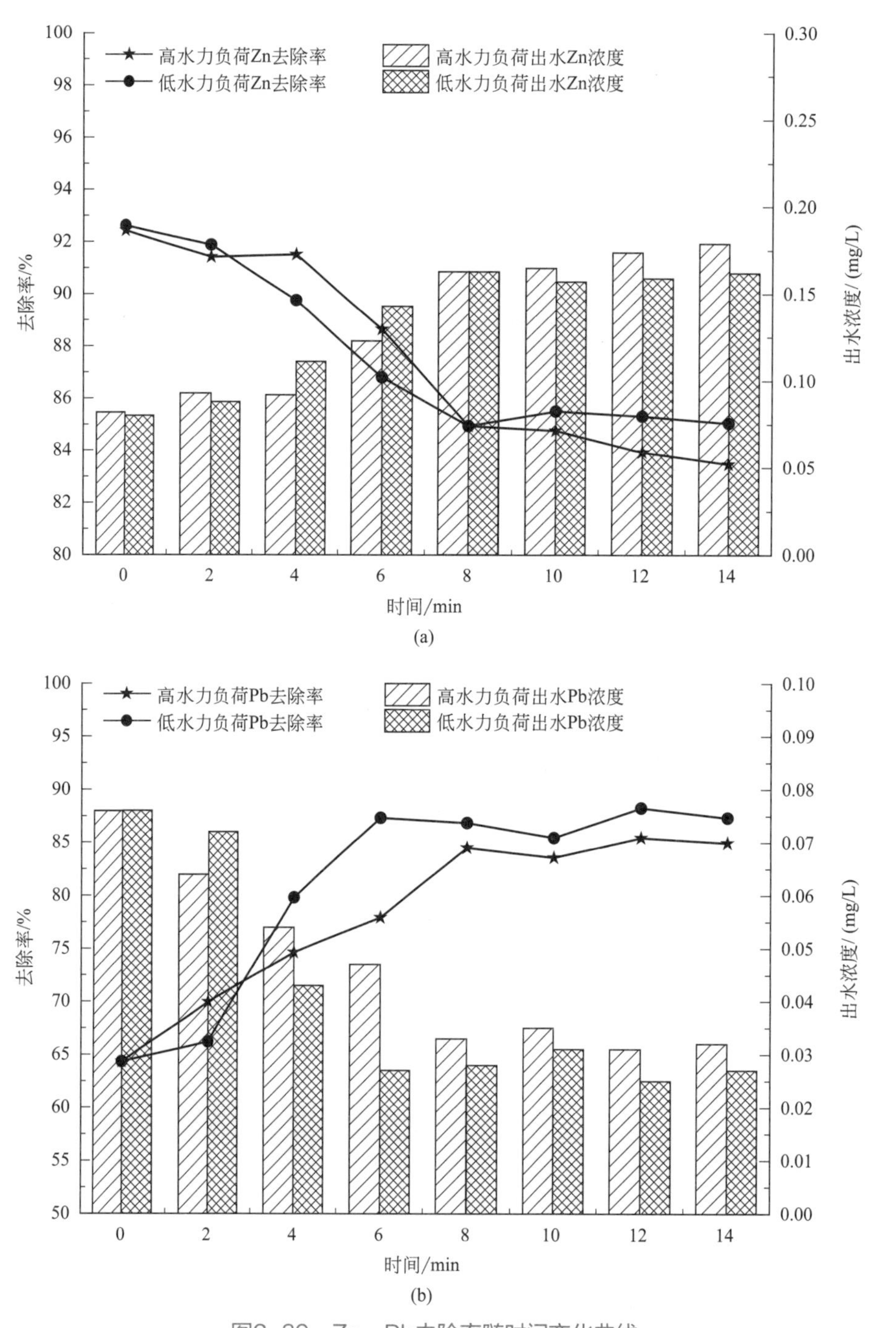

图2-39　Zn、Pb去除率随时间变化曲线

（2）系统排水能力

测试该系统排水能力，并评估能否满足最大排水要求。取一定量清水置于水桶中，将布水软管与离心泵、流量计等附件连接好，启动离心泵后调节测试流量，待雨水收集净化排水渠上边缘水接近溢出时读取此时流量计的读数，即为极端最大排水能力（见图2-40）。

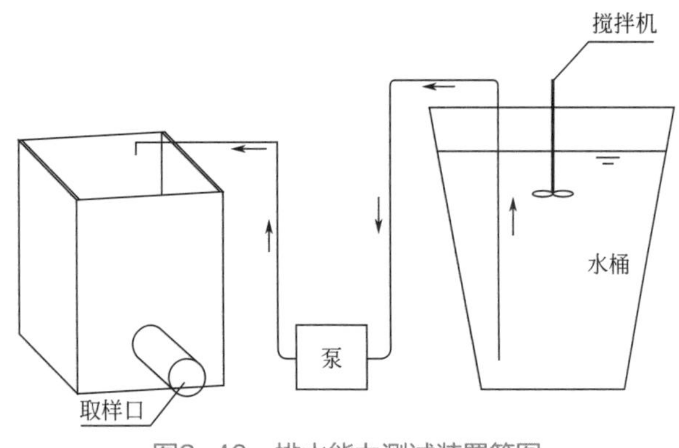

图2-40 排水能力测试装置简图

根据实验监测，排水能力最高可达到18L/（min•m），水力负荷可达60L/（min•m^2），排水性能总体良好。

（3）系统整体总结

模块化雨水调蓄净化系统兼具排水输水功能和雨水净化功能，主要体现在小雨时将雨水全部收集进行处理，起净化作用；大雨时初期雨水进行净化，超过过滤层高度时可自由排出，因此具有传统排水渠在高重现期的排水能力。其排水能力最高可达到18L/（min•m），水力负荷可达60L/（min•m^2）。

同时，采用活性氧化铝和活性炭为净化层的雨水收集净化排水渠的整体除污染效果优于采用页岩陶粒和活性炭净化层的除污效果，其中COD_{Cr}的平均去除率为68.31%～70.71%，NH_3-N和TN的平均去除率分别为14.38%～17.65%和4.82%～5.93%，TP的平均去除率为82.54%～84.13%，Zn和Pb的去除率分别为84.28%～85.20%和84.62%～86.97%。

2.4.4 工程应用场景

（1）适用于老旧建筑小区公建区域

该系统完全可以良好适配老旧建筑小区公建区域的停车场和人行道，能够全方面提高雨水资源的回收利用率，用于道路和植物的浇洒，同时解决小雨积水等问题。此系统结构简单，安装简便，不会给当地居民带来其他负面问题，在保障居民安全、健康的同时带来舒适、和谐的生活。

（2）适用于小区道路、广场和其他公共区域

该系统同样适用于小区道路、广场和其他公共区域，控制降雨后小区道路的严重面源污染问题，同时降低产生内涝风险。

本节介绍了一种可用于小区内多种场景的模块化雨水调蓄净化系统，主要由其他模块包括调蓄池等进行调蓄净化后，再通过雨水回用管通过泵机或其他设备加以回用。根据回用的用途不同可以形成不同的系统，如回用灌溉系统、回用饮水系统、回用洗车系统等。设计这种系统的初衷在于提高小区内雨水利用率，而事实上雨水利用率的提高还需要靠更多地上设备支撑，更重要的是小区内居民主观意识上的跟进和相关鼓励政策的支持，多种条件相结合才能打造出一个雨水管理技术和理念都先进的优质小区。

2.5　雨水原位循环循序利用系统

有效控制雨水径流，实现自然积存、自然渗透、自然净化的城市发展方式是目前受到广泛提倡与认可的。当前随着海绵城市和生态文明城市建设的推进，市场上出现多种类型的雨水管理设施，形态各异、各有侧重，但多数设施功能较为单一，技术体系系统性不够强，加上施工质量的参差不齐，导致不能实现雨水的原位就地高效控制与利用，造成雨水资源的浪费，同时雨水的外排对外部区域造成一定的压力。

雨水资源经净化处理后可作为直接使用的非传统水源。在资源日趋紧张的今天，传统的车辆清洗、道路清洗、绿化浇洒、公厕冲洗都需要大量的清洁水源，尤其车辆的清洗，一方面需要自来水供给，另一方面消耗量大，产生的污废水一般直接流向街道的水渠沟，或是直接深入地面，污染地下水源。针对上述出现的问题，根据海绵城市建设理念及方针，现介绍一种可循环循序的雨水原位控制利用系统及方法。

2.5.1　系统构造与组成

这套系统应包括一种可循环循序的多功能雨水原位控制利用系统及方法，该系统包括高强度透水铺装模块、模块化雨水收集净化渠、进水管、蓄水模块、提升泵、回用水管、高压水汽喷头；因此结合2.2、2.3、2.4部分所述具体设备设施，这套系统可以实现雨水的原位渗透、净化、蓄存和重复使用，最大限度地实现雨水的循环循序功能，降低自来水的供给，节约水资源，同时雨水净化系统与停车场的结合，不仅满足了司机停车，同时方便了司机洗车的需求。

该系统具体构成部分为：

① 模块化雨水收集净化渠上方设置雨水篦子。

② 模块化雨水收集净化渠包括收集层、净化层和集水层。

③ 模块化雨水收集净化渠下方的集水层设置进水管，所述进水管的另一端与蓄水模块连接。

④ 蓄水模块内部设置提升泵，所述提升泵用于将蓄水模块内部的水压到回用水管内，所述回用水管的另一端连接高压水汽喷头，所述高压水汽喷头是一种节水型器具，用于喷洒清洗置于高强度透水铺装模块上方的车辆。

根据该系统对于雨水原位利用的要求，各模块应具备以下特性：

① 高强度透水铺装模块可随意组装面积，具有承载力强，透水性强，可代替一般的铺装路面。

② 蓄水模块根据其上部可承载力的大小，置于模块化雨水收集净化渠的下方任何水平位置。

③ 该雨水收集净化渠为模块化安装方式，具有可拆卸式特点。能够根据场地特点进行伸长安装或缩短安装。

④ 模块化雨水收集净化渠净化层的一端设置弃流管，未经处理的雨水通过弃流管流入雨水井，通过雨水管排出。

⑤ 蓄水模块上方设置溢流管，当蓄水模块达到最大收纳高度时通过溢流管直接进入雨水井，通过雨水管排出。

⑥ 与回用水管连接的高压水汽喷头同时与自来水管连接，其中所述自来水管用于给高压水汽喷头补水，确保高压水汽喷头随时都有水源。

⑦ 清洗汽车后产生的地表径流通过高强度透水铺装进入模块化雨水收集净化渠中，再经过净化、储存到蓄水模块中进行回用。

系统布置如图2-41、图2-42所示。

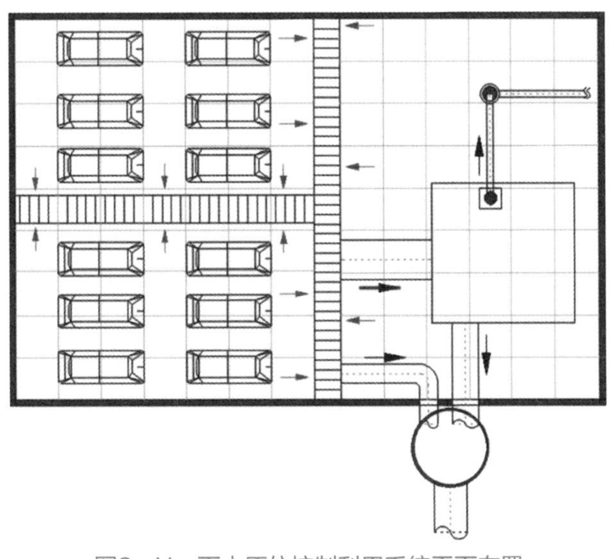

图2-41 雨水原位控制利用系统平面布置

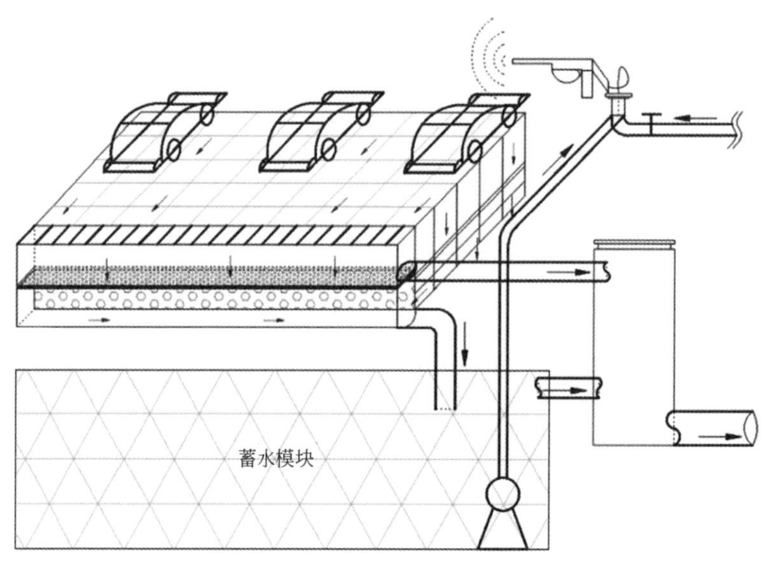

图2-42　雨水原位控制利用系统立视布置

2.5.2　工作原理

降雨时形成地表径流，当雨量小时，地表径流进入所述高强度透水铺装模块，经渗透净化后补充地下水；当雨量大时，初期雨水先进入高强度透水铺装模块净化，当高强度透水铺装模块下层土壤饱和时，铺装表层雨水径流先进入模块化雨水收集净化渠，经过净化层净化后，通过进水管进入蓄水模块；同时高强度透水铺装模块下层的雨水也可以通过模块化雨水收集净化渠的侧壁孔进入，后通过进水管进入蓄水模块，蓄水模块收集的雨水通过提升泵经回用水管进入高压水汽喷头，用于高强度透水铺装模块上的车辆清洗。当清洗的车辆产生径流后，进入原位控制利用系统，再经过滤净化后循环循序使用。

2.5.3　各部分实施效果

以某一小区小型停车场为例，将此雨水原位循环循序利用系统运用于停车场，拟计算具体实施效果。下面给出具体设施参数与计算情况（见表2-1）。

（1）设施参数

① 铺装透水性：孔隙率为10% ～ 20%，下渗率≥1mm/s。

② 综合径流系数：0.10 ～ 0.15。

③ 铺装承载能力：达到C20 ～ C25混凝土的承载标准。

④ 污染物去除能力：SS去除率达到70% ～ 85%，重金属去除率为80% ～ 85%。

⑤ 节水型洗车喷头用水量：20 ～ 40L/辆。

（2）洗车用水量计算

该小区小型停车场场地内日均停车量为20辆，每辆车用水量根据节水型洗车喷头用水量，取平均30L计算。蓄水量按照7日用水体积进行计算，停车辆次$n=140$次。7日内洗车用水体积：$V=nQ=30\text{L}/辆\times140辆=4.2\text{m}^3$。

（3）绿化用水量计算

雨水原位循环利用系统不仅将回用雨水净化后用来洗车，同样净化后的雨水可用于绿地绿化。已知该小区场地内的绿化面积为670m^2，根据《建筑小区雨水利用工程技术规范》（GB 50400—2016），绿化浇灌用水定额按2.5L/（m^2·d）。假设一周绿化浇洒5d，则5d内绿化浇洒用水体积：$V=nQ=8.37\text{m}^3$，取9m^3。

（4）结论

经分析，在假设一周7d车辆清洗和5d绿地浇洒的情况下，当只对区域内的车辆进行清洗时，调蓄池体积至少为4.2m^3；当考虑洗车和绿化浇洒二者用水量时，调蓄池体积至少为13.2m^3。同时，回用水经处理后SS去除率达到70%～85%，重金属去除率达到80%～85%，满足日常洗车和绿地浇灌基本要求。

表2-1 小区雨水回用计算情况

用水类型	面积/m^2	用水量指标	用水量/（m^3/d）	用水总量/m^3	备注
洗车	—	30L/辆	0.6	4.2	按20量次计算
绿化	670	2.5L/（m^2·d）	1.675	8.37	—

2.5.4 工程应用场景

（1）自助式感应洗车——光伏停车场

光伏太阳能停车场是清洁能源发展的一个趋势，目前在国内国外都有一些应用。通过建立太阳能光伏停车场，不仅可以代替传统的停车棚，避免车辆的淋雨和日晒，而且可以将太阳能转化成电能储存后用于电车的充电、路灯供电、以及其他相关供电设施的使用。

目前太阳能光伏技术是一项非常成熟的技术，具有产能效率高、供电稳定性强、无污染的特点，和上述雨水原位循环利用系统可以形成良好的有机结合。

（2）自助式感应洗车——自助洗车+光伏供电

自助式感应洗车位是一种自主式、节水型、光能发电洗车位，具有科技感强、技术领先、便民实用的特点。通过对厂区内收集净化消毒后的雨水进行回用，用于洗车降低自来水的消耗；通过构建人脸识别、自动记忆，形成水足迹系统，实现车辆的360°自清功能；通过建立太阳能光伏车棚产生电能，供雨水回用系统、车辆清洗控制系统的运行，实现区域内不受外部供电需求。

自助式感应洗车位包括太阳能光伏停车棚、升降式伸缩围挡、升降柱、洗车喷头、雨水回用管以及自助感应式中控系统。

本节所介绍的作为一种整体上的小区雨水系统，系统结合了之前小节所介绍的所有模块，包括了渗透铺装、雨水收集渠、调蓄净化系统。可以看到，实际上所说的种种雨水利用系统都是由各种不同的模块组成，包括地上模块和地下模块。本节所介绍的是适用于小区停车场的洗车回用技术，结合的是地上的光伏感应模块。如果结合地上灌溉模块或者饮水模块则可以形成其他的雨水利用方式。

参考文献

[1] University of Arkansas Community Design Center. LID低影响开发：城区设计手册［M］. 卢涛. 江苏：江苏凤凰科学技术出版社，2017.

[2] 王建龙，涂楠楠，席广朋，等. 已建小区海绵化改造途径探讨［J］. 中国给水排水，2017, 33（18）:1-8.

[3] 万上上. "海绵城市"多孔隙全透水铺装设计体系研究及效果评价［J］. 中国住宅设施，2018（10）：26-30.

[4] 钟小平. 老旧住宅小区海绵城市建设难点与措施［J］. 低温建筑技术，2017,39（8）:152-153.

[5] 赵永锟. 透水人行道设计在海绵城市建设的应用［J］. 中外企业家，2019（19）:107.

[6] 陈莘，聂浩，潘尚昆，等. 透水混凝土路面基层的配合比优化及性能试验［J］. 混凝土，2019（06）：144-146.

[7] 韩天宇，宋璐逸，潘尚昆，等. 透水铺装控制和净化地表径流的研究进展［J］. 建筑节能，2019，47（06）：98-101.

[8] 王俊岭，张亚琦，秦全城，等. 一种新型透水铺装对雨水径流污染物的去除试验研究［J］. 安全与环境学报，2019，19（02）：643-652.

[9] 李俊奇，张哲，王耀堂，等. 透水铺装设计与维护管理的关键问题分析［J］. 给水排水，2019，55（06）：26-31.

[10] 罗江，秦洁钰，黄雨阳. 海绵城市建设中透水铺装和路面的研究与应用［J］. 四川水泥，2019（03）：208.

[11] 王火明，刘燕燕，吕国军，等. 海绵城市透水铺装材料应用研究探讨［J］. 科学咨询（科技・管理），2019（03）：19-20.

[12] 高志洋，李雪晴. 基于透水铺装技术下的海绵城市建设构想［J］. 居舍，2019（04）:19.

[13] 李美玉，张守红，王玉杰，等. 透水铺装径流调控效益研究进展［J］. 环境科学与技术，2018，41（12）：105-112.

[14] JGJ 155—2013.

[15] GB 50400—2016.

[16] DB 11685—2013.

[17] DB13/T 1793—2013.

[18] 中华人民共和国住房和城乡建设部. 海绵城市建设技术指南海绵城市建设技术指南——低影响开发雨水系统构建（试行）. 2014.

第3章 老旧建筑小区海绵化改造技术实施指南

老旧建筑小区在海绵化改造过程中具有诸多限制性因素，例如小区建设时配套设施标准低、操作空间小、施工难度大等，因此因地制宜是老旧小区海绵化改造中的重中之重。本章从前期本底资料调查，到规划设计，到工程建设，再到后期运营维护进行系统化的指导，为老旧建筑小区海绵化改造提供具体的、可实行的设计及施工方案。

3.1 实施总则

3.1.1 实施目的

本书旨在指导城市老旧建筑小区海绵化改造工程，改造过程中转变以往灰色快排理念，加大径流雨水源头减排刚性约束，推广和应用低影响开发建设模式。遵循优先利用自然排水系统的原则，配套建设或完善生态排水设施，充分发挥建筑小区屋顶、绿地、道路、停车场、水体等对雨水的吸纳、蓄渗和缓释作用，使建筑小区开发建设后的水文特征接近开发前自然本底的水文特征。通过海绵化改造，有效缓解局部内涝、削减地表径流污染负荷进而节约水资源、保护和改善局部生态环境，同时为建筑用户和小区居民提供美好宜居的生活环境。

综上所述，老旧建筑小区实施海绵化改造的总体目标包括安全、生态、经济、美观、健康、和谐。为保证老旧小区海绵化改造能够与实际情况相适应，现从技术难易程度、场地实施条件、群众可接受度、经济条件等方面综合考虑，形成基本型海绵化改造、提升型海绵化改造、全面型海绵化改造三个渐进层次的分类实施标准。其中基本型海绵化改造以保障安全、健康、经济适用为主；提升型海绵化改造以美观、和谐、舒适为主；全面型海绵化改造以生态技术超前、理念先进、集成化的新方法新设备为主。

3.1.2 实施依据

《海绵城市建设技术指南——低影响开发雨水系统构建（试行）》
《老旧小区有机更新改造技术导则》（唐山）
《建筑小区雨水利用工程技术规范》（GB 50400—2016）
《绿色建筑评价标准》（GB/T 50378—2019）
《民用建筑绿色设计规范》（JGJ/T 229—2017）
《室外排水设计规范》[GB 50014—2006（2014版）]
《城市用地分类与规划建设用地标准》（GB 50137—2011）
《建筑给水排水设计规范》[GB 50015—2003（2009年版）]
《种植屋面工程技术规程》（JGJ 155—2013）
《透水砖路面技术规程》（CJJ/T 188—2012）
《屋面工程技术规范》（GB 50345—2012）
《屋面工程质量验收规范》（GB 50207—2012）
《园林绿化工程施工及验收规范》（CJJ 82—2017）
《地下工程防水技术规范》（GB 50108—2008）
《地下防水工程质量验收规范》（GB 50208—2011）
《建筑屋面雨水排水系统技术规程》（CJJ 142—2014）
《城市道路工程设计规范》[CJJ 37—2012（2016年版）]
《城镇道路路面设计规范》（CJJ 169—2012）
《城市道路路基设计规范》（CJJ 194—2013）
《透水沥青路面技术规程》（CJJ/T 90—2012）
《城市绿地分类标准》（CJJ/T 85—2017）
《城市用地竖向规划规范》（CJJ 83—2016）
《城市排水工程规划》（GB 50318—2017）
《城市道路绿化规划与设计规范》（CJJ 75—2016）
《城市绿地设计规范》[GB 50420—2007（2016年版）]
《绿化种植土壤》（CJ/T 340—2016）
《城市居住区规划设计规范》[GB 50180—2018（2016年版）]
《透水路面砖和透水路面板》（GB/T 259930）
《海绵城市建设评价标准》（GB/T 51345—2018）

3.1.3　实施原则

老旧建筑小区海绵化改造的基本原则是分类实施、技术可施，于民方便、影响最小，安全第一、注重实效，生态优先、形神兼备。

（1）分类实施、技术可施

老旧小区以问题为导向，按居民改造需求为目标，针对不同权属关系、不同建设年代、不同本底条件、不同居民意愿、以及资金的来源渠道，分为标准改造型、提升改造型、全面改造型三种改造响应类型，每种改造类型都是具有针对性，技术方法成熟可靠，具有可实施性强的特点。

（2）于民方便、影响最小

尽可能地降低对居民生活的影响，从横向和纵向拓宽空间，创造更多的价值。坚持居民参与的原则，在综合整治全过程和后期物业管理中，突出居民共同谋划、共同建设、共同参与、共同管理、共享改造成果，确保居民的“知情权、参与权、选择权、监督权”。优先解决交通出行等民生问题，消除小区安全隐患，改善基本生活需求，营造良好居住环境。

（3）安全第一、注重实效

注意建筑基地的边界线和建筑单体的可承载力，合理化布置海绵设施，在实现改造目标的同时保证建筑单体和小区设施的安全。对小区进行海绵化改造前科学评估，尊重小区自然条件，突出自身特点。对小区进行分类，对不同等级的小区选用不同等级的技术。保证雨季排水通畅，不出现内涝现象，合理调整绿化和停车布局，完善绿地，补栽补种，拆违建绿。

（4）生态优先、形神兼备

优先注重老旧建筑小区在海绵化改造中的生态格局构建，完善小区内乔灌花草配置，保护和利用建筑小区的特色景观，融合实现生态化功能。在绿色设施设计的同时也要注重灰色设施的搭配使用，二者相互融合。不唯“绿色设施”论，对于部分改造条件较差的小区积极采用雨水调蓄池等灰色设施。

3.1.4　实施范围

本书是基于国内现有的《海绵城市建设技术指南——低影响开发雨水系统构建》《建筑小区雨水控制及利用工程技术规范》《海绵城市建设评价标准》等规范标准，借鉴国际上建筑小区低影响改造建设模式的成果经验，同时吸纳国内近三年海绵城市建设中的工程实践经验，具体适用于以下三个方面：一是适用于广义上已经使用的老旧建筑小区；二是指导老旧建筑小区在规划改造过程中低影响开发内容的落实；三是指导老旧建筑小区配套建设低影响开发设施的设计、实施与维护管理。

3.1.5 实施路线

老旧建筑小区海绵化改造流程如图3-1所示。

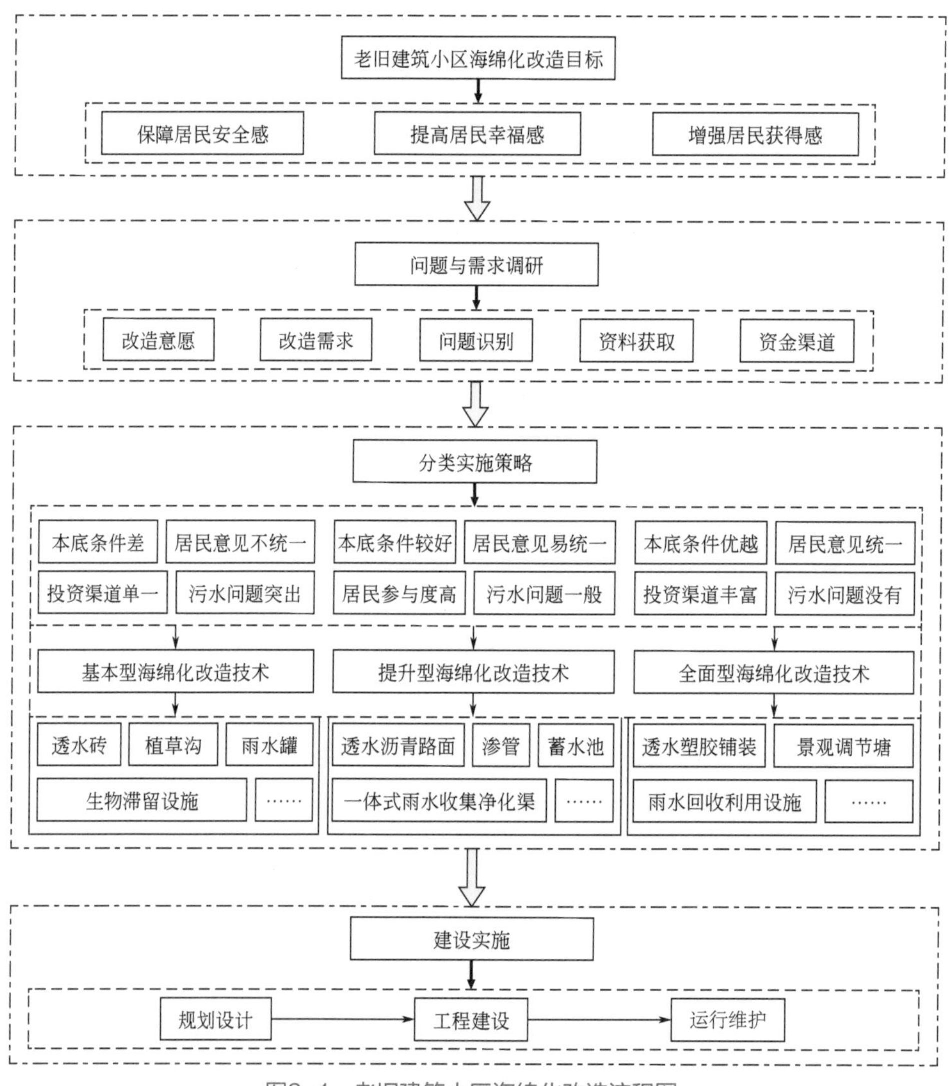

图3-1　老旧建筑小区海绵化改造流程图

老旧建筑小区海绵化改造是以保障居民安全感、提高居民幸福感、增强居民获得感为目标进行建设。首先，对改造小区的本底情况进行摸排，从改造意愿、改造需求、问题识别、资料获取、资金渠道五个方面开展，掌握改造的优势和劣势，以及具备的条件；其次，根据本底情况调研制定分类实施策略，划分为基本型、提升型和全面型，每种响应类型分析对应响应的适宜性技术措施，保证依据本底情况，实现技术的可行性和目标的可达性；最后，开展建设实施，包括技术路线制定、规划设计方法、工程实施建设以及后期的运行维护。

3.2　本底调查

3.2.1　居民意愿

与小区的物业管理部门紧密配合，向每家每户发放问卷调查，对居住环境进行评价，了解他们的满意度，对于不满意的地方着重进行关注，并给出一些改造的建议。通过现场问答、改造方式和效果的角度，进行海绵化改造宣传，让居民及早地接受改造可能对平日生活所造成的负面影响，正面宣传改造的意义和价值，居民改造意愿调查如表3-1所列。

表3-1　居民改造意愿调查

小区名称		是否封闭	
调查时间		姓名	
性别		工作状态	○在职　○退休　○上学　○待业
年龄		居住时间	（　　）年
居住地址		联系方式	
是否成立业主委员会	○是　○否　成立日期____年____月____日		
1. 您认为现在居住小区总体环境如何？			○差　○一般　○好
2. 您居住的小区每年都会发生至少一次的内涝积水吗？			○是　○否
3. 您居住的小区路面干净整洁吗？			○是　○否
4. 您居住的小区景观绿化美观吗？			○是　○否
5. 您居住的小区停车位够用吗？			○是　○否
6. 您居住的小区排水管网通畅吗？			○是　○否
7. 您居住的小区休闲娱乐场所符合心理要求吗？			○是　○否
8. 您居住的小区景观水体是否清澈干净？			○是　○否
9. 您最希望居住小区的海绵化改造的地方是哪些？			○停车场　○管网　○景观水体 ○道路　○绿化　○其他地方____
10. 您希望小区以后有物业管理吗？			○希望　○不希望
11. 您愿意为小区的海绵化改造建设出一些资金支持吗？			○愿意　○不愿意　○看情况
12. 对于居住的老旧建筑小区海绵化改造方案，您有哪些建议呢？			

3.2.2 改造需求

（1）改造内容需求

重点改造全国范围内，居住环境条件差、基础配套设施缺失、住宅老旧或破损严重、管理服务机制不健全、群众反映强烈，且不宜整体拆除重建的住宅小区。其中，工作重点考虑2000年以前建成并通过竣工验收的，社区组织工作能力强、居民改造意愿高的老旧建筑小区。

老旧建筑小区海绵化改造主要包括市政公用配套设施、小区环境设施、建筑本体设施等，市政配套设施为小区出口排水管由合改分的改造，小区环境设施包括小区绿化比例提升、道路修整、停车空间改善、景观生态体系构建，建筑本体设施为屋顶防水保温改造、屋顶雨落管断接改造、阳台雨污水分流改造等。

（2）改造效果需求

相对于新建小区，老旧建筑小区具有“老、破、小”的特点，这也逐渐成为推进城市化发展过程中的瓶颈，影响整个城市居民生活满意度。老旧建筑小区的改造是将居民的需求放在首要位置，针对不同建设年代、不同本底条件、不同投资渠道、不同运维基础条件、不同改造意愿程度等情况，根据其需求的不同，设置不同的改造目标，一般分为基本改造需求目标、提升改造需求目标、全面改造需求目标，具体需求目标分析如下。

1）基本改造需求

针对部分居住环境卫生条件差、道路破损严重、地下管网排水不畅、小区改造资金渠道单一且不足、居民改造意愿难以达成一致的老旧小区，从室外环境改善的基本需求出发，重点对裸露绿地、排水系统、停车场等进行海绵化改造，采取下沉绿地、生物滞留设施、雨污分流改造、透水停车场等海绵措施，既保证其原有的使用功能，也提高其对雨水的控制能力，降低内涝积水的发生，削减地表面源污染。

2）提升改造需求

针对小区绿化环境相对较好，小区卫生整体较为整洁，排水系统较为完善、居民改造意见易达成一致，但小区的硬化率较高、停车位紧张、景观效果不佳，从居民需求提升的角度出发，重点对屋面雨落管、人行道、绿地景观、停车场、居民活动广场等进行海绵化改造，通常采取雨落管断接、高位雨水花坛、生态停车场、透水铺装路面、雨水花园、塑胶透水广场等海绵改造措施，既能将原有的功能进行提升，也能实现景观与绿化的融合统一。

3）全面改造需求

针对高档型、独栋单户型老旧建筑小区，小区有专门的物业管理人员，投资渠道较为广泛且充裕，居民改造意愿较为强烈，从室外环境改造的优化优质出发，提升小区整体的居住环境，打造全面型海绵化改造小区。在原有的基础上，采用透水路面、雨水湿塘、绿色屋顶、渗井/渗管、雨水回用设施、雨水原位洗车技术等海绵化改造措施，将整个小区打造成资源节约型、环境友好型、居民喜爱型的生态小区，为生态文明城市的建设树立典范。

3.2.3 潜在问题

老旧建筑小区海绵化改造前期居民改造意愿难以统一，投资渠道单一难以丰富，后期管理维护难以推进，这些都是制约老旧建筑小区改造的重要因素。

（1）居民改造意愿难以统一

老旧建筑小区的居民多以老年人为主，从实施上要更加与老年人的需求相结合。由于小区的问题多样，每个人的需要不一样，对改造中造成的影响接受程度也不一样，这就意味着改造意愿很难达到一致。

（2）投资渠道单一难以丰富

政府主导，前期政府投资，由于受益人是小区居民自己，使得社会投资渠道变窄，虽说谁受益谁投资，但长期的投入无法保证居民的积极性和长期的投入。

（3）后期管理维护难以推进

老旧建筑小区多数以开放式自主管理为主，缺少物业。海绵化改造后需要投入人力和物力的维护成本，就需要小区居民给予资金支持，增加居民的生活成本，所以难让每个居民接受。

3.2.4 改造准备

（1）本底条件资料

掌握老旧建筑小区的边界范围、地形地貌特征、河湖水系、水文地质、下垫面利用、雨污水系统分布等基本情况，分析主要问题和问题的成因。老旧建筑小区本底资料统计见表3-2。

表3-2 老旧建筑小区本底资料统计

资料内容	说明
区域与范围	
地理位置	—
边界范围	—
地形地貌	
地形高程	地形数据、影像图、高程
地质土层资料	地质分布图、土壤性质、渗透性等

续表

资料内容	说明
气象资料	
最新暴雨强度公式	—
年降雨量统计表格	
年份及月份蒸发数据	
下垫面现状资料	
用地情况	硬化面积、绿化面积、水系面积
雨污系统	雨污错接混接
问题资料	
内涝积水点情况	历史内涝积水点位置、面积和深度
面源污染情况	主要污染的下垫面类型，污染程度

（2）已有建设资料

老旧建筑小区已有建设资料统计见表3-3。

表3-3　老旧建筑小区已有建设资料统计

资料内容	说明
老旧建筑小区地上设施建设情况	建筑本体（屋顶、排水立管）、小区道路和广场（材质、排水设施、雨水管网分布）、小区绿地（绿地类型、植物种类、竖向高程）、小区停车场（材料、排水设施）等设计资料
老旧建筑小区地下雨污水管网建设情况	雨污水管网设计图纸

（3）规划改造设计资料

老旧建筑小区海绵化改造需要与老旧建筑小区未来的改造设计相结合，不与老旧建筑小区原有的规划设计相冲突，起到锦上添花的效果，老旧建筑小区规划改造设计资料统计见表3-4。

表3-4　老旧建筑小区规划改造设计资料统计

资料内容	说明
老旧建筑小区	建筑本体改造、雨落管改造、小区道路和绿地改造、以及公共活动设施改造等相关规划改造设计方案

3.3 分类策略

3.3.1 目标与指标

建设海绵城市，构建低影响开发雨水系统，规划控制目标一般包括径流总量控制、径流峰值控制、径流污染控制、雨水资源化利用等。对于老旧建筑小区海绵化改造，结合实际情况，针对其问题与需求，选择年径流总量控制率、面源污染削减率、积水情况作为主要控制指标，同时考虑居民获得感、小区内涵和品质、经济合理性等指标。其中年径流总量控制率、面源污染削减率分类目标的制定主要以实际老旧建筑小区海绵化改造经验为基础，参考南宁老旧建筑小区改造案例及《海绵城市建设典型案例》中相关案例的目标取值，可结合当地实际情况予以适当调整。

（1）基本型

1）目标

解决现有迫切问题，完善市政配套设施，增强雨水消纳能力，降低内涝积水的发生，削减地表面源污染。

2）指标

年径流总量控制率为50%～60%；面源污染削减率为30%～40%；积水点基本消除；基本提高居民获得感；改善小区内涵和品质；海绵改造方案设计合理，设施选用经济合理。

（2）提升型

1）目标

提升建筑小区应对灾害性气候的韧性，改善区域环境质量，可与景观环境较好的融合。

2）指标

年径流总量控制率为60%～70%；面源污染削减率为40%～50%；积水点基本消除；提高居民获得感；提高小区内涵和品质；海绵改造方案设计合理，设施选用经济合理。

（3）全面型

1）目标

构建市民生活空间的“水、绿、人居”一体化空间体系，实现平时景观休憩、中小雨自然消纳的全面型海绵建筑小区。

2）指标

年径流总量控制率为70%～80%；面源污染削减率为50%～60%；积水点基本消除；显著提高居民获得感；显著提高小区内涵和品质；海绵改造方案设计合理，设施选用经济合理。

海绵化分类改造指标体系见表3-5。

表3-5 海绵化分类改造指标体系

类别	基本型指标	提升型指标	全面型指标
年径流总量控制率	50%～60%	60%～70%	70%～80%
面源污染削减率	30%～40%	40%～50%	50%～60%
积水点消除	积水点基本消除		
居民获得感	基本提高	提高	显著提高
小区内涵和品质	改善	提高	显著提高
海绵改造经济合理性	海绵改造方案设计合理，设施选用经济合理		

3.3.2 分类流程

老旧建筑小区海绵化改造分类指标确定流程如图3-2所示。

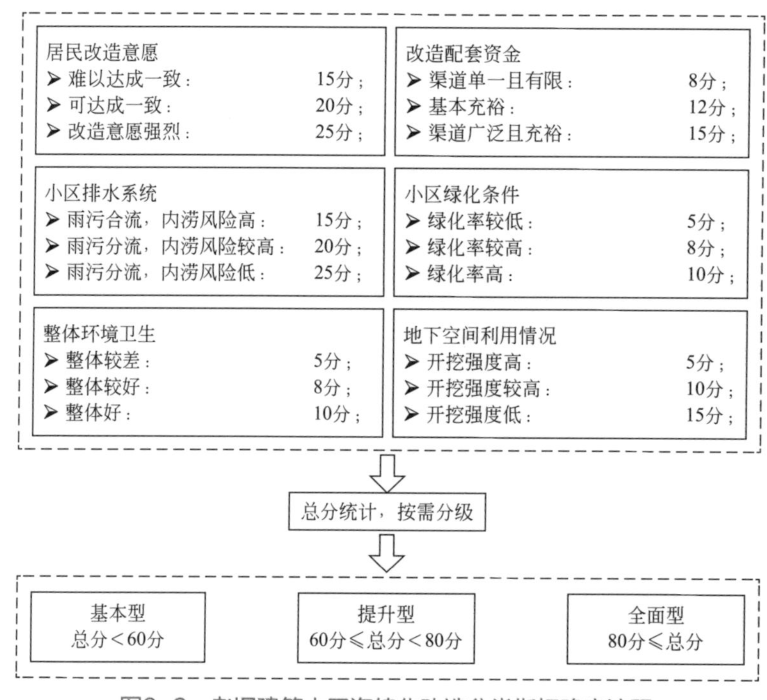

图3-2 老旧建筑小区海绵化改造分类指标确定流程

根据老旧建筑小区基础条件、居民需求、资金渠道等多方面考量，确定6项权重因子，包括居民改造意愿、改造资金、绿化率、环境卫生、排水系统、地下空间开发强度，每个因子根据影响程度的不同赋予相应的权重，最后通过计算总分来确定分类，总分 < 60分为基本型，60分 ≤ 总分 < 80分为提升型，总分 ≥ 80分为全面型。

3.3.3 分类技术

结合老旧建筑小区本底特征及需求，分析比较各类低影响开发措施的功能及特点，根据不同改造需求，分类确定适用于老旧建筑小区海绵化改造的低影响开发设施，老旧建筑小区海绵化改造分类技术见表3-6。

表3-6 老旧建筑小区海绵化改造分类技术

技术类型	单项设施	功能				分类类型
		集蓄利用雨水	补充地下水	削减峰值流量	净化雨水	
雨水收集入渗设施	透水砖铺装	○	◎	◎	◎	基本型
	植草透水铺装	○	◎	◎	◎	基本型
	透水水泥混凝土	○	○	◎	◎	基本型
	透水沥青混凝土	○	○	◎	◎	基本型
	下沉式绿地	○	●	◎	◎	基本型
	渗管/渠	○	◎	○	○	提升型
	渗井	○	●	◎	◎	提升型
	高强度透水模块	○	◎	◎	●	提升型
	绿色屋顶	○	○	◎	◎	全面型
	渗透塘	○	●	◎	◎	全面型
	透水塑胶铺装	○	○	◎	◎	全面型
雨水调节排放设施	植草沟	◎	○	○	◎	基本型
	生物滞留设施	○	●	◎	◎	基本型
	蓄水池	●	○	◎	◎	提升型
	湿塘	●	○	●	◎	全面型
	景观调节塘	○	○	●	◎	全面型
雨水净化回用设施	雨水罐	●	○	◎	◎	基本型
	一体式雨水收集净化渠	○	○	●	●	提升型
	初期雨水弃流设施	◎	○	○	●	全面型
	雨水回用池	●	○	◎	◎	全面型

注：●强；◎较强；○弱或很小

老旧建筑小区海绵化改造技术路线如图3-3所示。

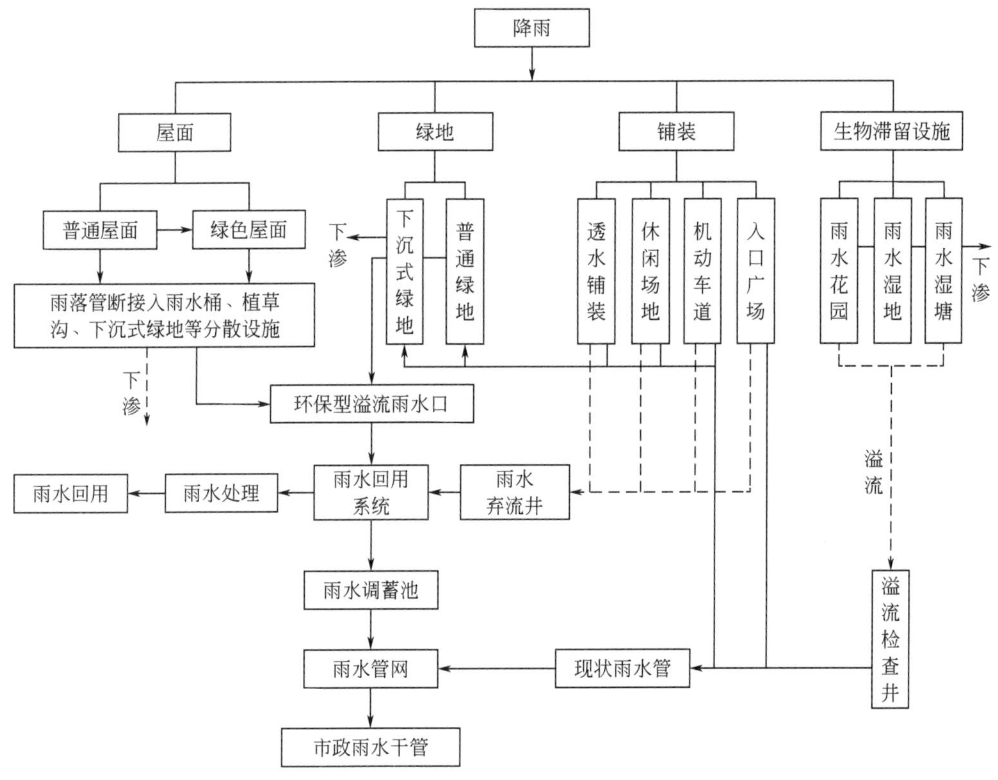

图3-3　老旧建筑小区海绵化改造技术路线

3.4　规划设计

3.4.1　规划设计要求

（1）海绵城市专题规划要求

海绵城市老旧建筑小区专题规划应结合上位海绵城市规划，深化和细化海绵城市建设的具体内容，指导各项建设的规划管理和推进。

老旧建筑小区海绵城市专题规划应包括以下内容：

1）海绵城市建设条件分析

① 开展海绵城市建设条件分析和论证。

② 分析项目场地与周边地块的竖向关系，明确场地是否需要承接客水以及承接的客水量。

③ 分析场地内及其周边是否存在内涝点，并明确内涝点与场地的关系。

④ 分析场地周边雨水管渠系统与超标雨水径流排放系统的现状及上位规划条件，明确场地与其上下游排水系统的关系。

⑤ 分析场地内的水文地质条件、下垫面组成、土壤渗透性能、地下构筑物等，对现状条件进行海绵城市建设限制因素和有利因素的分析评价，提出海绵城市建设的难点和开发策略。

2）确定海绵城市建设目标和指标体系

以上位规划中的海绵城市相关控制指标为基础，结合现状条件及问题评估，提出建设范围内海绵城市建设目标。建设目标包括总体目标和分项目标。

① 总体目标。包括年径流总量控制率、径流污染控制率（以SS计）、雨水资源化利用率、雨水管渠设计重现期。其中，径流峰值控制目标为城市道路与城市水系类项目需提出的目标。

② 分项目标。包括绿地下沉率（%）、生物滞留设施比例（%）、绿色屋顶率（%）、透水铺装率（%）等。

建设项目设计目标及标准应与项目所在地的年径流总量控制率指标相协调，并根据周边市政管线接纳能力确定外排雨水总量。

3）海绵城市建设详细规划方案

建立规划水文模型，模型内参数的设置应符合本地条件。结合模型，将年径流总量控制率、年径流污染控制率等重点指标分解至各排水分区，并确定单位面积控制容积、下沉式绿地率、透水铺装率等指标。通过不同设施的经济技术比选，明确低影响开发设施种类，并根据场地条件进行布局。

4）效益分析及投资估算

综合评价海绵城市工程设计方案的环境效益、经济效益及社会效益。并估算海绵城市规划方案的建设投资。

（2）海绵城市设计要求

老旧建筑小区海绵化改造设计应落实上位规划及相关规定提出的海绵城市控制指标，选择的低影响设施类型应与规划地块的特点相适应，并从用地和工程竖向上保证低影响设施的有效运行。应包括以下低影响开发的设计内容。

① 开展海绵城市建设条件分析和论证。分析项目场地与周边地块的竖向关系，明确场地是否需要承接客水以及承接的客水量；分析场地内及其周边是否存在内涝点，并明确内涝点与场地的关系；分析场地周边雨水管渠系统与超标雨水径流排放系统的现状及上位规划条件，明确场地与其上下游排水系统的关系；分析场地内的水文地质条件、下垫面组成、土壤渗透性能等，对现状条件进行海绵城市建设限制因素和有利因素的分析评价，提出海绵城市建设的难点和开发策略。

② 确定设计目标。以上位规划中的海绵城市相关控制指标为基础，结合现状条件及问题评估，提出建设范围内海绵城市建设目标。

③ 确定低影响开发设施的类型、规模和空间布局。结合容积率、建筑密度、绿

地率等控制指标，在满足人的活动游憩需求和建筑间距、道路退距、日照等要求的基础上，形成源头消纳、雨水回用、终端调蓄等控制模式，确定屋顶绿化、下沉式绿地、透水铺装等低影响开发设施的选择和空间布局。

④ 根据低影响开发设施的工程规划要求，开展相应的竖向规划设计，确定低影响开发设施的控制点坐标和标高。

⑤ 开展低影响开发设施的效果评估、投资估算、预期成本效益和风险分析。将低影响开发建设前与开发后的年径流指标等相关指标数据、景观效果进行比较与评估。并根据低影响实施的类型和规模，估算低影响开发投资金额、预期成本效益和风险。

⑥ 海绵城市设计文件的编制应符合不同阶段的设计深度要求，施工图审查应对低影响开发设施的规模、有效调蓄深度、安全距离等进行重点审查，达到低影响开发的单位面积控制容积控制指标与设计降雨量标准，达到排水及内涝防治的设计重现期标准。

3.4.2　规划设计流程

（1）一般规定

海绵系统设计目标应满足城市总体规划、专项规划等相关规划提出的海绵城市建设目标与指标要求，并结合气候、土壤及土地利用等条件，合理选择单项或组合的以雨水渗透、储存、调节等为主要功能的技术及设施。

海绵技术设施的规模应根据设计目标，经水文、水力计算得出，有条件的应通过模型模拟对设计方案进行综合评估，并结合技术经济分析确定最优方案。

海绵系统设计的各阶段均应体现低影响开发设施的平面布局、竖向、构造，及其与城市雨水管渠系统和超标雨水径流排放系统的衔接关系等内容。

海绵系统的设计与审查（规划总图审查、方案及施工图审查）应与园林绿化、道路交通、排水、建筑等专业相协调。

（2）老旧建筑小区海绵化改造规划设计流程

设计流程如下：

① 根据建筑小区用地性质、容积率、绿地率等指标，对区域下垫面进行解析。

②依据相关规划或规定，明确本地块海绵性控制指标。

③ 结合下垫面解析和控制指标，因地制宜，选用适宜的海绵设施，并确定其建设规模和布局。

④ 根据海绵设施的内容和规模，复核海绵性指标，并根据复核结果优化调整海绵性工程内容。建筑小区径流组织形式如图3-4所示。

可采用的低影响开发技术设施主要有：

① 渗滞设施：包括透水铺装、绿色屋顶、生物滞留设施、植草沟。

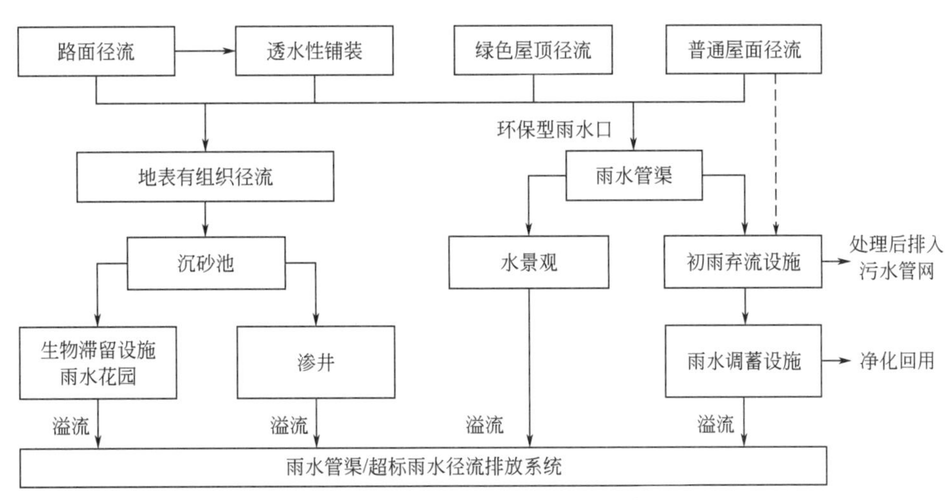

图3-4 建筑小区径流组织形式

② 储存设施：包括储水池、雨水桶等。

③ 调节设施：包括调节塘（池）等。

④ 转输设施：包括转输型植草沟、渗管（渠）等。

⑤ 净化设施：包括植被缓冲带、初期雨水弃流设施和人工湿地等。

居住小区LID选择与应用示意见图3-5。

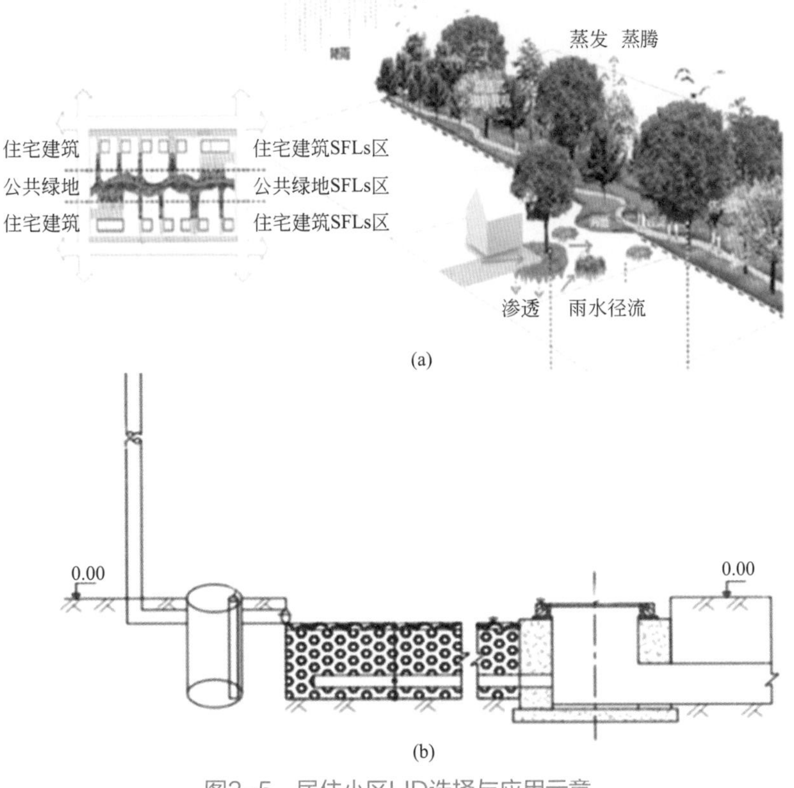

图3-5 居住小区LID选择与应用示意

3.4.3 雨水收集入渗技术

3.4.3.1 基本型

（1）透水铺装

1）设施改造设计

透水铺装分为透水铺砖、透水沥青路面、植草透水铺砖等。

① 透水铺砖。透水铺砖是具有一定厚度、空隙率及分层结构的以透水砖为面层的路面。构造主要包括透水砖面层、找平层、基层和垫层。透水铺砖示意见图3-6。

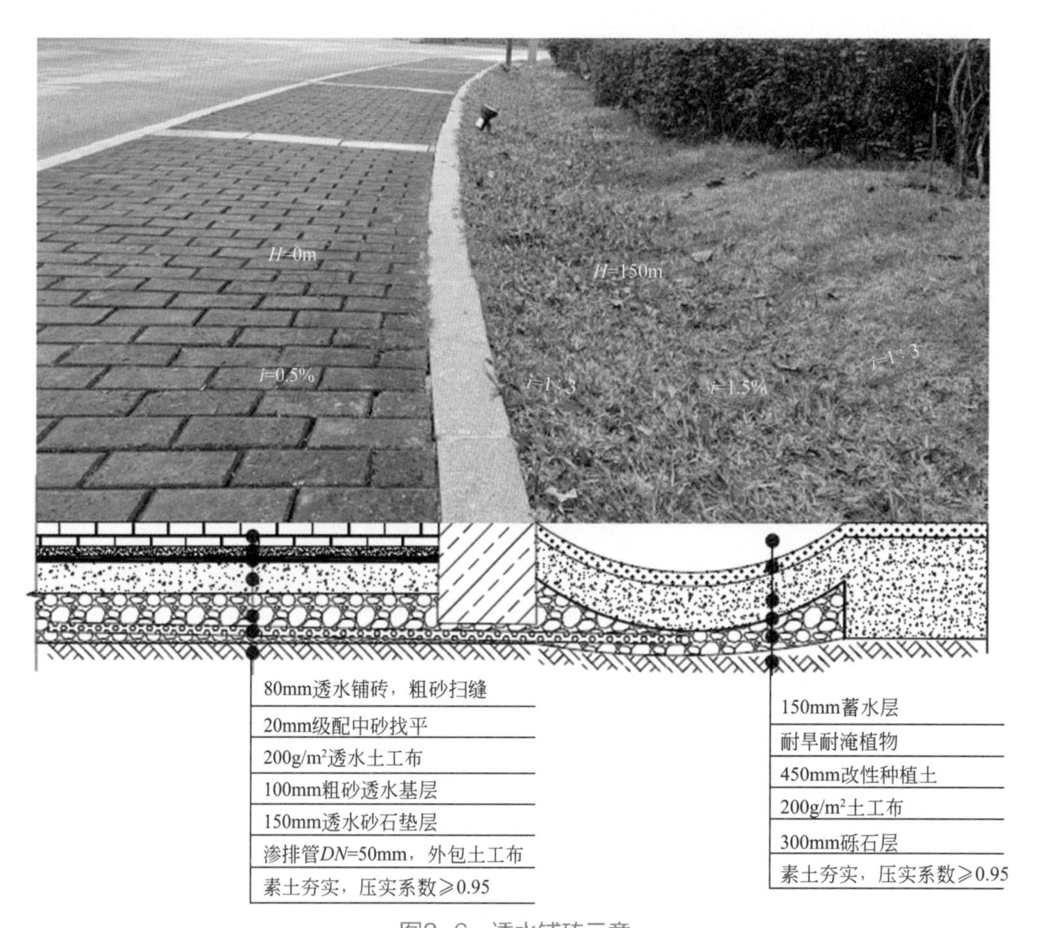

图3-6　透水铺砖示意

一般透水铺砖的透水系数不应≤1.0×10^{-2}cm/s，当用于铺装人行道时透水铺砖的防滑性能（BNP）不应<60，耐磨性不应>35mm。北方冻融区域易冻融，南方多雨区域易生苔藓，经冻融抗盐和苔藓去除后，其质量损失均不应>0.5kg/m^2，抗压强度损失不应>20%。轻型透水铺砖构造示意见图3-7，重型透水铺砖构造示意见图3-8。

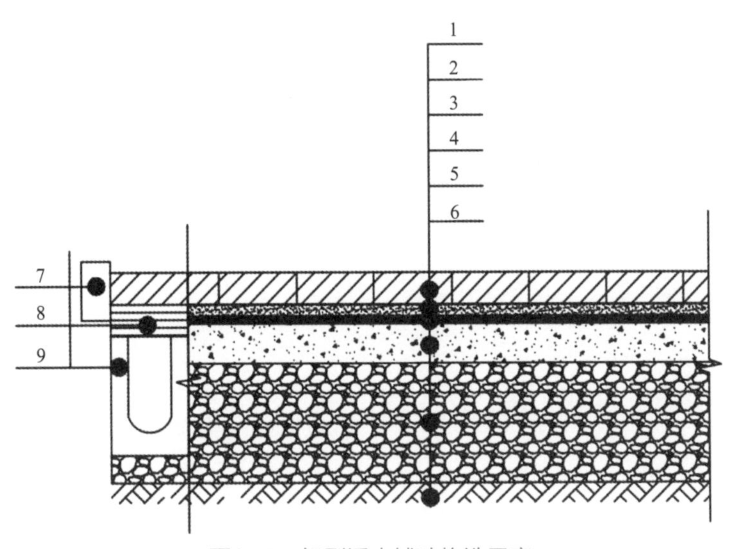

图3-7 轻型透水铺砖构造示意

1—80mm透水路面砖，粗砂扫缝，洒水封缝；2—20 ～ 30mm级配中砂找平层（或1 ∶ 6干硬性水泥砂浆）；3—透水土工布重量在200g/m^2；4—100 ～ 120mm透水基层，采用粗砂，粒径0.5 ～ 0.65mm；5—150 ～ 170mm透水垫层，天然级配砂石碾实，粒径5 ～ 10mm；6—素土夯实，压实系数≥0.93；7—硅砂路缘石；8—30 ～ 50mm透水栅格板，采用复合型HDPE材质；9—U形排水渠

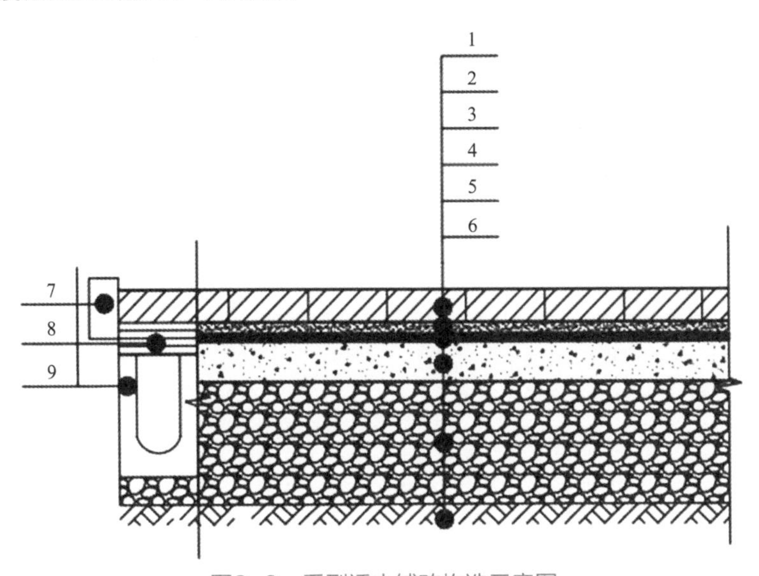

图3-8 重型透水铺砖构造示意图

1—100mm透水路面砖，粗砂扫缝，洒水封缝；2—30 ～ 40mm级配中砂找平层（或1 ∶ 6干硬性水泥砂浆）；3—透水土工布重量在200g/m^2；4—120 ～ 150mm透水基层，采用粗砂，粒径0.5 ～ 0.65mm；5—180 ～ 220mm透水垫层，天然级配砂石碾实，粒径5 ～ 10mm；6—素土夯实，压实系数≥0.93；7—硅砂路缘石；8—30 ～ 50mm透水栅格板，采用复合型HDPE材质；9—U形排水渠

Ⅰ. 轻型道路透水铺砖。a. 透水砖厚度60 ～ 80mm，抗压强度C40，透水系数≥0.01cm/s；b. 透水找平层，厚度20 ～ 30mm，采用中砂，粒径0.35 ～ 0.5mm；c. 透水土工布，重量200g/m^2；d. 透水基层，厚度100 ～ 120mm，采用粗砂，粒径0.5 ～ 0.65mm；e. 透水垫层，厚度150 ～ 170mm，采用砾石，粒径在5 ～ 10mm。

Ⅱ. 重型道路透水铺砖。a.透水砖，厚度80～100mm，抗压强度C60，透水系数≥0.01cm/s；b.透水找平层，厚度30～40mm，采用中砂，粒径0.35～0.5mm；c.透水土工布，重量在200g/m^2；d.透水基层，厚度120～150mm，采用粗砂，粒径0.5～0.65mm；e.透水垫层，厚度180～220mm，采用砾石，粒径在15～25mm。

② 透水沥青路面。透水沥青路面是指由透水沥青混合料修筑、路表水可进入路面横向排出，或渗入至路基内部的沥青路面的总称。针对老旧建筑小区可选用透水沥青面层、透水基层、透水垫层、反滤隔离层、路基等构造。透水沥青路面厚度15～25cm，其中轻型道路选15～20cm，重型或冰冻地区，潮湿、过湿路面选20～25cm。

透水基层，空隙率15%～23%；透水垫层，15～25mm，其中轻型道路选15～20cm，重型或重冰冻地区，潮湿、过湿路面选20～25cm；反滤隔离层，粒料类材料或土工织物，重量200g/m^2；透水路基，路基土渗透系数不宜≥7×10^{-5}cm/s。

轻型沥青透水路面构造示意见图3-9，重型沥青透水路面构造示意见图3-10。

嵌草砖铺装：植草透水铺装在老旧建筑小区改造中停车场应用较多，主要由草皮、植草砖、找平结合层、基层、碎石垫层、素土夯实组成。嵌草砖铺砖构造示意见图3-11。

2）适用条件

建筑小区内人行道、邻里支路及其他轻荷载道路，宜优先采用透水性路面，广场、步行、自行车道采用渗透性铺装。

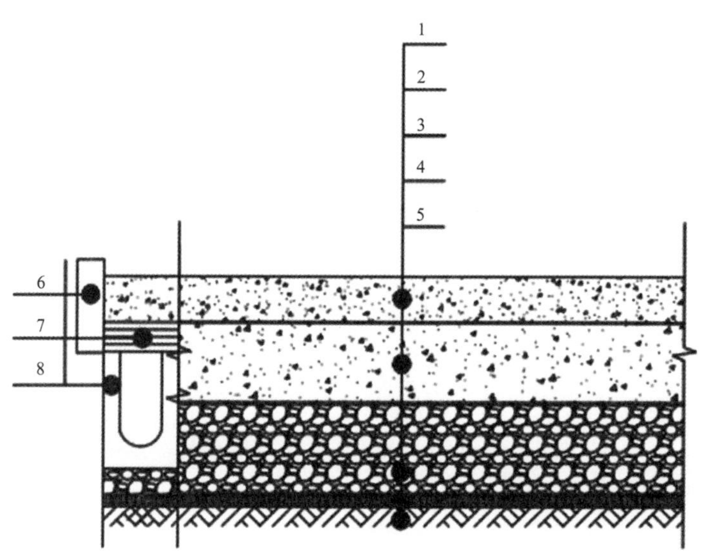

图3-9　轻型沥青透水路面构造示意

1—厚度150～200mm，C20无砂大孔混凝土，面层分块捣制，随打随抹，每块长度不大于6m，缝宽20mm，浸油松木条嵌缝；2—基层厚度300mm，采用粗砂，粒径0.5～0.65mm；3—垫层厚度150～250mm，天然级配砂石碾实，粒径5～10mm；4—反滤隔离层，粒料类材料或土工织布，重量200g/m^2；5—路基，素土夯实，压实系数≥0.93；6—硅砂路缘石；7—30～50mm透水栅格板，采用复合型HDPE材质；8—U形排水渠

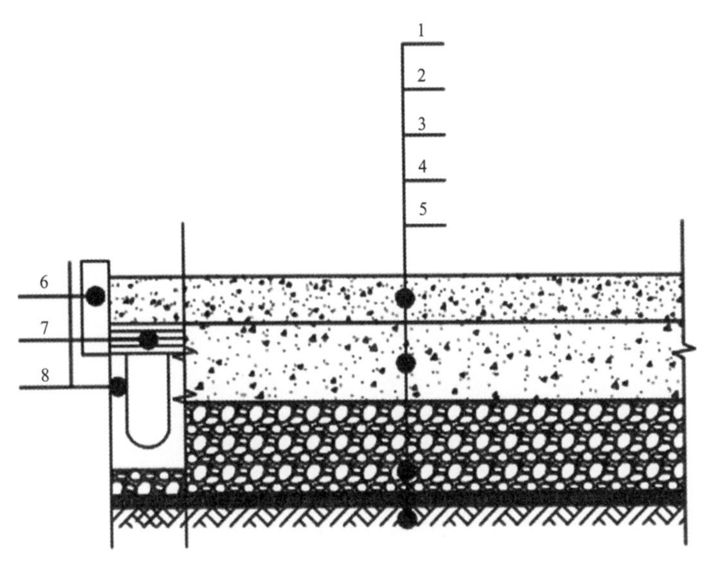

图3-10 重型沥青透水路面构造示意

1—厚度200～250mm，C20无砂大孔混凝土，面层分块捣制，随打随抹，每块长度不大于6m，缝宽20mm，浸油松木条嵌缝；2—基层厚度350mm，采用粗砂，粒径0.5～0.65mm；3—垫层厚度200～250mm，天然级配砂石碾实，粒径5～10mm；4—反滤隔离层，粒料类材料或土工织布，重量200g/m^2；5—路基，素土夯实，压实系数≥0.93；6—硅砂路缘石；7—30～50mm透水栅格板，采用复合型HDPE材质；8—U形排水渠

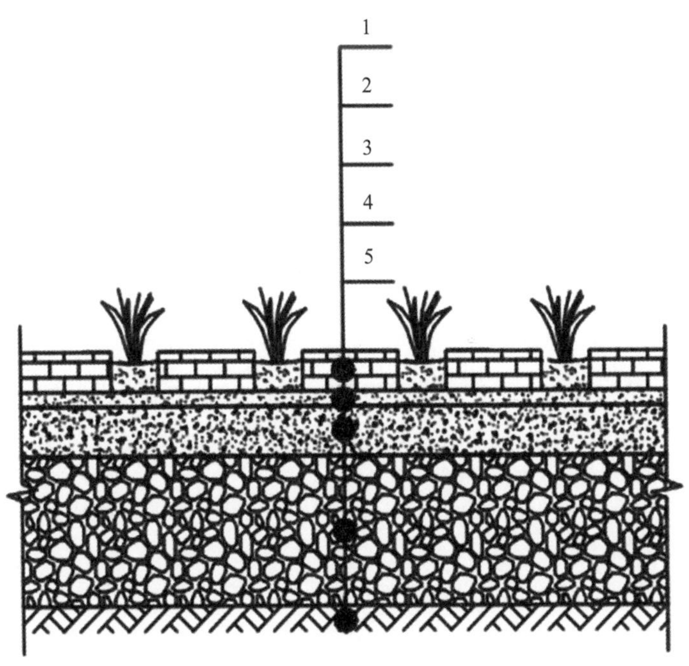

图3-11 嵌草砖铺砖构造示意

1—80mm预制嵌草水泥砖，砖孔及砖缝处填种植土；土内掺草籽；2—30mm黄土粗砂（砂：土＝1：1）；3—100～150mmC20无砂大孔混凝土基层（浇筑混凝土前需将级配砂石垫层用水湿润）；4—300mm天然级配砂石碾实（内设渗透管）；5—素土夯实，压实系数≥0.95

透水铺装的使用原则包括以下几个方面：a.在水保护区外；b.满足交通负荷；c.距离地下水至少2m；d.在冬季养护中放弃使用除冰剂；e.系统渗透能力必须持续达到270L/（s·hm^2）；f.系统的渗透系数$k_f \geqslant 5.4 \times 10^{-5}$m/s。

老旧建筑小区透水铺装材料选择见表3-7。

表3-7　老旧建筑小区透水铺装材料选择

场地类型	透水铺装技术类型		
	选择Ⅰ	选择Ⅱ	选择Ⅲ
人行道	透水铺砖	透水混凝土	彩色沥青透水混凝土
入口广场	沥青透水混凝土	透水沥青路面	—
休闲场地	透水铺砖	透水混凝土	—
运动场地	透水混凝土	—	—
停车场	植草砖	沥青透水混凝土	—

在我国南方多雨地区，建议使用透水沥青路面作为透水材料，少用或不用透水铺砖材料。北方地区受冬天冻融的影响，建议在降雨降雪时候往地面铺洒除雪除冰剂，降低其冰点，同时在施工时多选择抗冻抗压能力强的透水铺装。透水铺砖路面与周边的竖向排水关系示意见图3-12。

（2）植草沟

1）设施改造设计

植草沟是种有植被的地表浅沟，可收集、输送、排放并净化径流雨水。根据植草沟的功能一般分为干式植草沟、湿式植草沟和转输型植草沟等；根据植草沟的横断面的形状一般分为圆弧浅碟形植草沟、三角形植草沟、梯形植草沟以及直角梯形植草沟。

① 改造设计原则

Ⅰ. 便民协调性：充分考虑小区居民和建筑业主的需求，不影响场地原有的用途，方便居民的休闲、出行等。

Ⅱ. 安全实用性：施工中与建筑基地和道路基地有个安全距离，需要时铺设必要的防渗措施，确保基础设施的安全。充分考虑设施本身的作用，合理科学设计，使效果达到最大化。

Ⅲ. 景观融合性：与原有场地周边的景观相协调，充分体现绿色、生态的理念，给小区景观设施添砖加瓦。

② 改造设计参数

Ⅰ. 植草沟长度不宜＜30m，入渗型植被浅沟不设坡度，宜平坡。

Ⅱ. 植草沟宽度宜为500～2000mm，深度宜为25～35cm。

图3-12 透水铺装路面与周边的竖向排水关系示意

Ⅲ. 排水纵坡不宜＜0.5%，最大纵坡坡度不宜＞2%，当沟底纵坡坡度为1%～2%时，可以采用三维网草沟。

Ⅳ. 边坡度1∶4为宜，最大不超过1∶3。

Ⅴ. 流速应小于0.8m/s，水力停留时间6～8min。

Ⅵ. 生态植草沟的沟深h≥300mm、石层的厚度为30～50mm、种植土层的厚度为150～300mm、砾石层的厚度为150～250mm（φ30～50mm）、渗水管长度50～100mm。

Ⅶ. 雨水口高出沟底50～100mm，每隔40m设置雨水口。

Ⅷ. 排水坡向应按照实际工程进行控制，当采用立道牙时，应预留排水豁口，排水豁口处道牙改为平道牙，长度L宜为500～1000mm，亦可根据工程设计确定，间隔30～40m；

Ⅸ. 植被浅沟内植物宜选用耐旱类灌木及草花类植物，如麦冬，植株间距为15cm，具有常绿、耐寒、耐旱、耐淹、对土壤要求不严、病虫害少的优点。

Ⅹ. 如工程需要增渗设施，可在沟底布置渗透式塑料模块暗沟或渗透管，渗透式塑料模块暗沟或渗透管为购置成品。如工程需要渗透管敷设时应在四周设不小于100mm厚的碎石层，渗透层外包透水土工布，土工布的搭接宽度不小于200mm。

转输型三角形断面植草沟典型构造示意见图3-13。

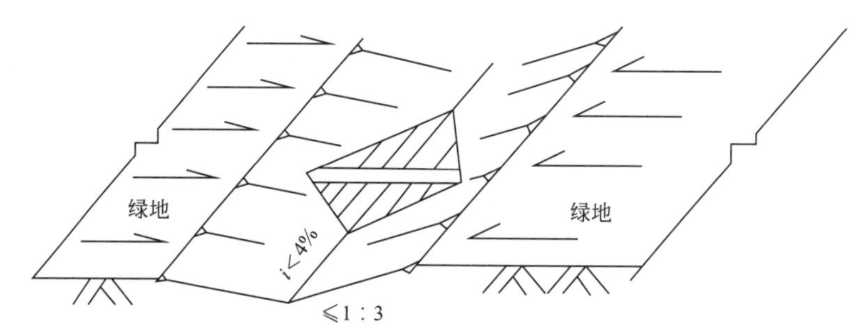

图3-13　转输型三角形断面植草沟典型构造示意

2）适用条件

① 植草沟一般有绿色排水渠，具有渗透和输送雨水径流的作用，在进行雨水的调蓄计算时不应计入到调蓄体积中。

② 对于汇水面积较大或边坡顶有冲沟的路堑边沟，不宜直接采用生态草沟，若必须采用，应在草沟底部增加盖板暗沟等排水设施，以增强草沟的泄水能力。

③ 植草沟不应沿着建筑物墙角建设，一般距离墙体距离不小于3m，若需要则在墙角处铺设防渗膜以保证地基的安全。

植草沟与周边设施的高程关系见图3-14。

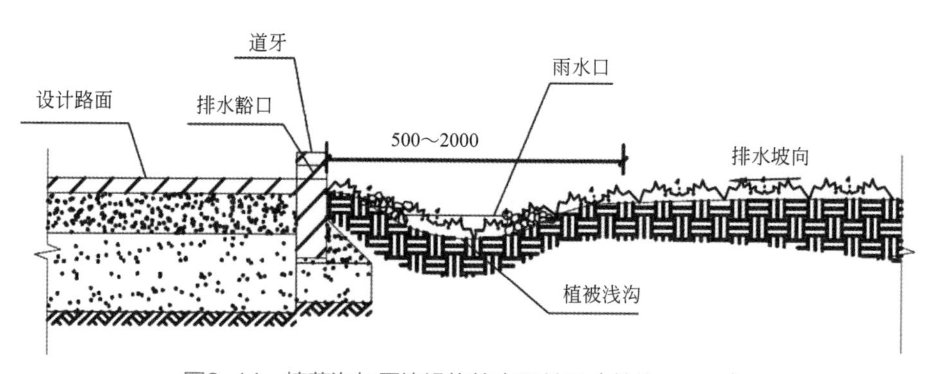

图3-14　植草沟与周边设施的高程关系（单位：mm）

（3）下沉式绿地

1）设施改造设计

下沉式绿地分为狭义的下沉式绿地和广义的下沉式绿地。

狭义的下沉式绿地又称为低势绿地、下沉式绿地，其典型结构为绿地高程低于周围硬化地面高程5～25cm左右，雨水溢流口设在绿地中或绿地和硬化地面交界处，雨水口高程高于绿地高程且低于硬化地面高程；广义的下沉式绿地泛指具有一定的调蓄容积（在以径流总量控制为目标进行目标分解或设计计算时，不包括调节容积），且可用于调蓄和净化径流雨水的绿地。

① 改造设计原则

Ⅰ. 竖向布局设计。进行竖向设计要考虑地形条件、土壤条件、降雨量和绿化带面积比率以及植物的选择类型等因素，进行合理设计和布局。下沉深度太小，雨水大量外排，不能起到调蓄雨水功能的作用，下沉深度过大，雨水在绿化带中大量渗蓄，一旦超过植被的耐淹时间将会带来灾害。

Ⅱ. 景观效果设计。从使用功能和景观效果来看，目前下沉式绿地的设计形式较为单调，削弱了下沉式绿地景观美化和改善生态环境的作用。改变下沉式绿地的单一形式，可以通过采取与雕塑、水景、座椅、亭台、堆石等结合的方式，还可以与人工湿地、雨水花园、雨水塘等结合设计，增强下沉式绿地的可达性、观赏性与实用性。

Ⅲ. 植物生存设计。研究表明当绿化率增加时，所需要的下沉深度减小，且前面降幅大于后面，当道路绿化率在30%以上时下沉深度减少较少。当道路绿化率低于20%时所需要的下沉深度超过下沉绿化带设计的临界值，可能不利于植物的生长。植物的选择与设计是影响下沉式道路绿化带渗蓄功能的重要因素之一，不仅要满足道路景观的美感效果，还要考虑下沉式绿化带植物的特殊生长条件。当使用建筑垃圾做绿化带的填埋土方或施工过程中对土壤过分夯实，以及雨水口设计高度不合理或者是雨水口易被堵塞，均会导致蓄水深度过高，延长植物耐水淹时间。这些在选择植物时都要考虑。

② 改造设计参数

下沉式绿地设计应满足以下要求：a. 对于老旧建筑小区土壤透水性较差，建议进行种植土的优化改良，土：砂：绿化植物废弃物：有机肥＝7 ∶ 5 ∶ 2 ∶ 1；b. 下沉式绿地的下凹深度应根据植物耐淹性能和土壤渗透性能确定，一般为150 ～ 200mm；c. 生物滞留系统排水纵坡宜设置为3% ～ 5%；d. 下沉式绿地内一般应设置溢流口（如雨水口），保证暴雨时径流的溢流排放，溢流口顶部标高一般应高于绿地50 ～ 100mm；e. 设计淹水时间最长不超过48h。

下沉式绿地入渗典型构造示意见图3-15。下沉式绿地与周边设施高程关系示意见图3-16。

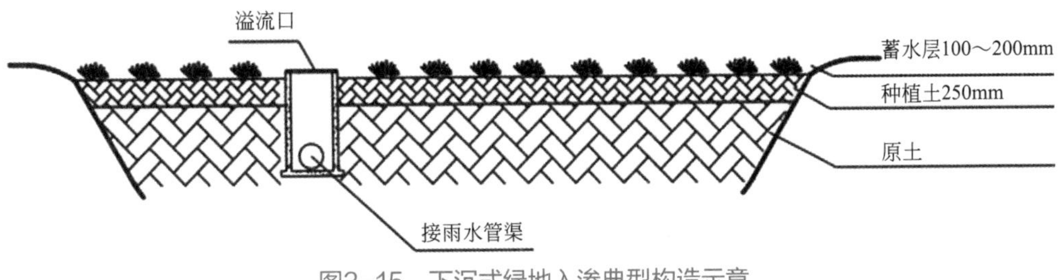

图3-15　下沉式绿地入渗典型构造示意

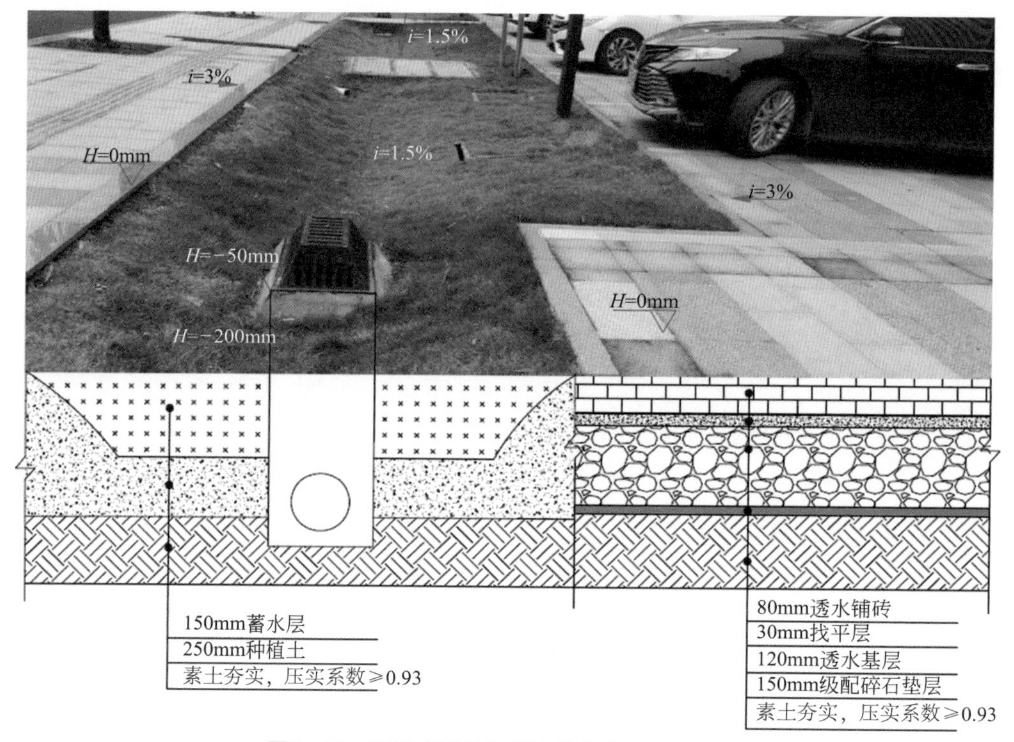

图3-16 下沉式绿地与周边设施高程关系示意

2）适用条件

① 对于老旧建筑小区将原有的绿地改造为下沉式绿地，要综合考虑所收水的范围和边界，保证道路或广场的雨水及时进入下沉式绿地，合理设置收水口为倒梯形或长方形，开口长度一般为15～20cm；

② 下沉式绿地的雨水溢流口高度一般为50～100mm，过高的绿地经常蓄水导致植物淹死，绿地过低未充分发挥下沉式绿地的作用；

③ 对于径流污染严重、设施底部渗透面距离季节性最高地下水位或岩石层不小于1m，同时距离建筑物基础不小于3m（水平距离）的区域，若条件允许应采取必要的措施防止次生灾害的发生。

3.4.3.2 提升型

（1）渗管/渗渠/渗井

1）设施改造设计

渗管/渠是指具有渗透功能的雨水渠/管，可采用穿孔塑料管、无砂混凝土管/渠和砾（碎）石等材料组合而成。

① 改造设计原则

Ⅰ. 安全性原则。针对自重湿陷性黄土、膨胀土和高含盐土等特性土壤的老旧建筑小区不适用渗透设施，对于可能致使老旧建筑小区坍塌、滑坡灾害的，不宜增加渗透设施。

Ⅱ. 便民性原则。施工改造时应注意避免过度开发与建设，减少对居民周边休闲场地、出行场地的占有，避免对小区居民造成一定量的噪声污染和空气污染。

Ⅲ. 实效性原则。充分体现海绵城市的建设理念，注重老旧建筑小区的问题导向性，解决居民迫切关心的问题，美化优化居住环境。

② 改造设计参数。包括：a. 渗管/渠开孔率应控制在1%～3%之间，无砂混凝土管的空隙率应 > 20%；b. 渗管/渠四周应填充砾石或其他多孔材料，砾石层外包透水土工布，土工布搭接宽度不应 < 200mm；c. 渗管/渠在行车路面下时铺设深度不应 < 700mm；d. 水流速度为0.5～0.8m/s，充满度为0.4，内径或短边≥600mm；e. 水流通过渗渠孔眼的流速，不应 > 0.01m/s；f. 渗渠的端部、转角和断面变换处应设置检查井。直线部分检查井的间距，应视渗渠的长度和断面尺寸而定，一般可采用50m。

渗管/渠典型构造示意见图3-17，辐射渗井典型构造示意见图3-18。

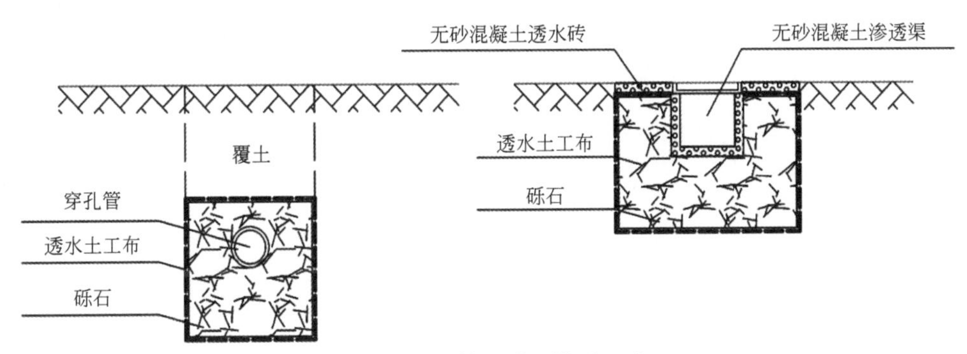

图3-17　渗管/渠典型构造示意

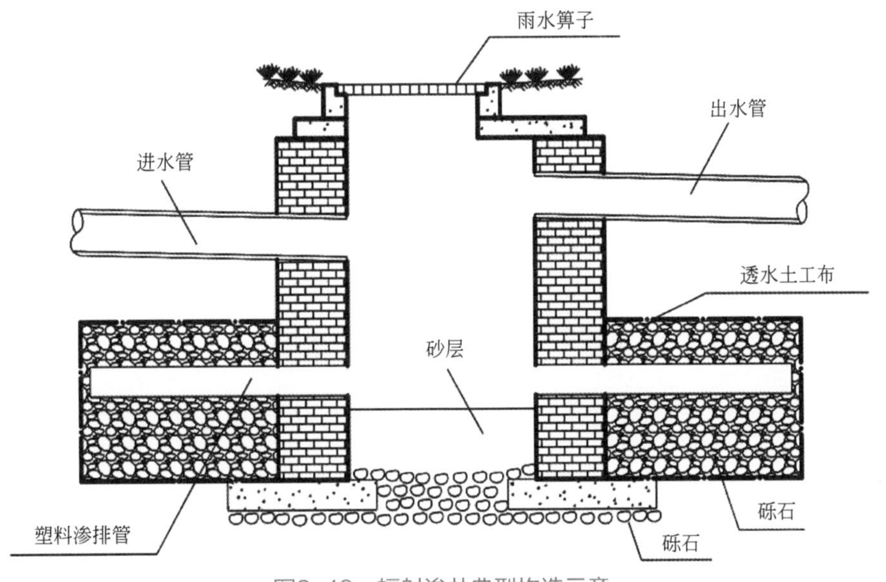

图3-18　辐射渗井典型构造示意

2）适用条件

① 渗管/渠适用于老旧建筑小区内传输流量较小的区域，补充地下水，对场地空间要求小。当收集污染较少的屋面雨水，距建筑距离不低于3m，应采取防渗层等措施避免对周边基础的侵害；当渗井应用于径流污染严重、设施底部距离季节性最高地下水位或岩石层小于1m及距离建筑物基础小于3m（水平距离）的区域时，应采取必要的措施防止发生次生灾害。

② 渗管/渠不适合用于地下水位较高、径流污染严重及易出现结构塌陷的雨水渗透性区域。

③ 渗井的出水管的内底高程应高于进水管管内顶高程，但不应高于上游相邻井的出水管管内底高程。

渗管与周边设施的高程关系示意见图3-19。

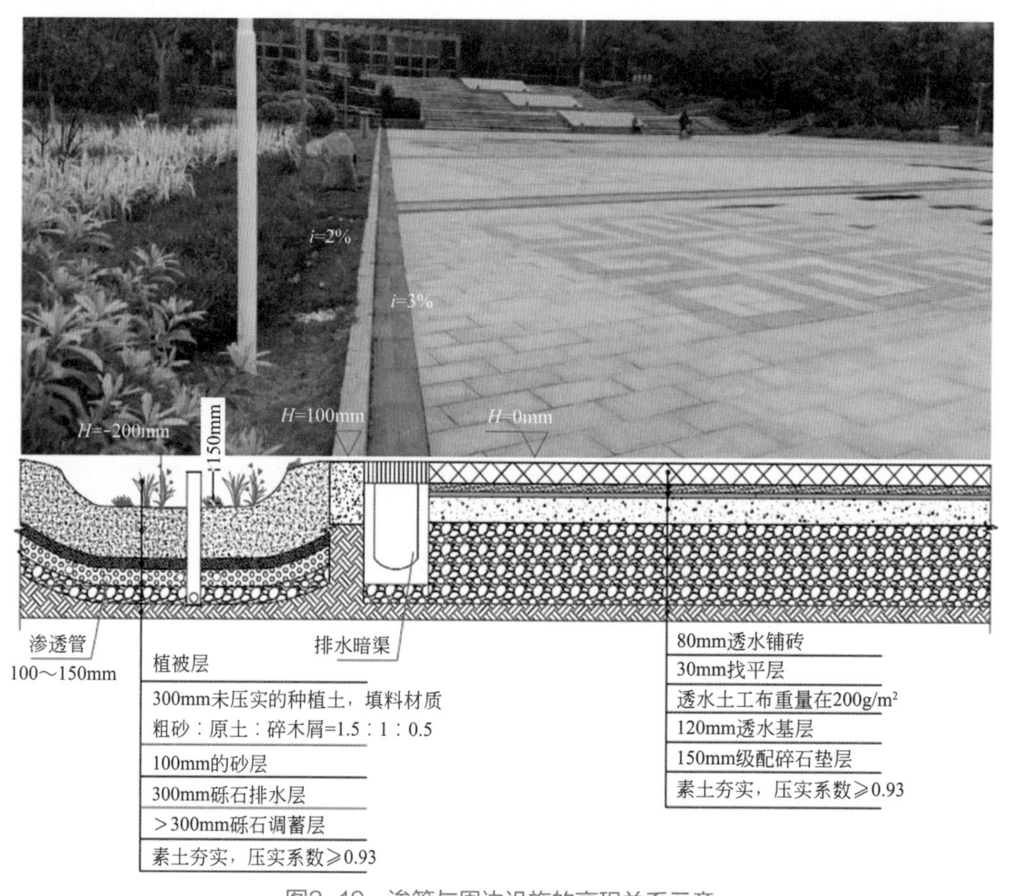

图3-19　渗管与周边设施的高程关系示意

（2）渗透塘

渗透塘典型构造示意见图3-20。

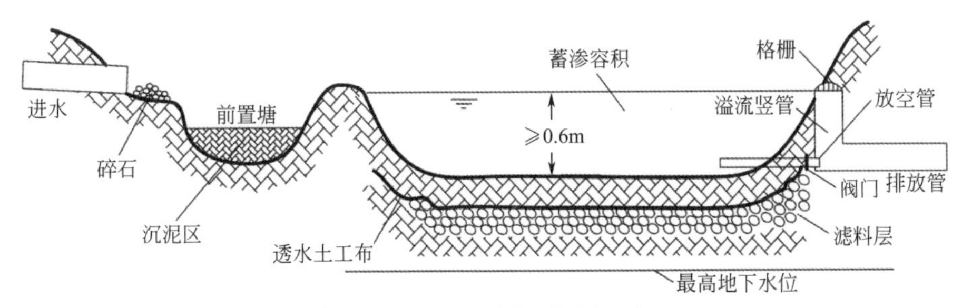

图3-20　渗透塘典型构造示意

3.4.3.3　全面型

以绿色屋顶改造设计为例。

（1）设施改造设计

1）改造设计原则

① 安全性原则。安全性原则是屋顶绿化建设首要考虑的问题，是绿色屋顶的保证，贯穿绿色屋顶建造的全过程，安全性原则主要包括结构安全、防水排水安全、使用安全。

② 生态性原则。衡量一个绿色屋顶的好坏，除满足不同功能外，还应该重点强调体现其重要的生态价值，包括屋顶以植物为主、因“顶”制宜、运用再生节能材料。

③ 经济性原则。经济原则是城市绿色屋顶建设的根本，无论多美好的景观，从现有条件来看，只有尽量降低造价及后期管理成本才能使绿色屋顶得到普及，实现城市绿色屋顶的成本合理、维护费用适中、生态效益最大的可持续发展。

④ 艺术性原则。绿色屋顶的规划在设计时应考虑其与建筑的关系，花园内部各要素之间的关系，以及与周围环境之间的关系，建筑与绿色屋顶是一个统一的整体。绿色屋顶的外观形象可以分为立面造型、整体平面和细部形态三个层次。

⑤ 功能性原则。绿色屋顶的功能性已经逐渐淡化，主要强调生态性，但对于密集型绿色屋顶来说功能性原则在设计中仍然是极其重要的一部分，是建造绿色屋顶的根本目的。功能性原则主要包括无障碍性、易识别性、可达性和可交互性。

2）改造设计参数

绿色屋顶一般分为简单式绿色屋顶和复合式绿色屋顶两种类型。一般包括植被层、种植层、过滤层、输排水层、保护层、防水层以及附属的溢流口和排水管。

① 简单式绿色屋顶。简单式绿色屋顶也称作拓展式绿色屋顶，其以苔藓和草本植物为植物群落，施工厚度为100 ～ 300mm，屋面承载质量为100 ～ 200kg/m^2，具有无需额外浇水和维护成本低的特点。

老旧建筑小区多数建于2000年前，使用年限达到15 ～ 20年，对于住宅型的建筑受当时建设条件的影响，其屋顶的改造建议采用简单式绿色屋顶设计形式。简单式绿色屋顶示意见图3-21。

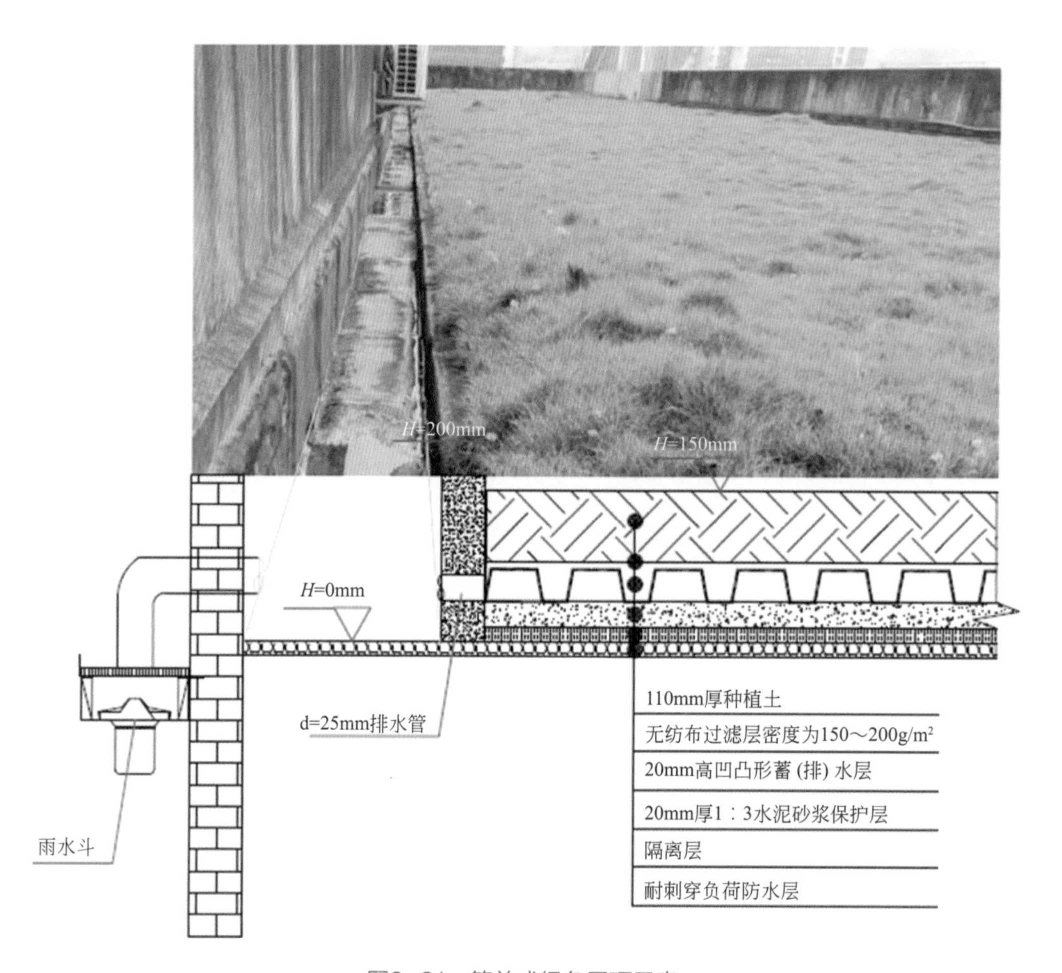

图3-21　简单式绿色屋顶示意

② 复合式绿色屋顶。

复合式绿色屋顶又称花园式绿色屋顶，其以草坪、灌木和树木为植物群落，种植层厚度达到300～600mm，承载质量为300～1500kg/m^2，具有需定期灌溉和维护成本较高的特点。复合式绿色屋顶示意见图3-22。对于老旧小区大型公共建筑的屋顶改造，建议采用复合式绿色屋顶设计形式。

（2）适用条件

① 绿色屋顶的设置应充分考虑建筑屋面荷载、屋面材料、防水条件及屋面坡度，绿色屋顶的设计应符合《屋面工程技术规范》(GB 50345)的要求，坡度＞20%，其排水层和种植土需要采取防滑措施。

② 建筑承重本身存在着极限值，设计期间必须充分关注小巧、美观等需求。因为屋顶面积一定，故绿化面积、通道需要保持恰当比例。同时在设计过程中，尽可能规避大型、超重构件，例如廊架、大型水池等，这些均会使屋顶设计受到阻碍。

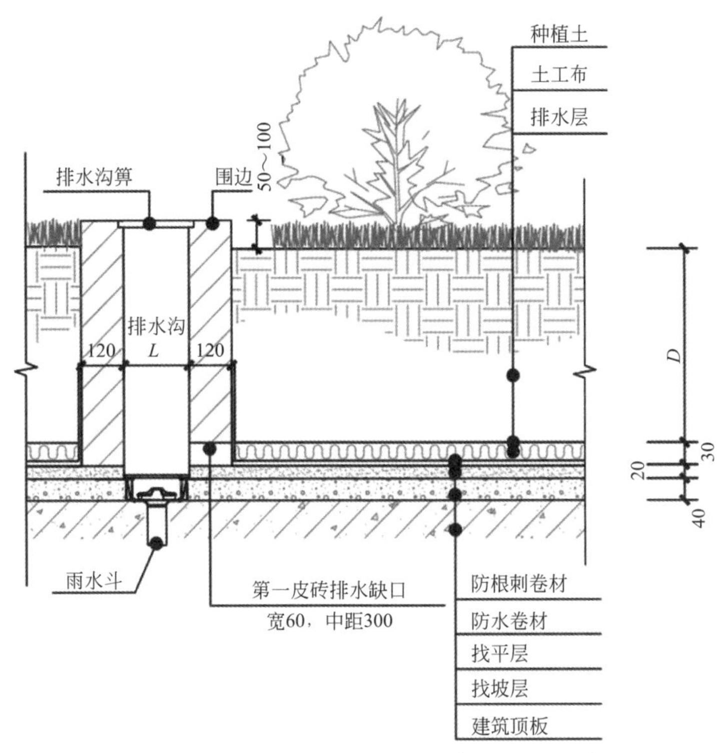

图3-22　复合式绿色屋顶示意（单位：mm）

③ 南方地区常年温暖湿润，雨水资源丰富，对于现有大型公共建筑的屋面建议改造成分散型绿色屋顶形式。当普通屋顶无法进行改造时，应优先考虑雨水管断接方式，将建筑屋面、硬化地面雨水引入建筑周边绿地中的海绵化改造设施（如雨水花园、植草沟、雨水桶等）进行下渗、净化、收集回用。当土壤渗透能力较大，足以满足其汇流面上的雨水入渗要求，则可考虑将其就近的屋面雨水进行土壤入渗。

绿色屋顶构造示意见图3-23。

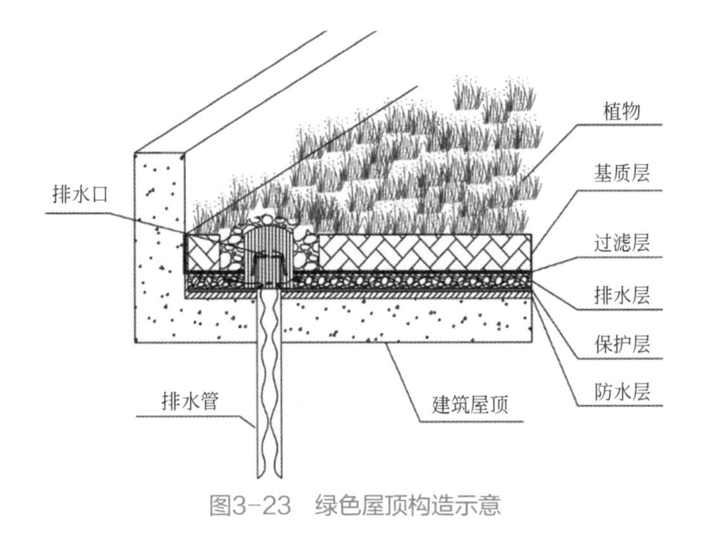

图3-23　绿色屋顶构造示意

3.4.4 雨水调节排放技术

3.4.4.1 基本型

（1）生物滞留设施

1）设施改造设计

生物滞留设施分为简易型生物滞留设施和复杂型生物滞留设施，按应用位置不同又称作雨水花园、生物滞留带、高位花坛、生态树池等。

① 改造设计原则

Ⅰ. 竖向布局。进行竖向设计要考虑汇水边界、地形条件、土壤条件、降雨量和绿化带面积比率以及植物的选择类型等因素，进行合理设计和布局。保证周边的雨水径流得到有效地收集。

Ⅱ. 景观效果。改变生物滞留设施的单一形式，可以通过采取与雕塑、水景、座椅、亭台、堆石等结合的方式，增强下沉式绿地的可达性、观赏性与实用性。

Ⅲ. 植物生存设计。植物的选择与设计是影响生物滞留设施渗蓄功能的重要因素之一，不仅要满足道路景观的美感效果，还要考虑生物滞留设施特殊生长条件，如因施工原因和设计原因均可能会导致蓄水深度过高，延长植物耐水淹时间，因此要合理设计排水设施，同时考虑植物的耐淹性。

② 改造设计参数。生物滞留设施基本构造包括植被缓冲过滤带、蓄水层、植被层、覆盖层、种植土层、填料层、砾石层。按照生物滞留设施的渗透性可分为渗透型生物滞留系统、半渗透型生物滞留系统、非渗透型生物滞留系统。

Ⅰ. 渗透型生物滞留系统：渗透速率应不低于1in =（1in = 25.4mm）且填料高度不得高于700mm以确保径流拥有充分的过滤时间，且填料应具备较高的孔隙率，为了让周围土壤渗透能力最大化，不应该在系统周围设置土工布。

Ⅱ. 半渗透型生物滞留系统：a.无淹没区要求填料层厚度较高，填料层和巧石层之间还需设置水平的滤布增强过滤能力并防止填料落入砾石层堵塞排水管，巧石层厚度应确保在300～600mm之间；b.淹没区通过抬高排水管的出水口使得出水口以下的砾石层形成的调蓄空间，能够在干旱期提供植被生长所需水分，同时也是好氧和厌氧环境的共存区，有利于提高系统的反硝化能力，削减排入收纳水体的硝态氮含量。

Ⅲ. 非渗透型生物滞留系统：推荐用于地表径流污染较严重的地区，如交通主干道、加油站等。该系统结构与不带淹没区的半渗透型生物滞留系统类似，但填料层与周边土壤交界处设计衬里，防止径流渗入周边土地，减少乃至消除地下水污染的可能性。

③ 各设计参数。包括：a. 蓄水层深度一般为200～300mm；b. 填料层底部用砾石层起到排水作用，厚度一般为300～400mm（填料区粗砂∶原土∶碎木屑按

1.5：1：0.5的比例均匀混合）；c. 透水土工布密度为200g/m^2；d. 底部埋置的穿孔排水管径为100～150mm；e. 生物滞留系统排水纵坡宜设置为3%～5%；f. 溢流管宜高出进水口50～100mm。

生物滞留设施构造示意见图3-24。

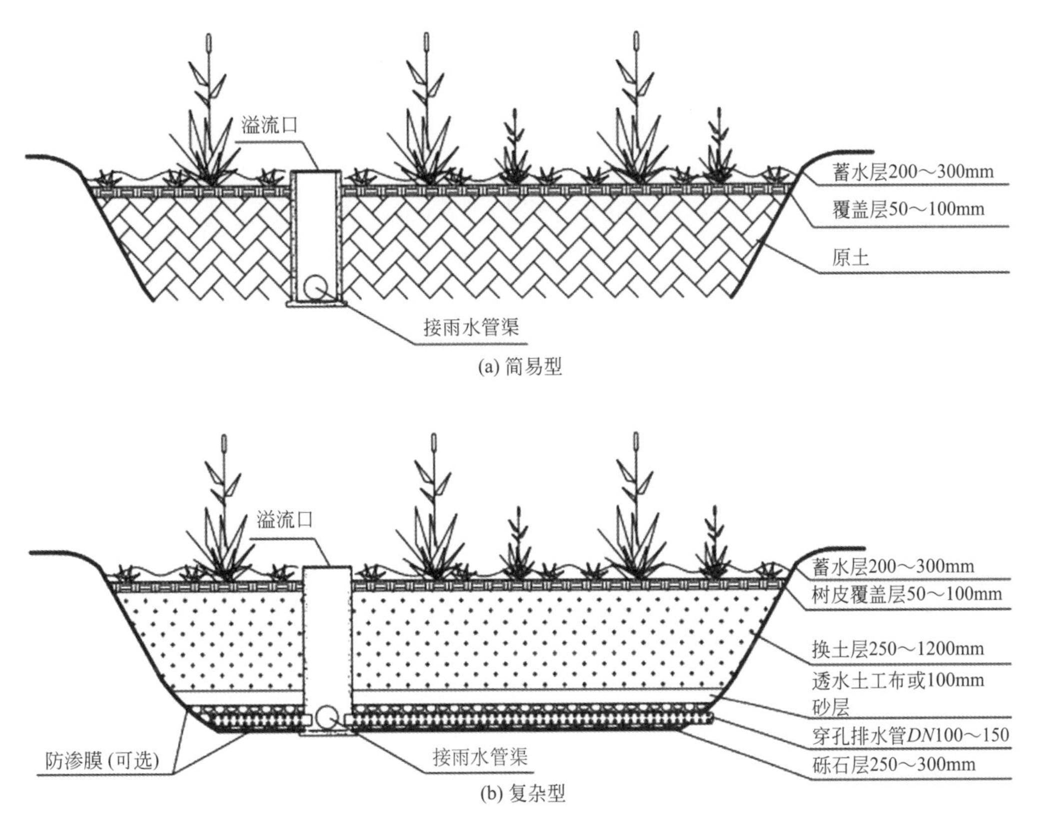

图3-24 生物滞留设施构造示意

2）适用条件

① 生物滞留设施可与建筑小区的雨水花园、生态树池等有效地结合起来，在国内的老旧建筑小区均可使用，同时宜分散布置且规模不宜过大，生物滞留设施面积占汇水面面积一般为5%～10%。

② 在设施结构层外侧及底部应设置透水土工布，防止周围原土侵入。如经评估认为下渗会对周围建（构）筑物造成塌陷风险，或者拟将底部出水进行集蓄回用时，可在生物滞留设施底部和周边设置防渗膜。

③ 对于径流污染严重、设施底部渗透面距离季节性最高地下水位或岩石层不小于1m、同时距离建筑物基础不小于3m（水平距离）的区域，若条件允许应采取必要的措施防止次生灾害的发生。

④ 当接收屋面径流雨水时可由雨落管接入生物滞留设施，当接收道路径流雨水可通过路缘石豁口进入，路缘石豁口尺寸和数量应根据道路纵坡等经计算确定。若

道路、广场、停车场的纵坡 > 1%，应设置挡水堰/台坎，以减缓流速并增加雨水渗透量；设施靠近路基部分应进行防渗处理，防止对道路路基稳定性造成影响。

(2) 雨水蓄水池

1）设施改造设计

雨水调蓄池是一种雨水收集设施，实现雨水的削峰错峰，提高雨水利用率，又能控制初期雨水对受纳水体的污染，还能对排水区域间的排水调度起到积极作用，一般分为普通雨水蓄水池和景观调蓄塘两种。

① 改造设计原则。应注意安全性原则，布设雨水蓄水池要充分考虑上空间的使用特性，避免在建筑小区的消防通道布设塑料模块和硅砂砌块蓄水池，若要使用必须充分考虑其使用年限范围内的可承载力。当蓄水池距离建筑基地不足3m时，应采取一些防渗措施。

② 改造设计参数

Ⅰ. 钢筋混凝土蓄水池。池底设集泥坑和吸水坑；当蓄水池分格时每格应设检查口和集泥坑；池底应设≥5%的坡度集泥坑；池底应设排泥设施；当不具备排泥设施或排泥有困难时，应设置冲洗设施，冲洗水源宜采用池水，并应与自动控制系统联动。

Ⅱ. 塑料模块蓄水池。池体强度应满足地面及土壤承载力的要求；外层应采用不透水土工膜或性能相同的材料包裹；池内构造应便于清除沉积泥沙；兼具过滤功能时应能进行过滤沉淀物的清除；水池应设混凝土底板；当底板低于水位时水池应满足抗浮要求。

塑料模块蓄水池见图3-25。

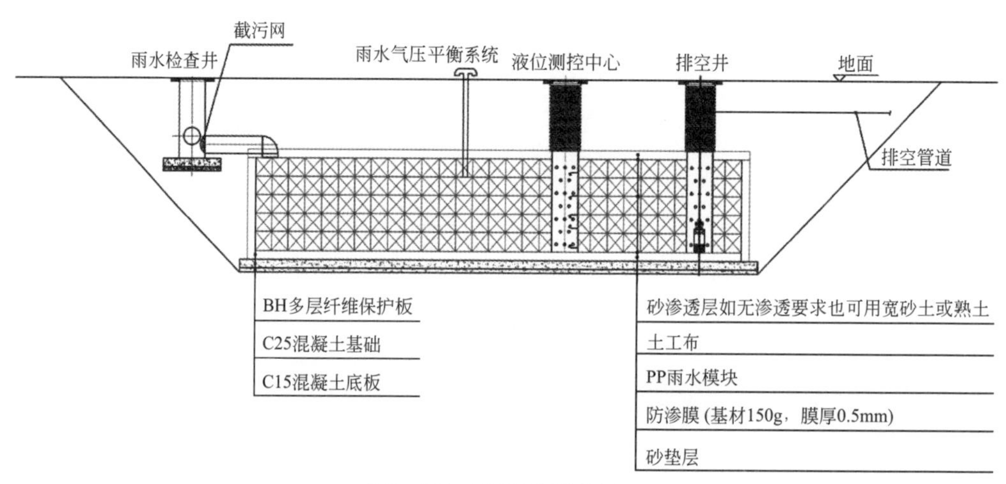

图3-25 塑料模块蓄水池

2）适用条件

雨水少的北方地区建议以PP模块池或混凝土调蓄池为主，同时均适用于汇水面积较大（> $1hm^2$）且具有一定空间条件的区域，距离建筑物基础 < 3m（水平距离）

的区域时，应采取必要的防灾措施防止发生次生灾害，后期维护管理要求较高。

3.4.4.2 提升型

以景观调节塘设计为例。

（1）设施改造设计

雨水调蓄池是一种雨水收集设施，实现雨水的削峰错峰，提高雨水利用率，又能控制初期雨水对受纳水体的污染，还能对排水区域间的排水调度起到积极作用，一般分为普通雨水蓄水池和景观调蓄塘两种。

1）改造设计原则

① 安全性原则。调节塘应设置护栏、警示等安全防护与警示措施。

② 景观性原则。当使用景观调蓄池时要充分考虑，调蓄池与小区现有景观设施的协调性和融合性。

2）改造设计参数

景观调蓄塘典型构造示意见图3-26。雨水储存设有排空设施时，宜按24h排空设置，排空最低水位宜设于景观设计水位和湿塘的常水位处；前置区和主水区之间宜设水生植物种植区；调节区深度一般为0.6～3m，塘中可以种植水生植物以减小流速、增强雨水净化效果；塘底设计成可渗透面时，塘底部渗透面距离季节性最高地下水位或岩石层不应小于1m，距离建筑物基础不应<3m（水平距离）。

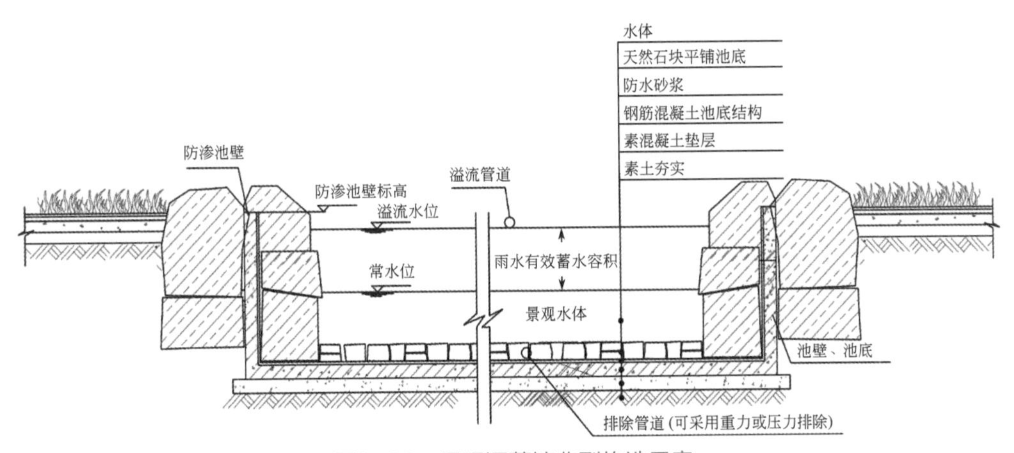

图3-26 景观调蓄塘典型构造示意

（2）适用条件

调蓄塘适用于建筑小区、城市绿地等具有一定空间条件的区域。

3.4.4.3 全面型

以雨水湿塘设计为例。

（1）设施改造设计

湿塘是指具有雨水调蓄和净化功能，并以雨水为主要补水水源的景观水体。湿塘可结合绿地、开放空间等场地条件设计为多功能调蓄水体，在气候温和、雨量充沛、城市化进程较快的地区，湿塘可以发挥重要作用。

1）改造设计原则

① 安全性原则。雨水湿塘以“蓄、净”为主，“用、排、渗”为辅，在老旧建筑小区内新建和改造雨水湿塘，确定周边建筑设施的基底的安全边界，掌握地下空间的分布使用情况，保证在安全范围以内进行实施。

② 便民性原则。老旧建筑小区具有空间范围有限，居民活动场所不充裕的特点，在对其进行改造时保证不影响居民的正常出行，减少占有的居民活动空间。

③ 景观性原则。湿塘/湿地的设计建设与整个小区的建筑布局和原有景观设施要相协调，选择植物要根据当地的土壤特性和降雨特征选择具有耐淹和耐旱性的多年生植物为主。

④ 实效性原则。老旧建筑小区的湿塘建设要充分考虑小区原有的问题，发挥湿塘的海绵化作用，实现设计目标要求，让海绵理念更好地服务老旧建筑小区的居民和业主。

2）改造设计参数

雨水湿地与湿塘的构造相似，一般由进水口、前置塘、主塘、溢流出水口、护坡及驳岸、维护通道等构成。

① 进水口和溢流出水口应设置碎石、消能坎等消能设施。

② 雨水湿塘应设置前置塘对径流雨水进行预处理，处理大颗粒污染物质，池底一般为混凝土或块石结构，便于清淤；前置塘应设置清淤通道及防护设施，驳岸形式宜为生态软驳岸，边坡坡度（垂直：水平）一般为（1 ：2）～（1 ：8）。

主塘一般包括常水位以下的永久容积和储存容积，永久容积水深一般为0.8～2.5m；雨水湿地的调节容积应在24h内排空；主塘与前置塘间宜设置水生植物种植区（雨水湿地），主塘驳岸宜为生态软驳岸，边坡坡度（垂直：水平）不宜大于1 ：6。

溢流出水口包括溢流竖管和溢洪道，排水能力应根据下游雨水管渠或超标雨水径流排放系统的排水能力确定。

湿塘应设置护栏、警示牌等安全防护与警示措施。

湿塘典型构造示意见图3-27。

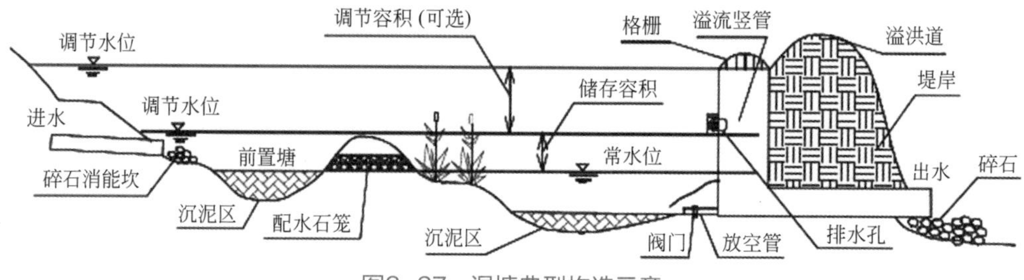

图3-27　湿塘典型构造示意

（2）适用条件

① 建筑小区中面积大于2hm²、径流污染较严重小区，在面积允许的前提下应设置湿塘或人工湿地等设施。

② 适用于汇水面积较大（＞1hm²）且具有一定空间条件的区域，距离建筑物基础＜3m（水平距离）的区域时，应采取必要的措施防止发生次生灾害。

③ 对于紧凑型老旧建筑小区，由于场地有限在改造时不建议使用湿塘；对雨水资源分布不平衡的地区，如北方地区和西北地区，不建议改造使用湿塘。

3.4.5　雨水净化回用技术

3.4.5.1　基本型

基本型雨水收集措施主要为雨水罐。

（1）设施构造设计

雨水罐也称雨水桶，为地上或地下封闭式的简易雨水集蓄利用设施，可用塑料、玻璃钢或金属等材料制成。

（2）适用条件

适用于单体建筑屋面雨水的收集利用，雨水罐多为成型产品，施工安装方便，便于维护，但其储存容积较小，雨水净化能力有限。

3.4.5.2　提升型

初期雨水弃流井为提升型雨水收集措施。

（1）设施构造设计

设计参数：设施主要包括雨水进水管、进水井、弃流管、弃流井、溢流管和收集管等。初期雨水弃流设施典型构造示意见图3-28。

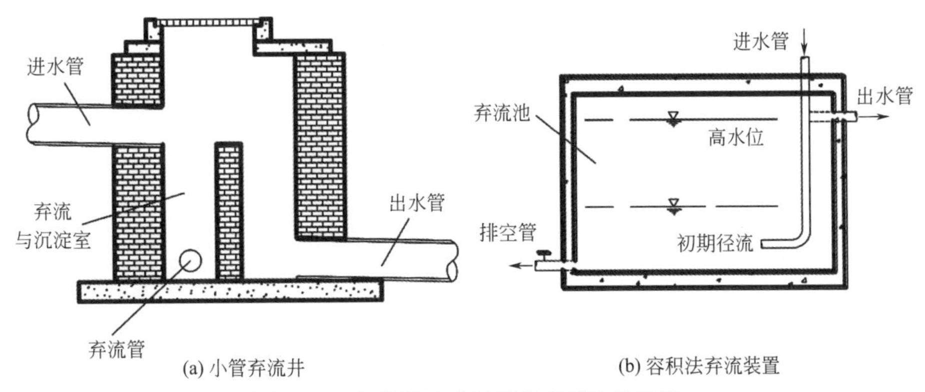

图3-28　初期雨水弃流设施典型构造示意

（2）适用条件

雨水弃流设施与雨水收集利用系统配套使用，在老旧建筑小区的改造中均可应用。一般适用于屋面雨水的雨落管、径流雨水的集中入口等低影响开发设施的前端。

3.4.5.3 全面型

雨水净化回用系统为全面型雨水收集措施。

（1）设施改造设计

雨水收集回用系统一般包括收集、弃流、储存、雨水回用。屋面雨水收集通过屋面设置雨水斗、雨水管道系统对其进行收集；市政道路、绿化场地雨水收集通过绿化带或树池等溢流收集。弃流主要功能是拦截初期雨水，拦截的初期雨水排入市政雨水管网。

1）改造设计原则

① 安全性原则。该净化回用雨水仅做景观补水或绿地浇灌，且水体对水质无特殊要求，若景观水池与人体发生接触时需增设消毒装置。

② 便民性原则。施工改造时应注意避免大开大建，减少对居民周边休闲场地、出行场地的占有，避免对小区居民造成一定量的噪声污染和空气污染。

2）改造设计参数

① 景观补水。当建筑小区设有景观水体时，雨水利用优先考虑景观水体作为储存水体；景观补水水质应符合水景的相关水质标准，当无法满足时应进行水质净化处理；室内水景补水水量应取循环水量的1% ～ 3%，室外水景补水水量应取循环水量的3% ～ 5%。

② 绿化喷灌。绿化喷灌系统分为人工浇洒和自动旋转喷头浇洒。a. 人工浇洒是利用胶皮管和绿化中已设计的给水接口进行灌溉，该浇洒方式对水质要求不高，一般需简单的沉淀就可达到人工浇洒的水质要求。b. 自动旋转喷头浇洒系统包括灌水器（喷头、滴灌管等）、管网、加压水泵、水源等，可手动控制也可自动控制。

常用灌水器主要性能参数见表3-8。

表3-8　常用灌水器主要性能参数

灌水器		工作压力/（kgf/cm^2）	流量/（m^3/h）
喷头	射程＜2m	1.0～2.0	0.02～0.15
	2m≤射程＜6m	1.4～3.0	0.10～1.50
	6m≤射程＜16m	2.0～5.0	0.80～3.20
	16m≤射程＜35m	3.5～7.0	2.50～16.00
滴头		0.5～3.0	0.001～0.016
涌水头		1.0～3.0	0.15～1.00
渗水管		0.5～2.0	0.002～0.005

注：$1kgf/cm^2 = 98.0665kPa$。

（2）适用条件

雨水收集回用系统适用于建筑小区、市政道路、绿化场地。雨水收集回用系统适用于景观补水、绿地喷灌工程。典型雨水收集回用系统流程如图3-29所示。

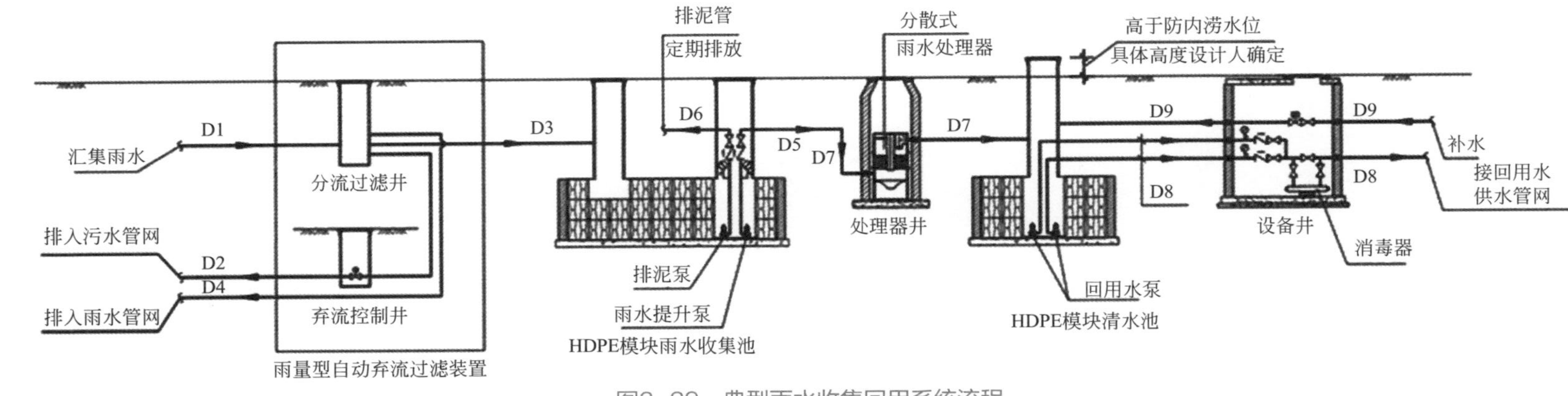

图3-29 典型雨水收集回用系统流程

3.5 工程建设

3.5.1 一般要求

① 海绵城市建设工程的规模、竖向、平面布局等应严格按规划设计文件进行控制。设计单位申报的低影响开发工程建设的设计方案应根据规范的相关规定进行设计。规划、建设等部门应做好低影响开发设施工程的施工图设计审查等。

② 工程建设需符合城市规划主管部门审定的控制性详细规划的用地性质要求，并不得超过相关规定。

③ 海绵城市建设工程施工项目质量控制应有相应的施工技术标准、质量管理体系、质量控制和检验制度。

④ 海绵城市建设设施所用原材料、半成品、构（配）件、设备等产品，进入施工现场时必须按相关规定进行进场验收。

⑤ 施工现场应做好水土保持措施，减少施工过程对场地及其周边环境的扰动和破坏。

⑥ 应以国家现行的相关验收规范标准、设计文件、施工合同等作为验收的依据和标准，对具备验收条件的海绵城市建设工程进行验收。有条件的项目，海绵城市建设工程的验收宜在整个工程经过一个雨季运行检验后进行。

⑦ 施工单位应具有相应的施工资质。

3.5.2 雨水收集入渗设施

（1）透水铺装

1）透水铺装施工流程

见图3-30。

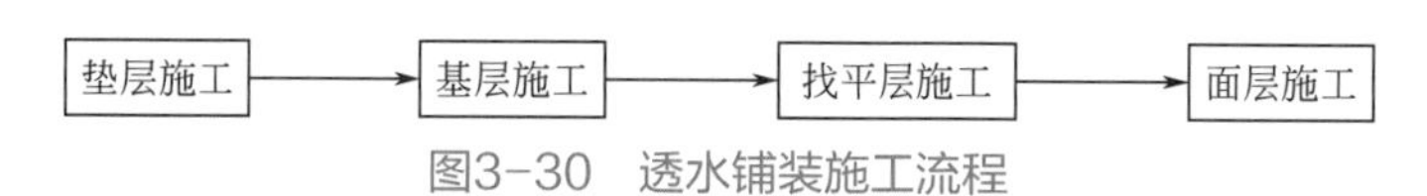

图3-30 透水铺装施工流程

2）透水铺装施工应满足的条件

透水铺装施工应满足《透水砖路面技术规程》（CJJ/T 188—2012）的规定，并符合下列要求。

① 路基、垫层、基层及找平层的施工可按现行行业标准《城镇道路工程施工与质量验收规范》CJJ 1执行，其透水性及有效孔隙率应满足设计要求。

② 面层施工前应按规定对道路各结构层、排水系统及附属设施进行检查验收，

符合要求后方可进行面层施工。

③ 开工前、建设单位应组织设计、勘察单位向监理及施工单位移交现场测量地形、高程控制桩并形成文件。施工单位应结合实际情况，制定施工测量方案，建立测量控制网、线、点。

④ 施工前应根据工程特点编制详细的施工专项方案，并应按现行行业标准《城镇道路工程施工与质量验收规范》（CJJ 1）的有关规定做准备工作。

⑤ 透水路面施工前各类地下管线应先行施工完毕，施工中应对既有及新建地上杆线、地下管线等建（构）筑物采取保护措施。

⑥ 施工地段应设置行人及车辆的通行与绕行路线的标志。

⑦ 施工中采用的量具、器具应进行校对、标定，并应对进场进行检验。

⑧ 当在冬期或雨期进行透水路面施工时，应结合工程实际情况制定专项施工方案，经批准后实施。

3）透水铺装的垫层、基层、找平层、面层的做法要求

透水铺装的垫层、基层、找平层、面层的做法应符合《透水砖路面技术规程》（CJJ/T 188—2012）的要求。

硅砂透水砖地面铺装工程施工应符合下列规定。

① 土基层施工应符合下列规定。土基碾压应遵循先轻后重、先稳后振、先低后高、先慢后快、轮迹重叠的原则，从边缘向中央进行，达到设计要求压实度。当不适合采用压路机碾压时，应用小型机械夯实。

② 垫层施工应符合下列规定。a.垫层宜采用中粗砂、级配碎石为材料；b.垫层压实度不应小于95%。

③ 基层施工应符合下列规定。a.透水基层应采用强度高、透水性能良好、水稳定性好的透水材料；b.透水混凝土基层应设置纵横温度缝（膨胀缝和收缩缝）和施工缝。温度缝和施工缝间距可为4.5 ～ 5.5m，不宜超过6m；c.基层透水混凝土夯实成型后方可在其上铺筑找平层、面层；d.面层施工完成后，应及时洒水养护、保持湿润状态，必要时可采取覆盖措施。

④ 透水黏结找平层施工应符合下列规定：a.硅砂透水砖找平层用砂与黏结剂重量比宜为8 ： 1，再加入少量水拌和，每罐料搅拌时间应保证2min以上，搅拌均匀后应达到手握成团，松手即散的状态；b.透水黏结找平层的摊铺厚度，人行道应为30 ～ 40mm，停车场及车行道应为40 ～ 50mm。

⑤ 硅砂透水砖面层铺装应符合下列规定

a.面层施工控制标志设置应满足下列条件：

（a）铺装控制网格不应大于6.0m×6.0m；（b）设置标高控制点，控制点间距不应超过10m；（c）相邻标志点间应拉通线。

b.直线或规则区域内两块相邻硅砂透水砖的接缝宽度不宜大于3mm。

c.严禁在已完成铺装的路面上拌合砂浆、堆放材料或遗撒灰土。

⑥ 填缝应符合下列规定。硅砂透水砖铺砌完成并养护24h后，用填缝砂填缝，

分多次进行，直至缝隙饱满，同时将余砂清理干净。缝宽应符合设计要求。

⑦ 清理及养护应符合下列规定

填缝完成后应及时洒水养护，同时保证砖面整洁。

铺装完工后养护时间不得小于7d。

透水混凝土路面施工流程见图3-31。

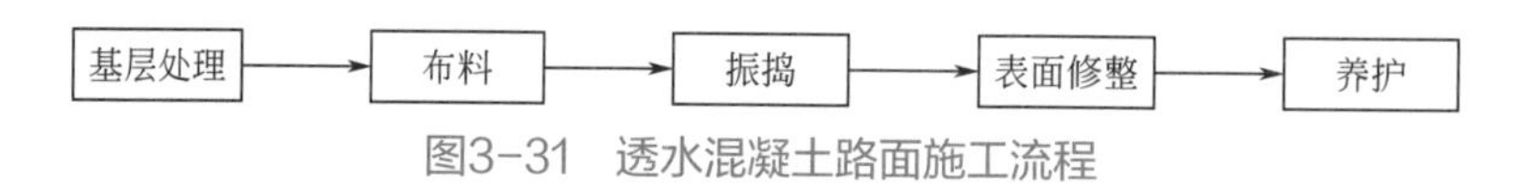

图3-31 透水混凝土路面施工流程

⑧ 透水混凝土路面施工应符合下列规定：

a. 透水混凝土拌合物摊铺时，以人工均匀摊铺，找准平整度与排水坡度，摊铺厚度应考虑其摊铺系数，松铺系数宜为1.1；b. 透水混凝土宜采用专用低频振动基肥压实机，或采用平板振动器振动和专用滚压工具滚压；c. 透水混凝土压实后，宜使用机械对透水性混凝土面层进行收面，必要时配合人工拍实、抹平。整平时必须保持模板顶面整洁，接缝处板面平整；d. 透水混凝土拌制浇筑注意避免地表温度在40℃以上施工，同时不得在雨天和冬季施工；e. 透水混凝土面层施工后，宜在48小时内涂刷保护剂。涂刷保护剂前，面层应进行清洁；f. 道路工程施工时，每5m左右应设一道小胀缝，缝宽10～15mm；当施工长度超过30m时，应设宽度为10～15mm的伸缩缝。施工中施工缝可代替伸缩缝；g. 广场的接缝应不大于25m^{2}的分隔，以小胀缝方式设置，缝宽15～20mm。胀缝中均嵌入定型的橡树塑胶材料，厚度和宽度按设计要求定。

（2）植草沟

植草沟施工时应先按照施工图要求进行场地平整，校核标高、坡度，最后进行植被种植。

植草沟施工应满足下列规定：

① 植草沟断面形式宜采用抛物线形、三角形或梯形。

② 植草沟顶宽宜为500～2000mm，深度宜为50～250mm，最大边坡（水平：垂直）宜为3：1，纵向坡度宜为0.3%～5%，沟长不宜小于30m。

③ 植草沟最大流速应小于0.8m/s，曼宁系数宜为0.2～0.3。

④ 沟内植被高度宜控制在100～200mm，优先选用具有净化功能、抗水流冲击的植物。

（3）下沉式绿地

1）下沉式绿地施工流程

见图3-32。

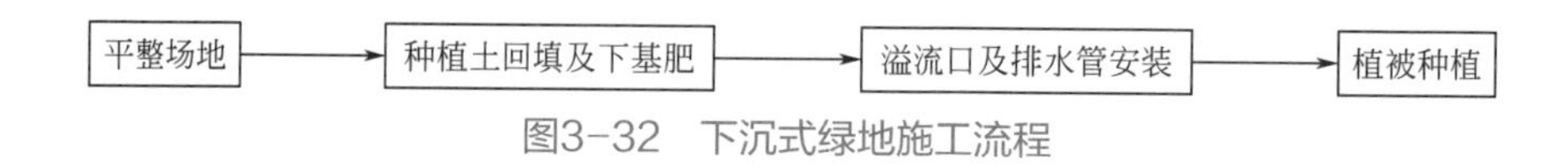

图3-32 下沉式绿地施工流程

2）下沉式绿地施工应符合的规定

① 下沉式绿地应低于周边硬化地面，下沉深度应根据土壤渗透性能、植物耐淹性能及有效调蓄容积确定，下沉深度宜大于100mm。

② 按施工图要求进行场地平整，同时清除场地内的垃圾、砾石、杂草等。

③ 种植土土质应满足当地绿地植物的生长要求；其厚度不宜小于20cm；种植土回填完成后应施加有机肥，并将种植土层进行耕翻，达到肥料与土壤混合均匀，土壤疏松、通气良好的目的。

④ 下沉式绿地内宜设置溢流口及排水管道以排放超过绿地消纳能力的雨水，溢流口的做法可参考雨水口，溢流口顶部与绿地的高差宜大于100mm；排水管道管径不宜小于*DN*200；溢流口及排水管道的位置宜靠近并排入绿地附近的雨水管道系统。

⑤ 下沉式绿地植物应优先选用耐旱耐淹的本地品种。

⑥ 对于径流污染严重、设施底部渗透面距离季节性最高地下水位或岩石层＜1m及距离建筑物基础＜3m（水平距离）的区域，应采取必要的措施防止次生灾害的发生。

（4）渗透塘

1）渗透塘施工流程

见图3-33。

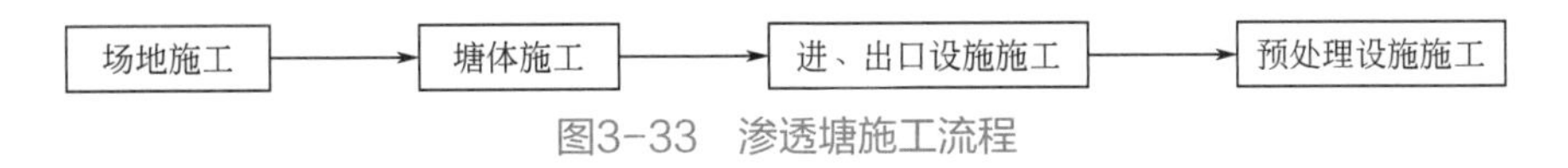

图3-33 渗透塘施工流程

2）场地施工应符合的规定

按施工图要求进行放线定位、场地平整、清除场地内的杂物，场地平整完成后需进行标高复核。

3）塘体施工应符合的规定

① 滤料层施工：塘体底部应铺设300～500mm厚的滤料层，滤料层主要是洗净的砾石、碎石等，其厚度也可根据需要适当加深。

② 塘底施工：塘底要求平坦，纵坡一般不超过1%。塘底设200～300mm厚的种植土；在种植土和滤料层之间宜铺设一层透水土工布。

③ 渗透塘边坡坡度（垂直∶水平）一般不大于1∶3，塘底至溢流水位一般不小于0.6m；渗透塘深度要求不超过1m。

4）进、出口设施施工应符合的规定

① 进口宜设置碎石堆等消能措施，防止水流冲刷和侵蚀。

② 出水口分单级和多级出水口，应结合渗透塘的控制目标具体选用。出水口主要包括竖管、放空管和排放管。排放管管径应根据设计流量及出水口是自由出流或

淹没出流进行计算，竖管管径不宜小于排放管管径。放空管的管径应根据设计流量计算确定，放空管应采取防止淤泥堵塞的措施，放空管上应设平时常闭的阀门。渗透塘放空时间不应大于24h。

③ 预处理设施施工：根据径流水质情况可设置沉砂池、前置塘等预处理设施，去除大颗粒的污染物并减缓流速；有降雪的城市，应采取弃流、排盐等措施防止融雪剂侵害植物。沉砂池施工可参考平流式沉砂池相关图集，前置塘施工可参考前述塘体施工。

④ 渗透塘应设溢流设施，并与城市雨水管渠系统和超标雨水径流排放系统衔接，渗透塘外围应设安全防护措施和警示牌。

⑤ 对于径流污染严重、设施底部渗透面距离季节性最高地下水位或岩石层 < 1m 及距离建筑物基础 < 3m（水平距离）的区域，应采取必要的措施防止次生灾害的发生。

（5）渗管/渠

渗管/渠的施工可参照国家建筑标准设计图集《雨水综合利用》（10SS705），并满足下列规定：

① 渗渠/管/沟应设置沉泥井等预处理设施。

② 渗管可采用穿孔塑料管、渗排管、无砂混凝土管等材料制成，塑料管开孔率应控制在1%～3%之间，无砂混凝土管的孔隙率应大于20%。

③ 渗管四周填充砾石或其他多孔材料，砾石层外包土工布，土工布搭接宽度不应少于150mm。

④ 渗井的出水管的管内底高程应高于进水管管顶，但不应高于上游相邻井的出水管管底。

⑤ 渗沟设在行车路面下时覆土深度不应 < 700mm。

（6）渗井

渗井施工应按《塑料排水检查井应用技术规程》（DB11/T 967）的要求进行施工，并满足下列规定。

① 当井径≤600mm时井体单侧净空不小于200mm；当井径 > 600mm时井体单侧净空不小于250mm。

② 井底与井壁开孔区均填充200mm厚碎石层渗透层，渗透层外包土工布。土工布的搭接宽度不小于500mm。

③ 井坑底部应铺设厚度100mm的粗砂层。

④ 渗透检查井的进水管的管顶标高应低于出水管的管内底标高，但不应高于上游相邻井的出水管管底，并按施工图纸施工。

⑤ 雨水通过渗井下渗前应通过植草沟、植被缓冲带等设施对雨水进行预处理。

⑥ 渗井调蓄容积不足时，也可在渗井周围连接水平渗排管，形成辐射渗井。

（7）绿色屋顶

1）绿色屋顶施工流程

见图3-34。

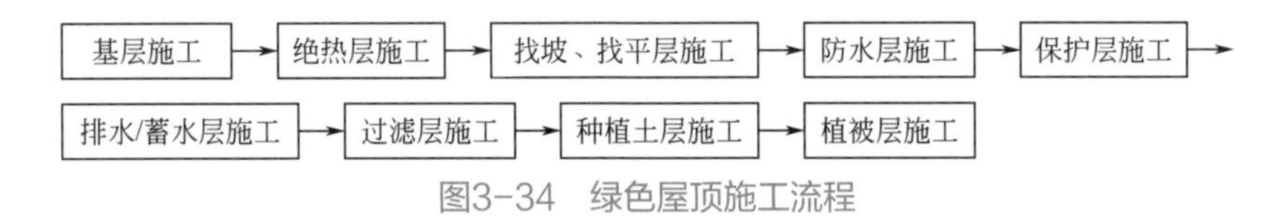

图3-34　绿色屋顶施工流程

2）绿色屋顶施工应符合的规定

① 施工前应通过图纸会审，明确细部构造和技术要求，并编制施工方案、技术交底和安全技术交底。

② 进场的防水材料、排（蓄）水板、绝热材料和种植土等材料应规定抽样复验，并提供检验报告。非本地植物应提供病虫害检疫报告。

③ 新建、既有建筑屋面覆土种植施工宜按《种植屋面工程技术规范》（JGJ 155）的要求进行。

④ 种植屋面找坡（找平）层和保护层的施工应符合现行国家标准《屋面工程技术规范》（GB 50345）、《地下工程防水技术规范》（GB 50108）的有关规定。

⑤ 种植屋面用防水卷材长边和短边的最小搭接宽度均不应小于100m。

⑥ 卷材收头部位宜采用金属压条钉压固定和密封材料封严。

⑦ 喷涂聚脲防水涂料的施工应符合现行行业标准《喷涂聚脲防水工程技术规程》（JGJ/T 200）的规定。

⑧ 防水材料的施工环境应符合下列要求：a.合成高分子防水卷材冷粘法施工，环境气温不宜低于5℃；b.采用焊接法施工时，环境气温不宜低于−10℃；c.高聚物改性沥青防水卷材热熔法施工环境温度不宜低于−10℃；d.反应型合成高分子涂料施工环境温度宜为5～35℃。

⑨ 种植容器排水方向应与屋面排水方向相同，并由种植容器排水口内直接引向排水沟排出。

⑩ 种植土进场后应避免雨淋，散装种植土应有防止扬尘的措施。

3）绿色屋顶的基层、绝热层、找坡（找平）层、防水层、保护层、排水/蓄水层和过滤层、种植土层、植被层的做法

应符合《种植屋面工程技术规范》（JGJ 155）的要求。

3.5.3　雨水调节排放设施

（1）雨水蓄水池

蓄水池典型构造可参照国家建筑标准设计图集《雨水综合利用》（10SS705），并满足下列规定。

① 应设检查口或检查井，检查口下方的池底应设集泥坑，集泥坑平面最小尺寸应不小于300mm×300mm；当有分格时，每格都应设检查口和集泥坑。池底设不小于5%的坡度坡向集泥坑，检查口附近宜设给水栓。

② 当不具备设置排泥设施或排泥确有困难时，应设搅拌冲洗管道，搅拌冲洗水源应采用储存的雨水。

③ 应设溢流管和通气管并设防虫措施。

④ 雨水收集池兼作沉淀池时，进水和吸水应避免扰动池底沉积物。

⑤ 埋地式塑料模块蓄水池设计应考虑周边荷载的影响，其竖向承载能力及侧向承载能力应大于上层铺装和道路荷载及施工要求，考虑模块使用期限的安全系数应大于2.0。塑料模块水池内应具有良好的水流流动性，水池内的流通直径应不小于50mm，塑料模块外围包有土工布层。

（2）雨水调节池

一般常用溢流堰式或底部流槽式，可以是地上敞口式调节池或地下封闭式调节池，其典型构造可参见《给水排水设计手册》（第5册）。

（3）调节塘、湿塘、雨水湿地

调节塘、湿塘、雨水湿地的施工可参考渗透塘并满足下列规定。

1）调节塘调节区

该区域深度一般为0.6～3m；调节塘出水设施宜采用多级出水口；根据有无补充地下水的需要，可建为渗透式或非渗透式；塘内应选用具有净化作用、耐水涝的植物，宜进行不同植物之间的搭配，在塘内不同水深时呈现优美的景观效果。

2）湿塘宜建为非渗透式

湿塘的进口管顶一般低于设计水面水位0.3m，管底高出池底至少0.6m（不包括底泥深度），管口下放堆放碎石消能。宜采用生态软泊岸，边坡坡度（垂直∶水平）不宜大于1∶6。主塘应设置浅水沼泽区，坡度不小于6∶1，其顶部一般低于设计水面300～500mm，区坡度不小于2∶1，在其中可种植适应不同水深的耐水涝植物。主塘永久容积水深为0.8～2.5m，储存容积一般根据所在区域相关规划提出的“单位面积控制容积”确定，具有峰值流量消减功能的湿塘还包括调节容积，调节容积应在24～48h内排空。

3）雨水湿地应建为非渗透式

应在前置塘与出水池之间设沼泽区，包括高沼泽区和低沼泽区，高沼泽区深度一般为0～300mm，低沼泽区为300～500mm，根据其高度不同种植不同的耐水植物，且应根据进水水质与出水水质要求采用具有相应净化功能的植物。出水池的深度为0.8～1.2m，容积约为总容积（不含调节容积）的10%。

（4）生物滞留设施

1）生物滞留设施施工流程

见图3-35。

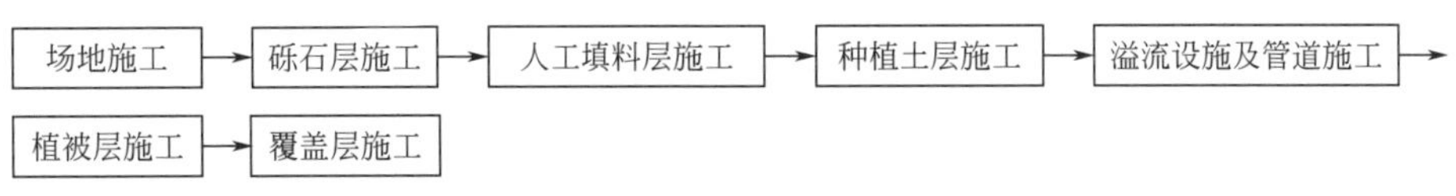

图3-35 生物滞留设施施工流程

2）生物滞留设施施工应符合的规定

① 按施工图要求进行场地平整，同时清除场地内的垃圾、砾石、杂草等。

② 砾石层应由直径不超过50mm的砾石组成，厚度约250 ～ 300mm。在其中可埋置直径为100mm的穿孔管，经过渗滤的雨水由穿孔管收集进入邻近的河流或其他排放系统。

③ 通常在填料层和砾石层之间铺一层土工布是为了防止土壤等颗粒物进入砾石层；也可在人工填料层和砾石层之间铺设一层150mm厚的砂层，防止土壤颗粒堵塞穿孔管，还能起到通风的作用。

④ 人工填料层多选用渗透性较强的天然或人工材料，其厚度应根据当地的降雨特性、雨水花园的服务面积等确定，多为0.5 ～ 1.2m。当选用砂质土壤时，其主要成分与种植土层一致。当选用炉渣或砾石时，其渗透系数一般不小于10^{-5}m/s。

⑤ 生物滞留设施内应设置溢流设施，可采用溢流竖管、盖篦溢流井或雨水口等，溢流设施顶一般应低于汇水面100mm。

⑥ 种植土层一般选用渗透系数较大的砂质土壤，其主要成分含有60% ～ 85%的砂子，5% ～ 10%的有机成分，黏土含量不超过5%。种植土层厚度根据植物类型而定，当采用草本植物时一般厚度为250mm左右。

⑦ 植物应对径流雨水具有净化作用，可耐旱耐淹。雨水花园、高位花坛及生态树池内种植的植物还应满足景观要求。

⑧ 生物滞留带等简易型生物滞留设施的施工参考下沉式绿地。

⑨ 对于径流污染严重、设施底部渗透面距离季节性最高地下水位或岩石层＜1m及距离建筑物基础＜3m（水平距离）的区域，应采取必要的措施防止次生灾害的发生。

3.5.4 雨水净化回用设施

（1）雨水罐

雨水罐选用可参照国家建筑标准设计图集《雨水综合利用》（10SS705），安装雨水罐时需将原有雨落管断接，雨落管断接应满足下列规定。

① 雨落管断接应在适当位置将原来与排水系统相连的建筑雨落管断开，改变雨落管的流向，将屋面径流引入雨水桶进行收集利用。

② 雨落管断接的管材与原雨落管管材尺寸与材质尽量保持一致，保证建筑外立面的整洁美观。

③ 断接安装不应破坏建筑散水和建筑基础。

（2）初期雨水弃流设施

初期雨水弃流设施施工可参照国家建筑标准设计图集《雨水综合利用》（10SS705），也可采用成套产品，初期雨水弃流设施施工应满足下列规定。

① 弃流量应根据不同的汇水面积经计算确定。

② 施工需断接雨落管时，不应破坏建筑散水和建筑基础。

③ 弃流雨水应排入污水管道或经处理后排放，不得排入雨水管道。

3.6 运营维护

3.6.1 一般规定

① 设施的运行维护，包括雨水收集入渗技术运行维护、雨水调节排放技术运行维护、雨水净化回用技术运行维护以及设施应急处理方式。海绵化改造设施分类见表3-9。

表3-9 海绵化改造设施分类表

序号	设施类型	单项设施	
1	雨水收集入渗技术	透水铺装	透水铺砖
2			透水混凝土
3			透水沥青
4			植草透水铺装
5			高强度透水模块
6			透水塑胶铺装
7		绿色屋顶	
8		下沉式绿地	
9		雨水花坛	
10		渗透塘	
11		渗井、渗管/渠	
12	雨水调节排放技术	植草沟	
13		雨水蓄水池	
14		雨水调节池	
15		生物滞留设施	
16		景观调节塘	
17		雨水湿塘	
18	雨水净化回用技术	雨水收集净化渠	
19		雨水罐	
20		雨水回用池	

② 雨水收集入渗技术运行维护类型，包括透水铺装、绿色屋顶、下沉式绿地、雨水花坛、渗透塘以及渗井、渗管/渠。

③ 雨水调节排放技术运行维护类型，包括植草沟、雨水蓄水池、雨水调节池、生物滞留设施、景观调节塘以及雨水湿塘。

④ 雨水净化回用技术运行维护，包括雨水收集净化渠、雨水罐、雨水回用池。海绵化改造设施主要检查内容见表3-10。

表3-10 海绵化改造设施主要检查内容

设备名称	检查/维护重点
雨水收集渗透技术	污/杂物清理排除、植物养护等
雨水调节排放技术	污/杂物清理排除、植物养护、设备功能检查等
雨水净化回用技术	污/杂物清理排除、设备功能检查等
安全提示设施	设施功能、警示牌检查等

⑤ 常见海绵设施的运行维护包含日常巡查、雨季前后检修、暴雨期间重点巡查、日常规定期维护及出现损坏时的应急处置等。

⑥ 低影响开发雨水设施的运行维护单位根据维护管理的实际内容编制维护管理手册，并予以维护实施。

⑦ 运行维护单位在雨季来临前应对雨水利用设施进行清洁和保养，并在雨季定期对工程各部分的运行状态进行观测检查。

⑧ 未经主管部门允许，严禁擅自拆除、关闭、改建海绵设施。

⑨ 海绵设施由于堵塞、设备故障等原因造成暂停使用的，应向主管部门上报同时进行排查，15d内恢复使用。

⑩ 在暴雨灾害性气候来临之前，进行应临性安全检查，保证各类设施在灾害性气候发生期间能够安全运行。应事先排空调蓄设施内的存水，保证系统调蓄功能的正常运行。采用管道蓄水的系统应在雨后将管网排空。

3.6.2 雨水收集入渗管理

(1) 透水铺装

① 透水铺装应按常规道路维护要求进行清扫、保洁。

② 禁止在透水铺装及其汇水区堆放黏性物、砂土或其他可能造成堵塞的物质；严禁在透水铺装范围存放有毒有害物质，避免地下水污染。当装有农药、汽油等危险物质运输经过透水铺装区域时，应采用密闭容器包装，避免洒落，以防污染地下水。

③ 应定期对透水铺装道路进行巡检，检查透水铺装面层是否存在破损、裂缝、沉降等。

④ 当面层出现破损时应及时修补或更换。

⑤ 出现不均匀沉降时，应局部修整找平或对道路基层进行修复。维修时需铲除路面疏松集料，清洗路面，去除孔隙内的灰尘及杂物后再进行铺装，严禁在表面铺筑密封物或砂土。

⑥ 当透水能力低于设计值50%时，应采用高压冲洗、负压抽吸的方式进行冲洗。冲洗可采用高压水或压缩空气冲洗，当采用高压水冲洗时，结合产品参数确认冲洗压力，避免破坏透水面层。负压抽吸可采用真空泵抽吸。

⑦ 透水铺装堵塞严重，透水系数衰减超过50%以上，需更换面层或透水基层。

⑧ 透水路面的维护，应符合下列规定：

Ⅰ. 透水路面的维护内容可分为日常巡视与检测、清洗保养、小修工程、中修工程、大修工程等。对于透水路面的较大损坏，应根据损坏程度，及时安排中修、大修工程，对其进行维修或整修。

Ⅱ. 应经常检查透水路面的透水情况，每季度应至少检查一次，检查时间宜在雨后1～2h。

Ⅲ. 当路面出现积水时，应检查透水铺装出水口是否堵塞，如有堵塞应立即疏通，确保排空时间不大于24h。

Ⅳ. 应定期对透水路面路段进行全面透水功能性养护，全面透水功能性养护频率应根据道路交通量、污染程度、路段加权平均渗水系数残留率等情况进行综合分析后确定。透水路面通车后，应至少每半年进行1次全面透水功能性养护，透水性能下降显著的道路应每个季度进行1次全面透水功能性养护。

Ⅴ. 除全面透水功能性养护外，应根据透水路面污染的情况，及时进行不定期的局部透水功能性养护，当发现路面上具有可能引起透水功能性衰减的杂物或堆积物时，应立即清除，并及时安排局部透水功能性养护。

Ⅵ. 透水水泥混凝土路面出现裂缝和集料的面积脱落较大时，必须进行维修。

Ⅶ. 嵌草砖路面除按照以上维护要求执行外，应定期对嵌草砖内植草修剪及缺株补种。

Ⅷ. 透水铺装日常维护事项及维护周期见表3-11。

表3-11 透水铺装日常维护事项及维护周期一览表

维护事项	运维周期
沉积物、垃圾、杂物清除	日常维护，按日清扫
储水层24h排空监测	每年一次，检查时间选择在雨后
裂缝、破损巡检	同日常维护结合，至少每半年进行一次全规模巡检
积水巡检	按照半年巡检一次，巡检时间为雨后
冲洗抽吸，恢复渗透能力	最大冲洗周期为每半年一次，时间宜选择雨季之前和雨季中期。并结合透水铺装类型、使用时间、透水性能等，按需进行冲洗
植草修剪	根据植物长势，按需修剪

（2）绿色屋顶

① 应定期清理垃圾和落叶，防止屋面雨水斗堵塞。

② 定期检查评估植物是否存在病虫害感染、长势不良等情况，当植被出现缺株时，应及时补种，避免出现黄土裸露；在植物长势不良处重新替换或补植。

③ 定期检查土壤基质是否有产生侵蚀的迹象，并及时补充种植土。

④ 定期检查排水沟、泄水口、雨水斗、溢流口、雨水断接等排水设施，排水设施堵塞或淤积导致过水不畅时，应及时清理垃圾与沉积物。如发现雨水口沉降、破裂或移位现象，应加以原因调查，妥善维修。

⑤ 定期检查屋顶防水层、种植层是否有裂缝、接缝分离、屋顶漏水等现象，屋顶出现漏水时，应及时排查原因，按要求修复或更换防渗层。

⑥ 根据植物种类，应采取防寒、防晒、防冻措施。

⑦ 定期检查灌溉系统，保证其运行正常，旱季根据植物品种及时浇灌。

⑧ 绿色屋顶日常维护事项及维护周期见表3-12。

表3-12 绿色屋顶日常维护事项及维护周期一览表

维护事项	运维周期
垃圾、落叶清除	日常维护，按日按需清扫
植物病虫害感染及长势不良巡检	每月一次，定期巡检，结合生长周期特性
乔灌木、地被植被修剪	按月巡检，按需修剪
稳定期替换死亡植株（第一年）	按月巡检，按需补株， 由施工方或植被供应商负责
稳定期后，替换死亡植株	每年秋季巡检，按需补株
土壤基质冲蚀巡检	每年一次，巡检时间选择在暴雨后
排水沟、雨水口、溢流口等排水设施， 雨水口堵塞或淤积巡检	堵塞和淤积按照日常维护，每年进行一次全方位 巡检，巡检时间选择在暴雨前后
裂缝、漏水巡检	日常巡检，巡检时间为暴雨后
种植土是否脱落	每月一次，雨后巡检
喷灌系统巡检	至少每年一次

（3）下沉式绿地

① 应按常规要求进行清扫，清除下沉式绿地内的垃圾与杂物。

② 下沉式绿地应根据植被品种定期修剪，修剪高度保持在设计范围内，修剪的草屑应及时清理，不得堆积。

③ 定期巡检、评估植物是否存在疾病感染、长势不良等情况，当植被出现缺株时应及时补种，避免出现黄土裸露；在植物长势不良处重新替换或补植。

④ 旱季按植被生长需求进行浇灌。

⑤ 应定期巡检下沉式绿地进水口、溢流口，若发生堵塞或淤积导致过水不畅时，应及时清理垃圾与沉积物；若冲刷造成水土流失时，应设置碎石缓冲或采取其他防冲刷措施。

⑥ 因沉积物淤积导致下沉式绿地调蓄能力不满足设计调蓄能力时，应定期清理沉积物。

⑦ 当调蓄空间的雨水排空时间超过36h时，及时更换覆盖层或表层种植土。

⑧ 下沉式绿地日常维护事项及维护周期见表3-13。

表3-13　下沉式绿地日常维护事项及维护周期一览表

维护事项	运维周期
沉积物、垃圾、杂物清除	日常维护，按日按需清扫
浇灌	日常维护，按需浇灌
植被修剪	每月定期巡检，根据植物特性按需修剪
杂草清除	每月定期巡检，按需清除杂草
植物疾病感染，长势不良情况巡检	根据植物特性及设计要求，巡检周期不长于每季度一次
长势不良植物替换	日常巡检，避免黄土裸露，及时替换和补植
进水口、溢流口淤积巡检	每半年巡检一次，时间选择在暴雨前、后
表面冲蚀及边坡塌陷巡检	每半年巡检一次，时间选择在暴雨后

（4）雨水花坛

① 应定期巡检进水口、溢流口，若发生堵塞或淤积导致过水不畅时应及时清理垃圾与沉积物。

② 进水口不能有效收集汇水面径流雨水时，应加大进水口规模或进行局部下凹等。

③ 应定期检查碎石缓冲带、植被缓冲带、前置塘等预处理设施，保证设施的功能性。

④ 在暴雨过后应及时检查植被的覆盖层和受损情况，及时更换受损覆盖层材料和植被。

⑤ 严控植物高度、疏密度，定期修剪，修剪高度保持在设计范围内，修剪的枝叶应及时清理，不得堆积。

⑥ 应及时根据降水情况对植物进行灌溉。

⑦ 应及时收割湿地内的水生植物，定期清理水面漂浮物和落叶。

⑧ 雨水花园日常维护事项及维护周期见表3-14。

表3-14 雨水花园日常维护事项及维护周期一览表

维护事项	运维周期
垃圾、杂物清除	日常维护，按日按需清扫
护栏等安全措施及警示牌巡检	日常维护
植被修剪	根据植被生长周期或根据设计需求，每半年巡检修剪
进水口、溢流口淤积及冲刷巡检	每半年巡检一次，时间选择在暴雨前、后
边坡塌陷巡检	每半年巡检一次，时间选择在暴雨后
水体水质检查	每月检查水体是否有发黑发臭现象
植被缓冲带或预处理设施清淤	按需清理，每半年巡检一次
主体清淤	按需清理，每年巡检一次
补水	按需补水，每月巡检一次
土壤基质冲蚀巡检	每年巡检一次，时间选择在暴雨后
表面冲蚀及边坡塌陷巡检	每年巡检一次，时间选择在暴雨后
稳定期后，替换死亡植株	按需求替换，巡检周期不长于每年一次
覆盖层补充	根据设计要求，无要求时每年补充一次
置换覆盖层或表层种植土	按需替换，至少每年巡检一次

（5）渗透塘（池）

① 按常规要求进行保洁，清除塘内及周边区域垃圾与杂物。

② 渗透塘内植物及塘周边草坪，应根据植被品种定期修剪，保证其美观，修剪高度保持在设计范围内，修剪的枝叶应及时清理，不得堆积。

③ 定期巡检评估植物是否存在疾病感染、长势不良等情况，当植被出现缺株时，应及时补种，避免出现黄土裸露；在植物长势不良处重新替换或补植。

④ 定期检查植被缓冲带表面是否有冲蚀、土壤板结、沉积物等。

⑤ 应定期巡检进水口、溢流口，若发生堵塞或淤积导致过水不畅时，应及时清理垃圾与沉积物；若冲刷造成水土流失时，应设置碎石缓冲或采取其他防冲刷措施。

⑥ 每年补充覆盖层，保证设计要求的层厚。

⑦ 当调蓄空间雨水的排空时间超过36h时，应及时置换覆盖层或表层种植土。

⑧ 边坡出现坍塌时，应进行加固。

⑨ 进水口不能有效收集汇水面径流雨水时，应加大进水口规模或进行局部下凹。

⑩ 由于坡度导致调蓄能力不足时，应增设挡水堰或抬高挡水堰。

⑪ 渗透塘维护事项及维护周期一览表见表3-15。

表3-15 渗透塘维护事项及维护周期一览表

维护事项	运维周期
沉积物、垃圾、杂物清除	日常维护，按日按需清扫
护栏等安全措施及警示牌巡检	日常维护
下渗表面淤积巡检	每季度巡检一次
植物疾病感染，长势不良情况巡检	根据植物特性及设计要求，巡检周期不长于每季度一次
进、出水口堵塞情况巡检	每半年巡检一次，时间选择在暴雨前、后
孔洞和冲刷侵蚀情况巡检	每半年巡检一次，时间选择在暴雨后
长势不良植物替换	日常巡检，避免黄土裸露，及时替换和补植
覆盖层补充	根据设计要求，无要求时每年补充一次
置换覆盖层或表层种植土	按需替换，至少每年巡检一次

（6）渗井、渗管/渠

① 禁止在渗管/渠及渗井汇水区堆放黏性物、砂土或其他可能造成堵塞的物质；严禁在渗管/渠及渗井旁存放有毒有害物质，避免地下水污染。当农药、汽油等危险物质穿越汇水区时，应采用密闭容器包装，避免洒落，防止污染地下水。

② 定期清除渗渠及渗管上部表面的垃圾、落叶。

③ 定期清除设施内的沉积物，保证渗管、渗渠的调蓄能力和过流能力。

④ 定期检查渗管和渗渠区域积水情况，如在降雨事件24h后无法完全下渗，应检查进出水口和控制系统是否有堵塞、淤塞沉积现象，并及时清理或维修。

⑤ 渗渠内卵石或石笼应定期进行清洗，并按原设计恢复。

⑥ 应定期巡检进水口，若冲刷造成水土流失时，应设置碎石缓冲或采取其他防冲刷措施。

⑦ 当渗井调蓄空间雨水的排空时间超过36h时，应及时置换材料。渗管/渠、渗井维护事项及维护周期见表3-16。

表3-16 渗井、渗管/渠维护事项及维护周期一览表

维护事项	运维周期
垃圾、落叶清除	日常维护，按日按需清扫
沉积物	日常维护，按需清除
进、出水口堵塞情况巡检	每半年巡检一次，时间选择在暴雨前、后
积水现象巡检	每半年巡检一次，时间选择在暴雨后
卵石或石笼清洗	每年巡检一次，按需清洗

3.6.3 雨水调节排放管理

（1）植草沟

① 应及时补种修剪植物，及时清除杂草和淤积物。

② 应根据植被品种定期修剪，修剪高度保持在设计范围内，不宜过分修剪，植被高度控制在80mm以下。修剪的草屑应及时清理，不得堆积，保证美观。

③ 应按植被生长要求进行浇灌。

④ 进水口、溢流口因冲刷造成水土流失时，应设置碎石缓冲或采取其他防冲刷措施。

⑤ 当地形坡度大导致流速较大引起冲刷时，应增设挡水堰或抬高挡水堰、溢流口高程等措施。

⑥ 定期及暴雨后检查冲刷侵蚀情况以及典型断面、纵向坡度的均匀性，修复对植草沟底部土壤的明显冲蚀，修复工作需要符合植草沟的原始设计。

⑦ 对于湿式植草沟，若其植被难以发挥功能，则需要重新配置植物。

⑧ 定期检查植草沟进水口（开孔路缘石、管道等）以及出水口是否有侵蚀或堵塞，如有需要应及时处理。

⑨ 植草沟维护事项及维护周期一览表见表3-17。

表3-17 植草沟维护事项及维护周期一览表

维护事项	运维周期
沉积物、垃圾、杂物清除	日常维护，按日按需清扫
浇灌	日常维护，按需浇灌
植被修剪	每月定期巡检，根据植物特性按需修剪
杂草清除	每月定期巡检，按需清除杂草
植物疾病感染，长势不良情况巡检	根据植物特性及设计要求，巡检周期不长于每季度一次
长势不良植物替换	日常巡检，避免黄土裸露，及时替换和补植
积水区域巡检	每半年巡检一次，时间选择在暴雨后
进水口、溢流口淤积巡检	每半年巡检一次，时间选择在暴雨前、后
表面冲蚀及边坡塌陷巡检	每半年巡检一次，时间选择在暴雨后

（2）生物滞留设施

① 生物滞留设施应根据植被品种定期修剪和挖除，修剪高度保持在设计范围内，修剪的枝叶应及时清理，不得堆积。

② 定期巡检评估植物是否存在疾病感染、长势不良等情况，当植被出现缺株时，应定期补种；在植物长势不良处重新补植，如有需要，更换更适宜环境的植物品种。

③ 定期检查植被缓冲带表面是否有冲蚀、土壤板结、沉积物等。

④ 应定期巡检进水口、溢流口，若发生堵塞或淤积导致过水不畅时，应及时清理垃圾与沉积物；若冲刷造成水土流失时，应设置碎石缓冲或采取其他防冲刷措施。

⑤ 每年补充覆盖层，保证设计要求的层厚。

⑥ 当调蓄空间雨水的排空时间超过36h时，应及时置换覆盖层或表层种植土。

⑦ 边坡出现坍塌时，应进行加固。

⑧ 进水口不能有效收集汇水面径流雨水时，应加大进水口规模或进行局部下凹。

⑨ 由于坡度导致调蓄能力不足时，应增设挡水堰或抬高挡水堰。

⑩ 出水水质不符合设计要求时，应及时更换填料。

⑪ 生物滞留设施维护事项及维护周期一览表见表3-18。

表3-18　生物滞留设施维护事项及维护周期一览表

维护事项	运维周期
沉积物、垃圾、杂物清除	日常维护，按日按需清扫
浇灌	日常维护，按需浇灌
下渗表面淤积巡检	每季度巡检一次
植物疾病感染，长势不良情况巡检	根据植物特性及设计要求，巡检周期至少每季度一次
进、出水口堵塞情况巡检	每半年巡检一次，时间选择在暴雨前、后
孔洞和冲刷侵蚀情况巡检	每半年巡检一次，时间选择在暴雨后
长势不良植物替换	日常巡检，避免黄土裸露，及时替换和补植
覆盖层补充	根据设计要求，无要求时每年补充一次
置换覆盖层或表层种植土	按需替换，至少每年巡检一次

（3）雨水湿塘

① 应定期巡检，确保雨水湿塘误用、误饮等警示标识以及护栏等安全防护措施和警示牌保持完整，如发生损坏或缺失，应及时进行修复和完善。

② 按常规要求进行保洁，清除雨水湿塘内及周边区域垃圾与杂物。

③ 雨水湿塘内植物及周边公共区域草坪应根据植被品种定期修剪，修剪的枝叶应及时清理，不得堆积。

④ 应定期清除设施内杂草，且宜手动清除，不宜使用除草剂和杀虫剂，特别是在生长期，应限制使用。

⑤ 对沉水植物定期进行清理，保持沉水植物所占湿塘面积≤50%，并根据挺水植物品种定期进行收割。

⑥ 进水口、溢流口因冲刷造成水土流失时，应设置碎石缓冲或采取其他防冲刷措施。

⑦ 进水口、溢流口堵塞或淤积导致过水不畅时，应及时清理垃圾与沉积物。

⑧ 护坡出现坍塌时应及时进行加固。

⑨ 应定期检查泵、阀门等相关设备，保证其正常工作。

⑩ 旱季按设计要求进行补水。

⑪ 雨水湿塘维护事项及维护周期一览表见表3-19。

表3-19 雨水湿塘维护事项及维护周期一览表

维护事项	运维周期
垃圾、杂物清除	日常维护，按日按需清扫
护栏等安全措施及警示牌巡检	日常维护
湿塘周围植被修剪	根据植被生长周期或根据设计需求，每半年巡检修剪
水生植物修剪	半年巡检一次，按需修剪
进水口、溢流口淤积及冲刷巡检	每半年巡检一次，时间选择在暴雨前、后
边坡塌陷巡检	每半年巡检一次，时间选择在暴雨后
水体水质检查	每月检查水体是否有发黑发臭现象
泵、阀门等相关设备检查	按需替换，每年检修一次
前置塘或预处理池清淤	按需清理，每半年巡检一次
主体清淤	按需清理，每年巡检一次
补水	按需补水，每月巡检一次

（4）蓄水池

① 定期检查进水口和溢流口，当冲刷造成水土流失时，应及时设置碎石缓冲或采取其他防冲刷措施。

② 定期检查弃流井、进水口、溢流口及通风口堵塞或淤积情况，当过水不畅时应及时清理垃圾与沉积物，确保通风口通畅。

③ 池体内沉积物淤积超过设计清淤高度时，应及时进行清淤。

④ 应定期检查泵、阀门、液位计、流量计、过滤罐等设施及喷灌系统，保证其能正常工作。

⑤ 对雨水采用入渗方式进入蓄水池的，应定期检查入渗表面是否有积水，查明滤层表面是否被沉积物、藻类及其他物质堵塞，如有需要，清除并替换表层过滤介质。

⑥ 应定期清洗蓄水池，并应在设计周期内或者一个雨季来临前进行放空。清洗和放空时间宜选择在旱季。

⑦ 应对蓄水池内蓄水情况进行记录，当存水超过一周时应及时放空，避免滋生病菌。

⑧ 应根据调蓄设施的回用要求不同选取不同的监测标准。

⑨ 设施需定时清洗消毒，每年在雨季来临前应对雨水利用设施进行清洁和保养，清洗周期不大于半年。

⑩ 蓄水池等维护事项及维护周期一览表见表3-20。

表3-20　蓄水池等维护事项及维护周期一览表

维护事项	运维周期
警示标识及防护设施巡检	日常巡检维护
进水口、溢流口冲刷巡检	每半年巡检一次，确保完好，应急情况时能随时使用
进水口、溢流口及通风口堵塞淤积巡检	每半年巡检一次，确保完好，应急情况时能随时使用
防误接、误用、误饮等警示标识巡检	日常巡检维护
泵、阀门等相关设备检查	按月检查，确保随时可以使用
入渗系统检查	按需维护，每半年巡检一次
池体清洗、消毒	按需清洗、消毒，每半年巡检一次

（5）调节塘

① 应检查旱季第一次大降雨时的初期冲刷现象，保证调节塘的进口和出口畅通。

② 应定期检查调节塘的进口和出口是否畅通，确保排空时间达到设计要求，且每场暴雨之前应保证放空。

③ 其他条参照渗透塘及湿塘、雨水湿地等设施运行维护要求。

3.6.4　雨水净化回用管理

（1）雨水收集净化渠

① 定期清除收集净化渠上部表面的垃圾、落叶。

② 定期清除设施内的沉积物，保证收集净化渠的调蓄能力和渗透层的过流能力。

③ 定期检查收集净化渠区域积水情况，如在降雨事件24h后无法完全下渗，应检查进出水口和控制系统是否有堵塞、淤塞沉积现象，并及时清理或维修。

④ 收集净化渠的过滤材料应定期进行清洗，并按原设计恢复。

⑤ 雨水收集净化渠维护事项及维护周期一览表见表3-21。

表3-21　雨水收集净化渠维护事项及维护周期一览表

维护事项	运维周期
垃圾、落叶清除	日常维护，按日按需清扫
混合滤料	日常维护，按需清除垃圾
进、出水口堵塞情况巡检	每半年巡检一次，时间选择在暴雨前、后

（2）雨水罐

① 应定期检查雨水罐及连接管等连接部位是否松开，排水口或龙头是否损坏，

有损坏或缺失时应及时进行修复和完善。

② 应根据雨水罐材质类型做好防护措施，塑料材质应防紫外线长时间照射；陶瓷材质应在周边做好防撞护栏；金属材质应根据需要定期刷防腐涂料，涂料颜色宜与周边景观环境协调一致。

③ 定期检查进水口是否存在堵塞或淤积，如存在过水不畅现象应及时清理垃圾与沉积物。

④ 定期检查雨水罐防护盖以及防误接、误用、误饮等警示标识，有损坏或缺失时，应及时进行修复和完善。

⑤ 应对雨水罐蓄水情况进行记录，当雨水罐内存水超过1周时应及时放空，避免滋生病菌。

⑥ 在冬季气温降至0℃前，应将雨水罐及其连接管路中留存雨水放空，以免受冻损坏。

⑦ 雨水罐维护事项及维护周期一览表见表3-22。

表3-22 雨水罐维护事项及维护周期一览表

维护事项	运维周期
连接部位巡检	每年巡检一次
垃圾及沉积物清理	按需清理，每半年巡检一次
防护盖、防误接、误用、误饮等警示标识巡检	日常巡检维护
冬季雨水放空	按需放空

（3）初期雨水弃流设施

① 定期检查弃流井、进水口、溢流口、截污滤网、进出水管道及溢流管道的堵塞情况，当过水不畅时，应及时冲洗、清理。

② 定期巡查设施标识、警示标识等安全防护设施及预警系统损坏或缺失情况，应及时进行修复和完善。

③ 定期巡查机电设施漏电保护开关工作是否正常。

④ 机电设施维修时应注意切断上级电源，并挂好检修标牌。

⑤ 运行第一年的前两个季度，每次降雨大于当地设计降雨量时应对预处理设施结构破坏性进行检查；运行稳定后每年检查2次。

⑥ 每月应对设施进行一次维护检修，且雨季之前应检修一次。

（4）雨水回用池

① 雨水排放口进行水量、水质采集。

② 排水分区入流和出流节点进行水量、水质采集。

③ 在生物滞留设施、透水铺装、绿色屋顶、植草沟等典型设施进行液位、流量、水质的跟踪监测。

④ 在全面区内的典型下垫面进行水量、水质监测。

⑤ 监测综合数据库需包含在线监测数据库、运行管理数据库、地理信息系统数据库、文档多媒体数据库等。数据库需满足信息动态更新、查询共享等功能要求。数据库宜预留与低影响开发雨水控制及利用工程信息化综合管理平台衔接的数据接口。

⑥ 数据库需满足结构可扩充性、用户权限、数据库备份、数据库加密等要求。

⑦ 雨水回用池维护事项及维护周期一览表见表3-23。

表3-23 雨水回用池维护事项及维护周期一览表

维护事项	运维周期
警示标识及防护设施巡检	日常巡检维护
进水口、溢流口及通风口堵塞淤积巡检	每半年巡检一次， 确保完好，应急情况时能随时使用
防误接、误用、误饮等警示标识巡检	日常巡检维护
泵、阀门等相关设备检查	按月检查，确保随时可以使用
池体清洗、消毒	按需清洗、消毒，每半年巡检一次

(5) 雨水喷灌系统

① 每年至少对喷灌系统进行2次检查。

② 定期检查喷头喷洒角度设置是否正确，如发生偏移，应按照设计及使用要求将喷洒角度调整复位。

③ 定期检查喷灌系统喷头、喷嘴是否正常使用，若发现损坏应及时更换同型号或性能相似的喷头、喷嘴。

④ 定期清除喷头安装部位的杂物和草叶等杂物，若草坪植物影响喷灌喷头出水，需及时清除喷头处杂物；若喷头处发生沉降、积存杂物，需根据设计要求重新调整喷头高度，保证其正常运行。

⑤ 定期检查密封圈、壳体的完好程度，如破损，应按设计要求进行更换。

⑥ 定期巡检喷灌系统是否漏水、漏油，确保其密封材料密封性。

⑦ 定期巡查设施标识、警示标识等安全防护设施及预警系统损坏或缺失情况，应及时进行修复和完善。

⑧ 雨水喷灌系统维护事项及维护周期一览表见表3-24。

表3-24 雨水喷灌系统维护事项及维护周期一览表

维护事项	运维周期
沉积物、垃圾、杂物清除	日常维护，按日按需清扫
喷洒角度巡检	每个月巡检一次，按要求调整复位
杂草清除	每月定期巡检，按需清除杂草
喷嘴、密封圈磨损巡检	按需求替换，巡检周期不长于每季度一次
壳体破裂巡检	按需求替换，巡检周期不长于每季度一次
设施警示标识、滤网堵塞、 进水口、溢流口淤积巡检	每季度巡检一次，时间选择在暴雨前、后

3.6.5 设施应急处置方式

① 小区绿地中湿塘、雨水湿地等大型低影响开发设施应设置警示标识和报警系统，配备应急设施及专职管理人员，保证暴雨期间人员的安全撤离，避免安全事故的发生。

② 蓄水池由于自身原因或外部原因造成地面坍塌时，应及时在坍塌处设置警示围挡，并对坍塌原因进行查明后及时处理，按原样进行恢复。

③ 植草沟、渗渠等低影响开发设施进出口区域侵蚀明显时，应及时采用碎石加以稳定，采用与原始材料类似的土壤基质进行修补。

④ 当绿色屋顶出现漏水时，应立即组织排水，减少屋面积水，并根据漏水位置查明漏水原因，临时封堵，进行防水层修补或更换。

⑤ 生物滞留设施、渗井、渗管/渠等渗透设施若引起地面或周边建筑物、构筑物沉降或导致地下室漏水等，应查明原因并及时处理。

⑥ 当进水水质导致雨水花园、渗透塘等水生植物枯萎，应立即采取紧急措施，并立即采取投加营养物质、加强相应的复壮措施。

⑦ 当发生自然灾害时，应待灾情过后对低影响开发设施进行排查，对灾情造成破坏的按原设计进行修复。

⑧ 建立、健全低影响开发设施管理部门事故的应急体系。

参考文献

[1] GB 50015—2003.
[2] CJJ/T 188—2012.
[3] 中华人民共和国住房和城乡建设部. 海绵城市建设技术指南海绵城市建设技术指南——低影响开发雨水系统构建（试行）. 2014.
[4] CJJ 169—2012.
[5] 15MR105.
[6] CJJ/T 190—2012.
[7] CJJ/T 135—2009.
[8] GB 50336—2018.
[9] GB 50014—2006.
[10] 17S705.
[11] JGJ 155—2013.
[12] GB 50400—2016.

第4章

老旧建筑小区海绵化改造规划设计方法及图示

本章主要针对第3章海绵化改造技术实施指南的规划设计、工程建设通过图示形式表达在基本型、提升型、全面型等不同类别的老旧建筑小区中进行海绵化改造的思路、流程，并提供雨水收集入渗、调节排放、净化回用等不同需求的改造技术的具体图示，供广大致力于老旧建筑小区海绵化改造的规划、设计者参考选用。图示部分还提供了新型的雨水控制利用集成系统和常见的通用附属设施，是对第2章海绵化改造适宜技术的图解补充。

4.1 海绵改造规划设计图

4.1.1 基本型海绵改造图示

（1）改造思路

① 基本型老旧建筑小区场地条件有限，问题较多，对屋面雨水可采用雨落管断接方式，将屋面雨水引入建筑周边绿地，而后再通过低影响开发设施对雨水进行入渗、滞留、集蓄、净化、利用等。

② 对于建筑周边无绿化空间的屋面雨水，可采用雨水桶收集，或者通过雨水口排入市政管道，雨水口宜采用截污挂篮式。

③ 建筑小区内人行道、露天停车场、庭院宜采用渗透铺装地面，例如植草格、透水砖、碎石路面等，避免使用集中大面积的透水铺装。

④ 基本型老旧建筑小区绿化面积较为有限，可结合场地竖向，适当布置下沉式绿地、植草沟等海绵设施。

（2）改造流程图

基本型老旧建筑小区海绵化改造流程见图4-1。

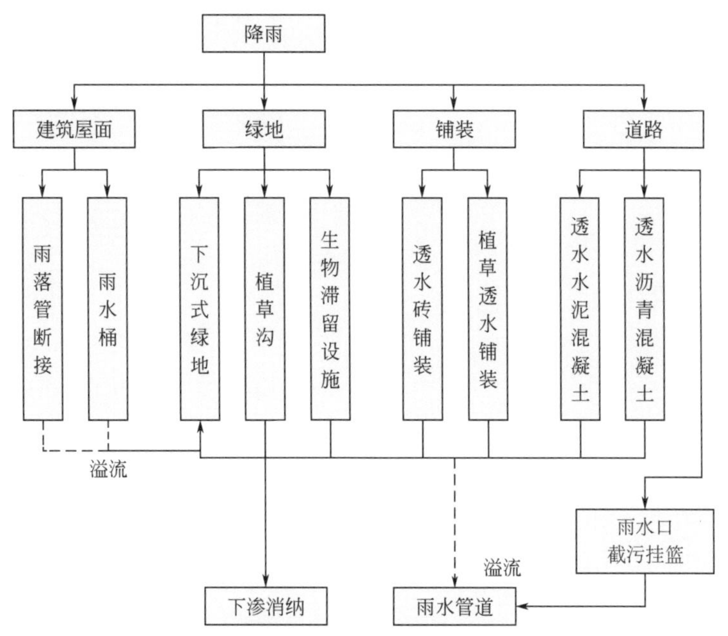

图4-1 基本型老旧建筑小区海绵化改造流程

4.1.2 提升型海绵改造图示

（1）改造思路

① 对于阳台雨水管有废水混接的建筑，需将阳台雨水管接入小区污水管线，屋面雨水断接至周边绿地；屋面雨水回收利用时需设置预处理设施进行处理。对于建筑周边没有绿化空间的居住区，可选择分散设置雨水桶/罐，对屋面雨水进行回收利用。

② 对于空间不足且有竖向优势条件的小区，道路雨水可通过植草沟、雨水管道等转输方式，集中引入周边的绿地建设雨水花园、雨水生态滤池等进行净化回用，并设置溢流口与市政管线连通。

③ 可通过雨水转输技术（植草沟、渗透沟渠、雨水管道）将雨水转输至周边集中绿地空间，建设大型集中式调蓄利用设施（如阶梯湿地、多功能调蓄水景等）并设排放泵，溢流接入市政管线或附近行洪水体。

（2）改造流程图

提升型老旧建筑小区海绵化改造流程见图4-2。

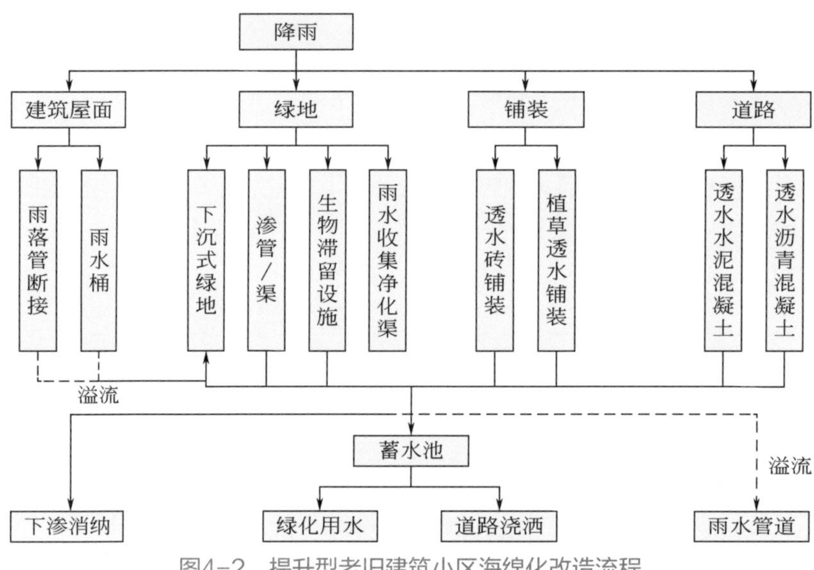

图4-2　提升型老旧建筑小区海绵化改造流程

4.1.3　全面型海绵改造图示

（1）改造思路

全面型老旧建筑海绵化改造应因地制宜；应优化不透水硬化面与绿地空间布局，建筑、广场、道路宜布局可消纳径流雨水的绿地，建筑、道路、绿地等竖向设计应有利于径流汇入海绵设施。

① 建筑平屋面或坡度较缓（< 15°）的屋顶应通过屋顶荷载复核，满足荷载要求的平屋面或坡度较缓的屋顶宜改造建设绿色屋顶；建筑周边有足够绿地空间的居住区，优先利用绿地空间改造建设分散的下沉式绿地、雨水花园或集中的景观水体等多功能调蓄设施，对雨水进行调蓄利用，同时应局部防渗避免渗透对建筑基础产生影响；对于建筑周边没有绿化空间的居住区，可选择分散设置雨水桶/罐，对屋面雨水进行回收利用；对于阳台雨水管有废水混接的建筑，需将阳台雨水管，接入小区污水管线，屋面雨水断接至周边绿地；屋面雨水回收利用时需设置预处理设施进行处理。

② 小区内非机动车道路、人行道、游步道、广场、露天停车场、庭院宜采用渗透铺装地面；非机动车道可选用透水沥青路面、透水性混凝土、透水砖等；人行道、游步道可选用透水砖、碎石路面、汀步等；露天停车场宜选用草格、透水砖等；广场、庭院可选用透水砖等。避免使用集中大面积的透水铺装。

小区道路超渗雨水优先通过道路横坡坡向优化、路缘石改造等方式引入周边的绿地空间进行调蓄、净化、渗透，雨水径流进入低影响设施前宜先排入碎石沟等预处理设施，对于坡度较大道路的雨水径流转输宜通过生物滞留设施进行处置。

③ 充分利用现有绿地，有条件的情况下改造建设下沉式绿地、雨水花园、雨水塘等调蓄雨水；绿色植物宜选用乡土耐淹、耐旱植物。小区绿地应结合规模与竖向

设计，在绿地内适宜位置可增设下沉式绿地、雨水花园、雨水塘等可消纳屋面、路面、广场及停车场径流雨水的海绵设施；设施下沉深度较大，坡度较大时，应考虑设计边坡挡墙支护，避免径流冲刷造成边坡土壤塌陷；对于大型绿地集中调蓄利用设施，其溢流排放系统应与城市雨水管渠系统和超标雨水径流排放系统有效衔接。

④ 有景观水体的小区应发挥其雨水调蓄功能，雨水径流经植草沟、雨水花园等处理设施后作为景观水体补水水源，严格限制自来水作为景观水体的补水水源，景观水体宜设计生态驳岸形式，并设溢流口。

（2）改造流程图

全面型老旧建筑小区海绵化改造流程见图4-3。

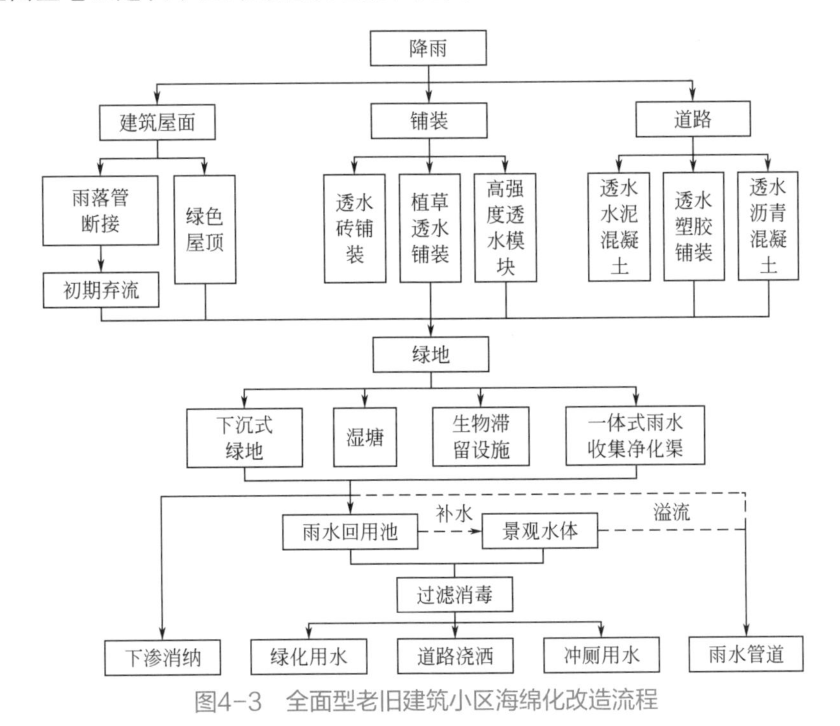

图4-3 全面型老旧建筑小区海绵化改造流程

4.2 雨水收集入渗系统

4.2.1 道路雨水收集入渗系统改造设计

道路雨水收集入渗改造设计说明如下。

（1）改造问题

老旧建筑小区的道路类型分为机动车道、人行道和消防通道。

老旧建筑小区的道路具有硬化比例高、雨水渗透能力低、面层破损率高、径流污染严重、排水设施不通畅、局部内涝积水等问题，这些问题给小区居民的生活造成困扰和不便。

(2) 改造原则

根据老旧建筑小区的问题和居民反映的情况，应遵守以下3个方面对路面进行改造：

1）施工影响最小

老旧建筑小区具有建筑密度高、空间格局紧密的特点，对路面进行改造时，降低施工占用面积，减少地面开挖、控制噪声污染、缩短施工工期等，最大限度减少对居民的影响。

2）施工安全第一

老旧建筑小区具有建筑地基边界不明，结构安全等级较低的特点，对路面进行改造时，要明确建筑地基的边界线，制定有效的安全距离，再进行合理化的海绵化改造，可将路面积水引入下沉式绿地或植草沟中，同时用于固定道路，防治松动变形。

3）注重功能实效

老旧建筑小区的路面改造，一方面解决居民所遇到的问题，另一方面要体现海绵的理念和思想，最大限度地实现雨水的有效控制与利用。

(3) 设施种类

根据老旧建筑小区的土壤地质条件、路面使用特性、汇水面积大小等因素进行设施选用。路面改造入渗设施主要包括透水砖路面、透水混凝土路面、透水沥青路面、嵌草砖路面、渗透管、溢流雨水口、开孔路缘石等。

① 透水混凝土路面可用于老旧建筑小区中的普通机动车道、人行道、入口广场和停车场等的路面。

② 透水铺砖适用于小区人行道、入口广场、停车场等场合，也可用于道牙、树池等砌块铺设。

③ 透水沥青路面可用于老旧建筑小区中的机动车道、入口广场和停车场等的路面。

④ 嵌草铺装适用于老旧建筑小区的污染较大停车场、休闲广场等场合的路面。

⑤ 塑料多孔渗透管一般用于渗透管排放系统，软式渗透管只适用于透水铺装的增渗和收集支管，覆土厚度不应小于700mm。

⑥ 溢流雨水口用于溢流透水路面中的多余雨水，保证路面积存不会形成内涝灾害。

⑦ 开孔路缘石嵌在道路与下沉式绿地或者植草沟之间。

(4) 改造设计

1）考虑老旧建筑小区的建筑物和设施的陈旧，在进行路面雨水入渗改造时应首要考虑不引起地质灾害及损害建筑物；其次不对地下水造成污染。下列路面不得采用雨水入渗系统：

① 可能造成陡坡坍塌、滑坡灾害的路面。

② 自重湿陷性黄土、膨胀土和高含盐土等特殊土壤地质的路面。

③ 小区内面源污染严重的垃圾收集区、货物堆放区等径流污染较为严重，透水铺装地表渗透面距离季节性最高地下水位或岩石层小于1m。

2）进行路面雨水入渗设施改造时应满足下列要求：

① 采用土壤入渗时，土壤渗透系数宜大于10^{-6}m/s，且地下水位距渗透面高差大于1.0m。

② 当建筑物地基不明时，应保证渗透设施距离建筑物的距离大于1.5倍的回填土深度且大于3m，再增加0.5m保护距离。

③ 当雨水入渗设施埋地设置时，需在其底部和侧壁包覆透水土工布，土工布单位面积质量宜为200～300g/m^2，其透水性能应大于所包覆渗透设施的最大渗水要求，并应满足保土性、透水性和防堵性的要求。

④ 埋在透水铺装下，且土壤满足入渗条件时，雨水支管宜采用渗透管排放系统。

3）根据老旧建筑小区所在的地区气候特征和周边环境特征，下列场所不得采用地面透水铺装设施：

① 南方多雨季地区，全年空气湿度较大，采用透水铺砖时在基层铺设渗管，以降低地面苔藓滋生的风险，管径不低于50mm。

② 北方冻融区域，宜采用抗冻融能力强的透水混凝土，孔隙率在15%～25%的，能够使透水速度达到31～52L/（m·h）。

③ 汇水区域较大，渗透性较差，长期处于阴暗潮湿地区不建议改造使用透水铺装。

4）老旧建筑小区采用透水铺装时可采用透水混凝土、透水面砖、草坪砖等：

① 高透水性：透水铺装面层的渗透系数均应大于10^{-4}m/s，找平层和垫层的渗透系数必须大于面层，蓄水能力不应低于当地重现期二年一遇的降雨量。

② 结构厚度：根据材料不同，道路使用类型不同，空隙率不宜小于20%；找平层厚度宜为20～50mm；透水垫层厚度不小于150mm，孔隙率不应小于30%。垫层结构及厚度如表4-1所列。

表4-1 垫层结构及厚度

<table>
<tr><th>编号</th><th>垫层结构</th><th>找平层</th><th>找平层</th><th>透水层</th></tr>
<tr><td>1</td><td>100～300mm透水混凝土</td><td rowspan="3">（1）细石透水混凝土；
（2）干硬砂浆；
（3）粗砂、细石厚度20～50mm</td><td rowspan="3">透水混凝土
透水沥青混凝土
透水铺装</td><td rowspan="3">铺设渗管直径不低于50mm</td></tr>
<tr><td>2</td><td>150～300mm砂砾层</td></tr>
<tr><td>3</td><td>100～200mm砂砾层
50～100mm透水混凝土</td></tr>
</table>

5）改造时应注意优化道路横坡坡向，路面与道路绿化带及周边绿化的竖向关系等，路面宜高于路边绿地50～100mm，便于径流雨水汇入绿地低影响设施内。

6）当路面纵坡＞1%时，应当在雨水进入海绵设施（下沉式绿地，植草沟）前设置挡水堰/台坎，以减缓流速增加雨水渗透量。

（5）技术路线图

雨水收集入渗技术路线如图4-4所示。

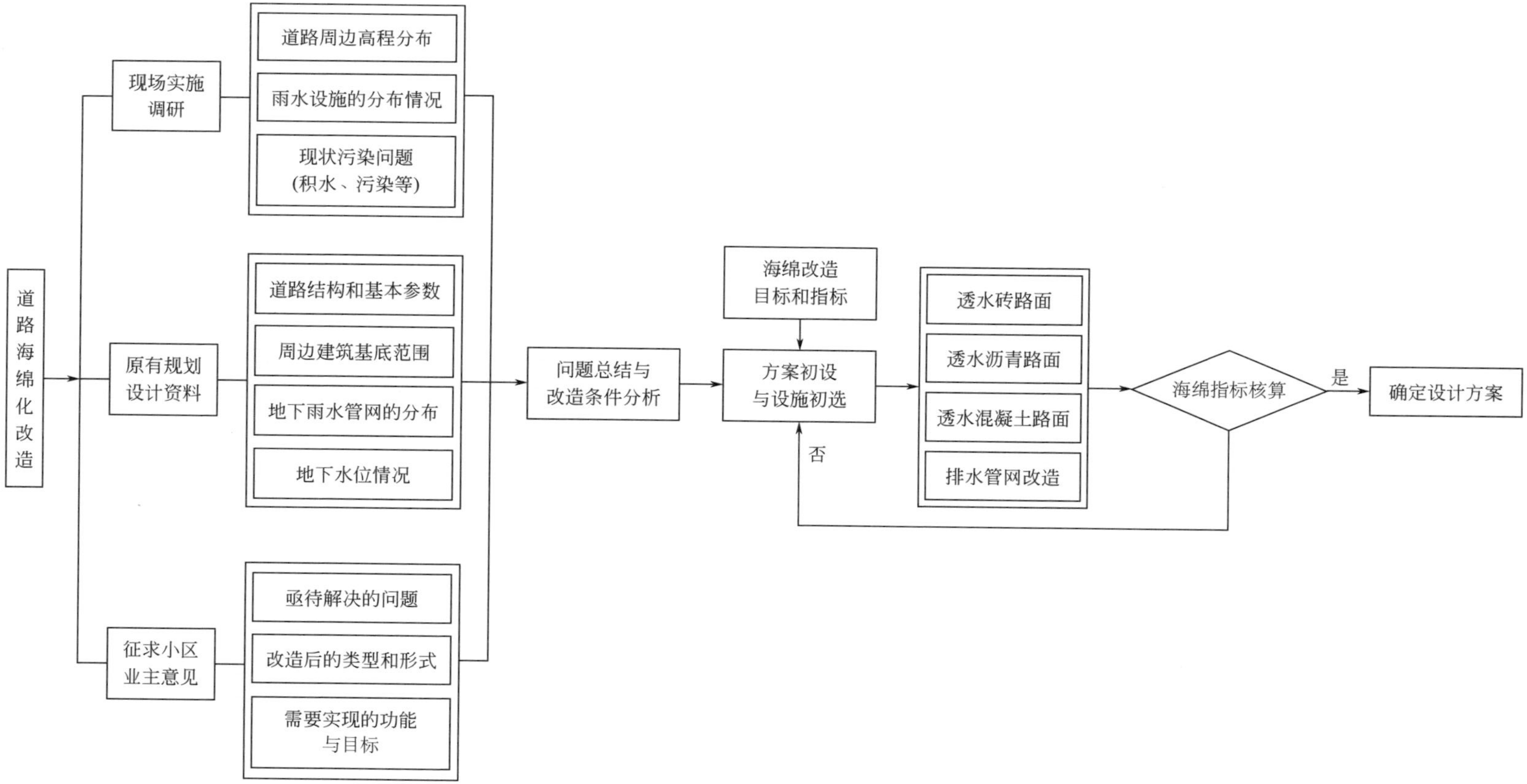

道路海绵化改造

现场实施调研
道路周边高程分布
雨水设施的分布情况
现状污染问题（积水、污染等）

原有规划设计资料
道路结构和基本参数
周边建筑基底范围
地下雨水管网的分布
地下水位情况

征求小区业主意见
亟待解决的问题
改造后的类型和形式
需要实现的功能与目标

问题总结与改造条件分析

海绵改造目标和指标

方案初设与设施初选

透水砖路面
透水沥青路面
透水混凝土路面
排水管网改造

海绵指标核算

是

否

确定设计方案

图4-4　雨水收集入渗技术路线

（6）透水砖路面

透水砖路面如表4-2所列。

表4-2 透水砖路面

编号	名称	厚度/mm	用料及分层做法	构造做法	备注
1	轻型透水砖路面	440～510	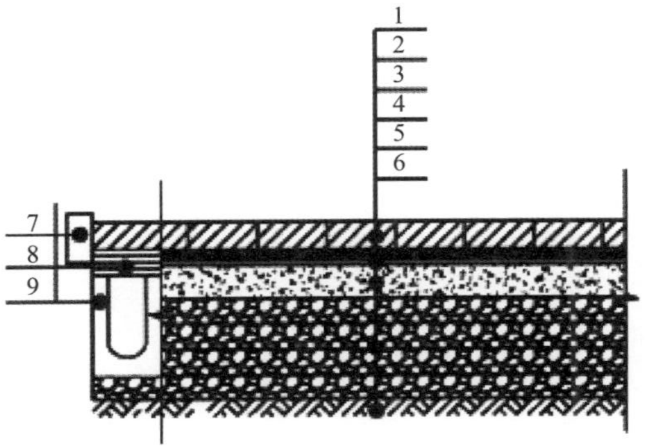	1—80mm透水路面砖，粗砂扫缝，洒水封缝； 2—20～30mm级配中砂找平层（或1∶6干硬性水泥砂浆）； 3—透水土工布重量在200g/m^2； 4—100～120mm透水基层，采用粗砂，粒径0.5～0.65mm； 5—150～170mm透水垫层，天然级配砂石碾实，粒径5～10mm； 6—素土夯实，压实系数≥0.93； 7—硅砂路缘石； 8—30～50mm透水栅格板，采用复合型HDPE材质； 9—U形排水渠	（1）适用于行车荷载≤5t的人行道，自行车道及庭院； （2）径流系数Ψ_c取值范围为0.29～0.36
2	重型透水砖路面	540～620	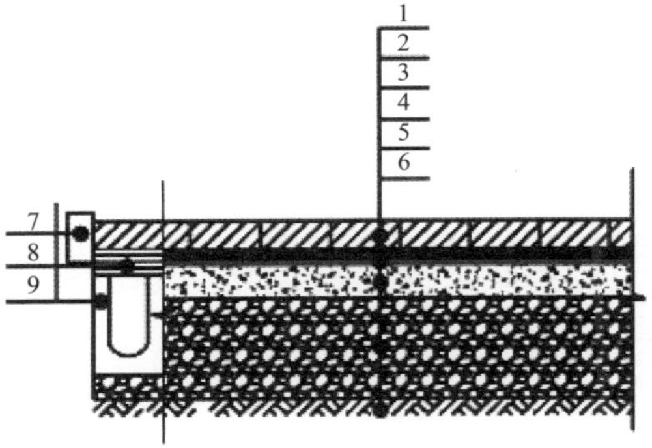	1—100mm透水路面砖，粗砂扫缝，洒水封缝； 2—30～40mm级配中砂找平层（或1∶6干硬性水泥砂浆）； 3—透水土工布重量在200g/m^2； 4—120～150mm透水基层，采用粗砂，粒径0.5～0.65mm； 5—180～220mm透水垫层，天然级配砂石碾实，粒径5～10mm； 6—素土夯实，压实系数≥0.93； 7—硅砂路缘石； 8—30～50mm透水栅格板，采用复合型HDPE材质； 9—U形排水渠	（1）适用于行车荷载＞5t的停车场、广场及庭院； （2）径流系数Ψ_c取值范围为0.29～0.36

（7）透水混凝土路面

透水混凝土路面如表4-3所列。

表4-3 透水混凝土路面

编号	名称	厚度/mm	用料及分层做法	构造做法	备注
1	轻型透水沥青路面	600～750		1—厚度150～200mm，C20无砂大孔混凝土，面层分块捣制，随打随抹，每块长度不大于6m，缝宽20mm，浸泊松木条嵌缝； 2—基层厚度300mm，采用粗砂，粒径0.5～0.65mm； 3—垫层厚度150～250mm，天然级配砂石碾实，粒径5～10mm； 4—反滤隔离层，粒料类材料或土工织布，重量200g/m^2； 5—路基，素土夯实，压实系数≥0.93； 6—硅砂路缘石； 7—30～50mm透水栅格板，采用复合型HDPE材质； 8—U形排水渠	（1）适用于行车荷载≤8t的车行道，停车场及回车场； （2）径流系数Ψ_c取值范围为0.29～0.36
2	重型透水沥青路面	750～850		1—厚度200～250mm，C20无砂大孔混凝土，面层分块捣制，随打随抹，每块长度不大于6m，缝宽20mm，浸泊松木条嵌缝； 2—基层厚度350mm，采用粗砂，粒径0.5～0.65mm； 3—垫层厚度200～250mm，天然级配砂石碾实，粒径5～10mm； 4—反滤隔离层，粒料类材料或土工织布，重量200g/m^2； 5—路基，素土夯实，压实系数≥0.93； 6—硅砂路缘石。 7—30～50mm透水栅格板，采用复合型HDPE材质； 8—U形排水渠	（1）适用于行车荷载>8t的广场、停车场、回车场及消防通道； （2）径流系数Ψ_c取值范围为0.30～0.40

（8）透水铺装主要性能指标

透水铺装主要性能指标见图4-5。

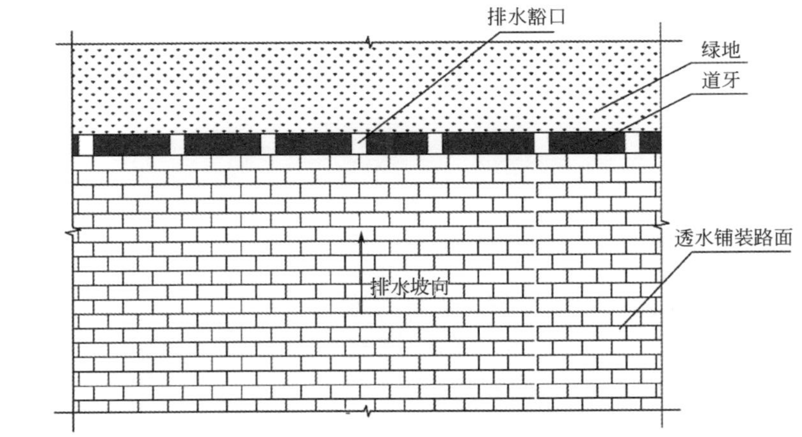

透水铺装主要性能指标

项目		单位	要求	
耐磨性（磨坑长度）		mm	≤30	
透水系数（15℃）		mm/s	≥0.5	
抗冻融性	25次冻融循环后抗压强度损失率	%	≤20	
	25次冻融循环后质量损失率	%	≤5	
连续空隙率		%	≥10	
强度等级		—	C20	C30
抗压强度（28d）		MPa	≥20.0	≥30.0
弯拉强度（28d）		MPa	≥2.5	≥3.5

注：

1. 透水铺装路面分为透水混凝土路面、透水铺砖路面、透水嵌草砖等。
2. 其中透水混凝土的性能应符合《透水水泥混凝土路面技术规程》（CJJ/T 135—2009）的技术要求。
3. 透水混凝土路面应设置伸缩缝，缝间距不应大于6m，留缝20mm并填充浸泊软木条等柔性材料。
4. 排水坡向应按照实际工程进行控制，原则上应由透水铺装入渗，滞留后，剩余地表径流排入周围绿地。当采用道牙时，应预留排水豁口，间隔30～40m。

图4-5　透水铺装主要性能指标

（9）道路雨水控制利用系统剖面图

道路雨水控制利用系统剖面见图4-6。

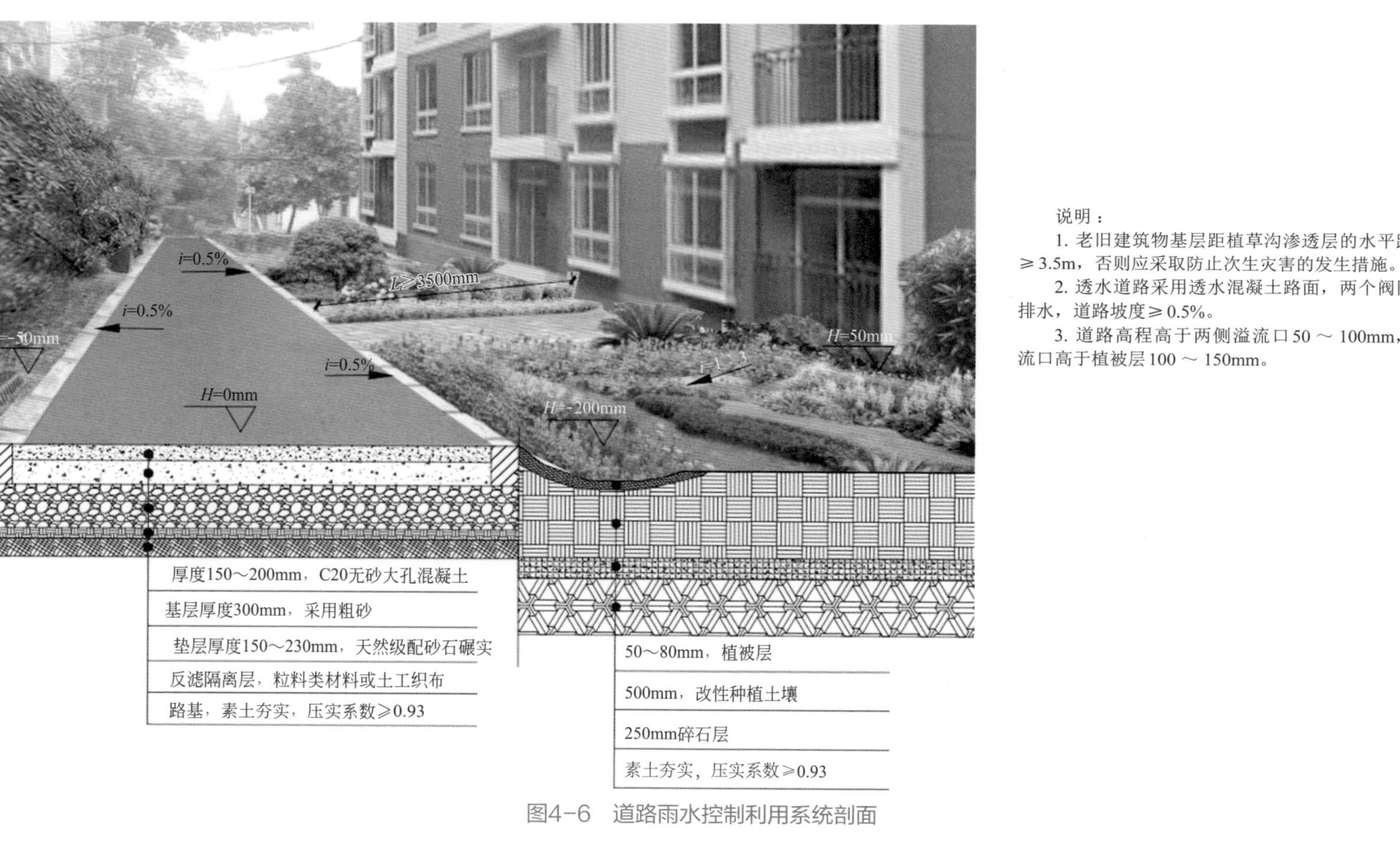

图4-6　道路雨水控制利用系统剖面

4.2.2　绿地雨水收集入渗系统改造设计

绿地雨水收集入渗改造设计说明如下。

（1）改造的问题

老旧建筑小区的绿地具有地表裸露严重、植被耐旱耐淹性差、植被种类单一、景观视觉效果差等特点，这些特点易造成绿地的雨水滞纳能力低、景观效果差等问题。

（2）改造的原则

根据老旧建筑小区绿地的问题和居民反映的情况，遵守以下3个方面对绿地系统进行改造：

1）施工安全第一

老旧建筑小区具有建筑地基边界不明确、结构安全等级较低、地下水位高度不明确等特点，对建筑附近的绿地进行海绵化改造时，要明确建筑地基的建筑红线和地下水位高程，在安全有效的距离内进行合理的海绵化改造布设。

2）生态布局为主

老旧建筑小区的绿地改造时，保存小区原有的生态系统，优化现有生态体系的不足，为居民创造更多的生态产品。

3）设施景观融合性

注重灰绿措施的互补，保证设施在满足功能要求实现的基础上，注重与周边景观的有效融合。

（3）改造设施种类

根据老旧建筑小区的土壤地质条件、路面使用特性、汇水面积大小等因素进行设施选用。绿地雨水入渗设施主要包括下沉式绿地、生物滞留设施、植被浅沟、雨水花园、渗透排水管、渗透井等。

1）下沉式绿地的改造建设是将原有破损和裸露的绿地改造成为距离周边铺砌地面或路面200mm以内的绿地，具有收纳周边雨水，促进绿地对雨水的吸纳和渗透作用。

2）生物滞留设施指将原有地势高的改造为地势较低的区域，通过植物、土壤和微生物蓄渗、净化径流雨水的设施。它的改造与老旧建筑小区内的雨水花园、生态树池等有效结合起来，以分散式布置，规模性不宜过大，设施面积与汇水面积之比在5%～10%之间。

3）植被浅沟可收集、输送和排放径流雨水，具备一定的雨水净化作用，可衔接各项海绵设施或排水管道。当植草沟的土壤入渗条件不好时，可在浅沟下设置渗透管、塑料模块暗沟等渗透设施。

4）渗透管具有雨水的渗透和输送功能，一般采用穿孔塑料管或无砂混凝土管/渠。

5）渗透检查井是具有收集、渗透功能和一定沉砂容积的管道检查维护装置。

① 按功能选用，其顶面强度应满足安装位置地面荷载的要求。

② 用于连接渗透管道、检修管道并渗透雨水。

③ 集水渗透检查井有集水功能的渗透井，用雨水井箅取代井盖。

（4）改造设计

1）老旧建筑小区的绿地雨水入渗改造时，应不引起地质灾害及建筑物损害，下列场所不得采用雨水入渗系统：

① 可能造成陡坡坍塌、滑坡灾害的绿地。

② 自重湿陷性黄土、膨胀土和高含盐土等特殊土壤地质绿地。

③ 改造后设施渗透层距离季节性最高水位或岩石层 < 1m。

④ 改造后设施渗透层距离建筑物基础的水平距离 < 3m。

2）老旧建筑小区绿地雨水入渗设施时应满足下列要求：

① 采用土壤入渗时，土壤渗透系数宜 > 10^{-6}m/s，且地下水位距渗透面高差大于1.0m。

② 当建筑物地基不明时，应保证渗透设施距离建筑物的距离 > 1.5倍的回填土深度且 > 3m，再增加0.5m保护距离。

3）下沉式绿地选择耐淹型植物、深度一般为100 ～ 200mm，在最低点处设置溢流口，保证溢流排放。

4）生物滞留设施深度一般为100 ～ 200mm，并应设100mm的超高，为了防止换土层介质流失，在换土层底部一般设置透水土工布隔离层，同时可在砾石层底部埋设管径为100 ～ 150mm的穿孔排水管，选择耐淹型植物。

5）植草沟一般设施为倒抛物线形、三角形或梯形、渗透型植草沟一般铺设渗管，转输型植草沟内植被高度宜控制在100 ～ 200mm之间。

6）老旧建筑小区的土壤种植土层应采用改良的土壤，建议采用原土：砂：绿化植物废弃物：有机肥 = 7 ∶ 5 ∶ 2 ∶ 1。

7）机动车道周边的绿地宜设置为具有截污净化能力的功能性绿地。

8）绿色蓄水设施设计淹水时间最长不超过48h。

9）渗管的设计要求如下：

① 开孔率一般在1% ～ 3%之间，无砂混凝土的孔隙率应 > 20%。

② 渗管/渠四周应填充砾石或其他多孔材料，砾石层外包透水土工布，土工布搭接宽度不应 < 200mm。

③ 机动车道下铺设渗管或渗渠时，铺设深度不应 < 700mm。

10）渗井之间的间距不应大于渗管管径的150倍，进水管标高高于出水管，但不应高于上游相邻井的出水管口标高，渗井应设0.3m的沉砂室。

（5）绿地雨水收集入渗改造技术路线图

绿地雨水收集入渗改造技术路线如图4-7所示。

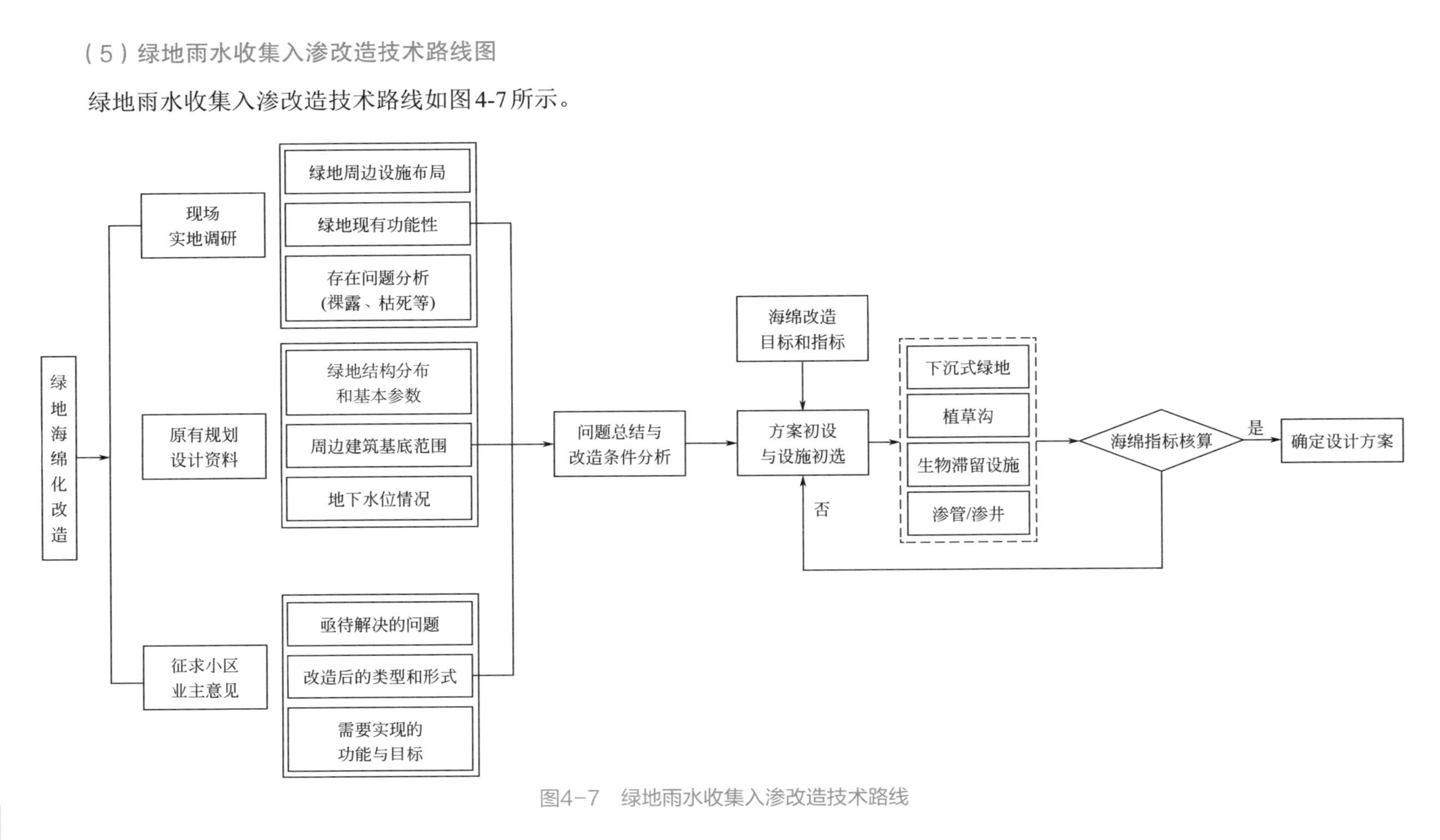

图4-7 绿地雨水收集入渗改造技术路线

(6) 下沉式绿地

下沉式绿地如图4-8所示。

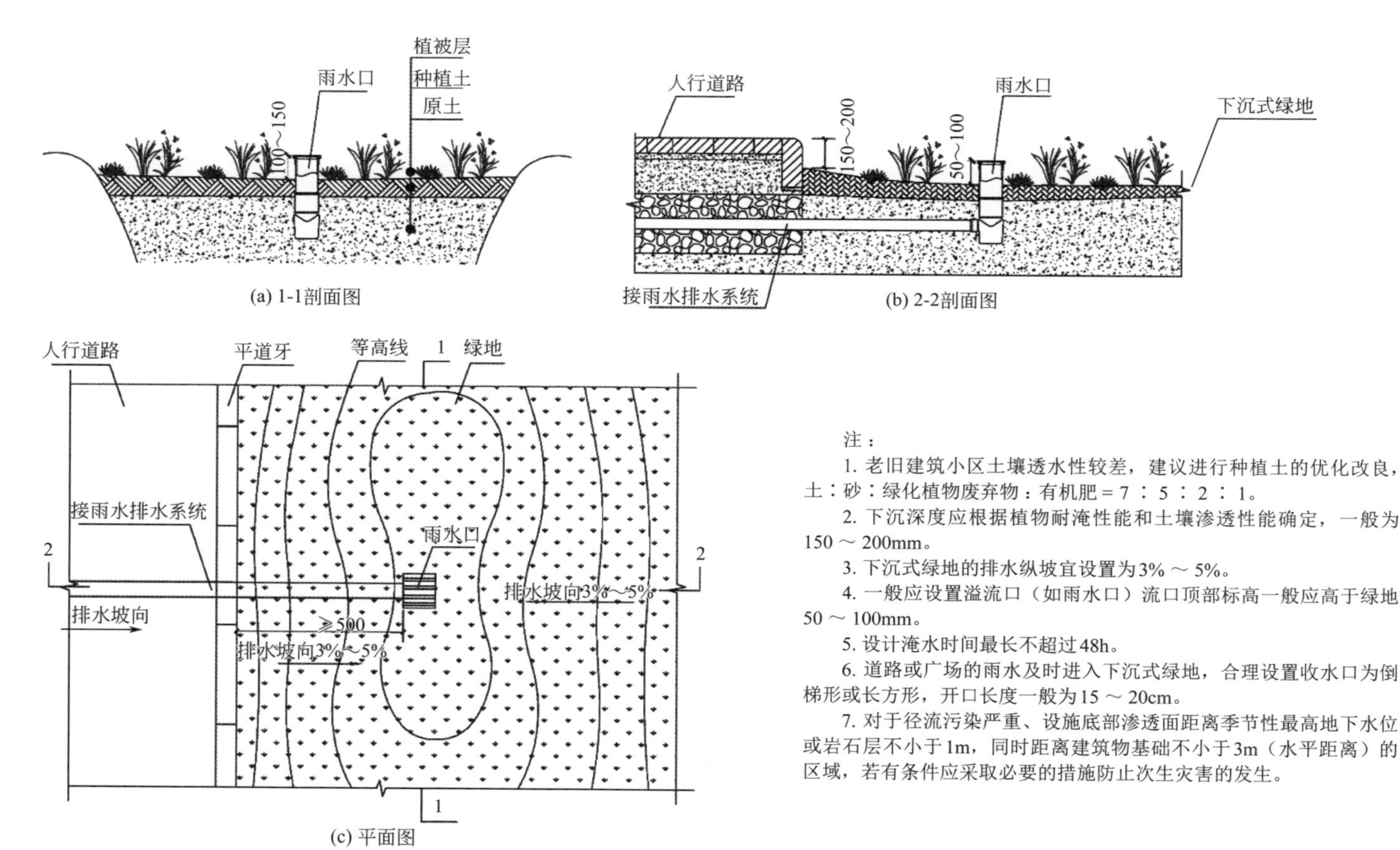

注：

1. 老旧建筑小区土壤透水性较差，建议进行种植土的优化改良，土：砂：绿化植物废弃物：有机肥 = 7 ：5 ：2 ：1。
2. 下沉深度应根据植物耐淹性能和土壤渗透性能确定，一般为150 ～ 200mm。
3. 下沉式绿地的排水纵坡宜设置为3% ～ 5%。
4. 一般应设置溢流口（如雨水口）流口顶部标高一般应高于绿地50 ～ 100mm。
5. 设计淹水时间最长不超过48h。
6. 道路或广场的雨水及时进入下沉式绿地，合理设置收水口为倒梯形或长方形，开口长度一般为15 ～ 20cm。
7. 对于径流污染严重、设施底部渗透面距离季节性最高地下水位或岩石层不小于1m，同时距离建筑物基础不小于3m（水平距离）的区域，若有条件应采取必要的措施防止次生灾害的发生。

图4-8 下沉式绿地（单位：mm）

（7）生物滞留设施

生物滞留设施见图4-9。

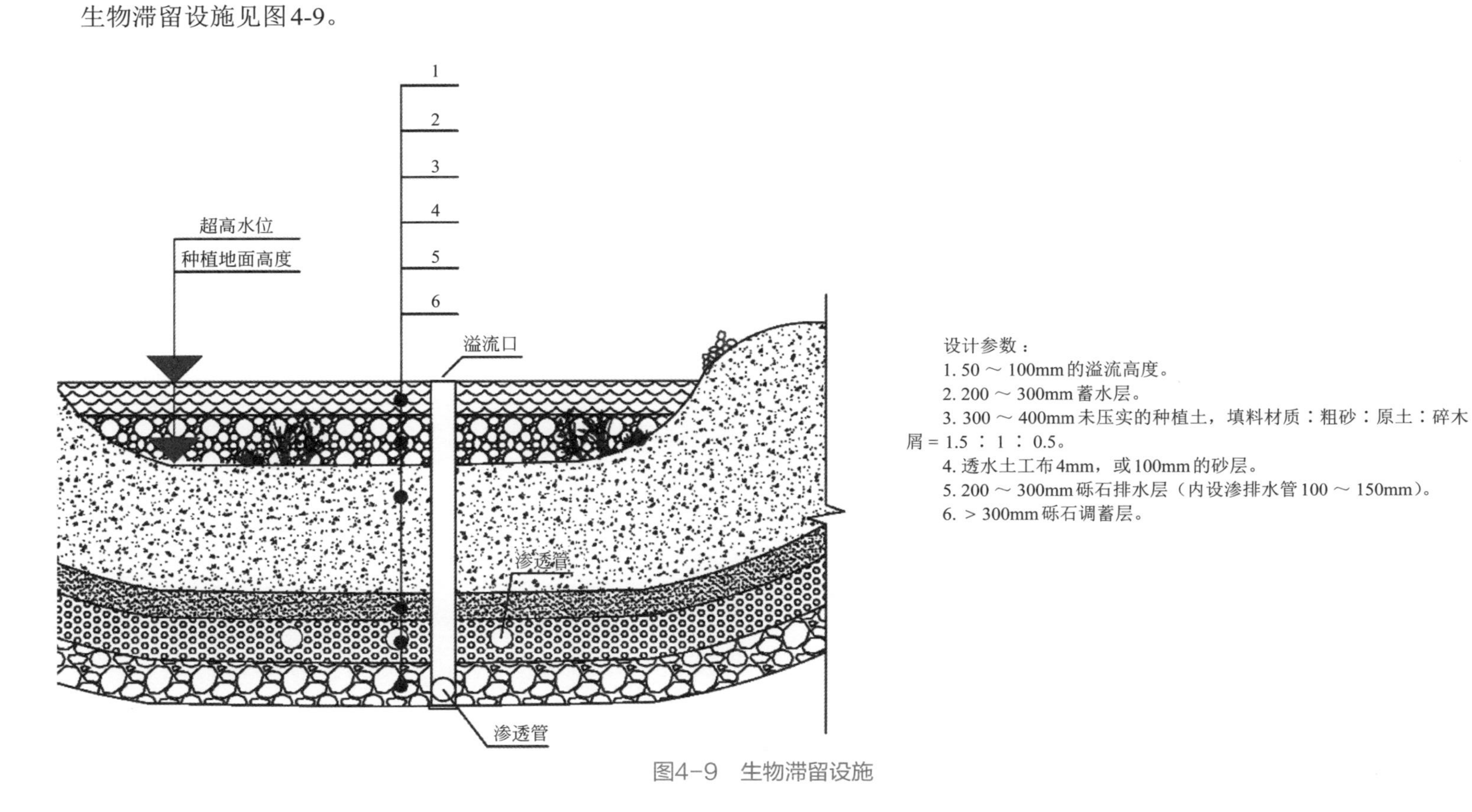

图4-9　生物滞留设施

（8）生物滞留设施与周边竖向高程关系

生物滞留设施与周边竖向高程关系见图4-10。

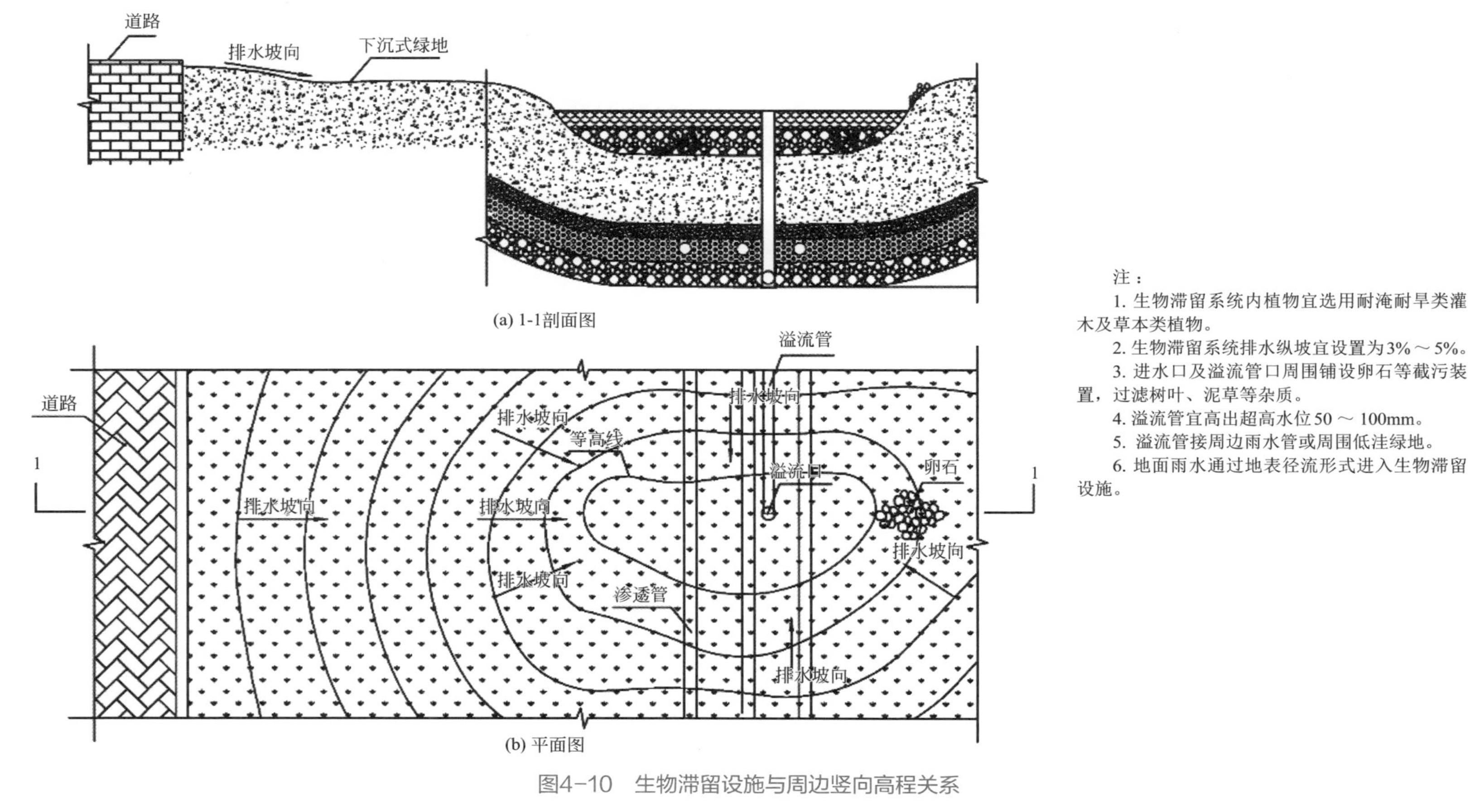

图4-10　生物滞留设施与周边竖向高程关系

注：

1. 生物滞留系统内植物宜选用耐淹耐旱类灌木及草本类植物。
2. 生物滞留系统排水纵坡宜设置为3%～5%。
3. 进水口及溢流管口周围铺设卵石等截污装置，过滤树叶、泥草等杂质。
4. 溢流管宜高出超高水位50～100mm。
5. 溢流管接周边雨水管或周围低洼绿地。
6. 地面雨水通过地表径流形式进入生物滞留设施。

(9) 植被浅沟

植被浅沟见图4-11。

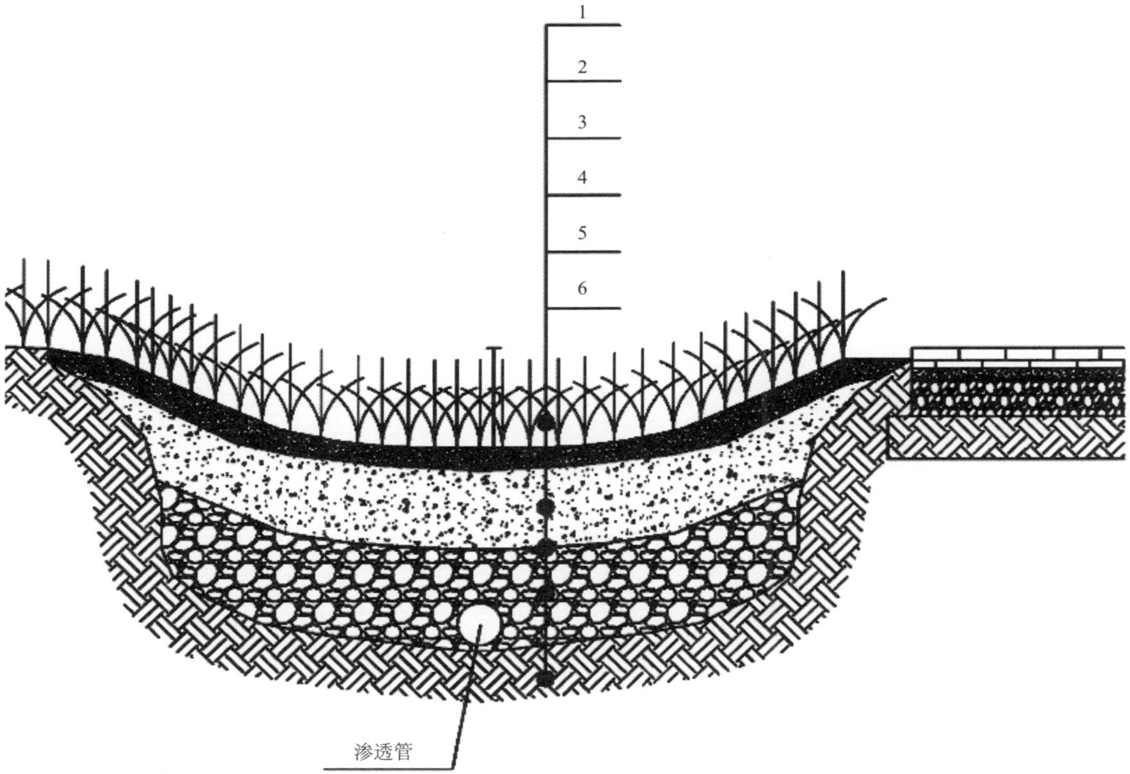

注：

1. 植被层植物宜选用耐旱、耐淹类灌木及草木类植物。
2. 砂石层厚度在30 ~ 50mm。
3. 种植土层厚度在150 ~ 300mm。
4. 透水土工布层，单位质量200g/m^2。
5. 砾石层厚度为150 ~ 250mm。
6. 实土层。

图4-11 植被浅沟

（10）植被浅沟收集入渗平面分布图

植被浅沟收集入渗平面分布见图4-12。

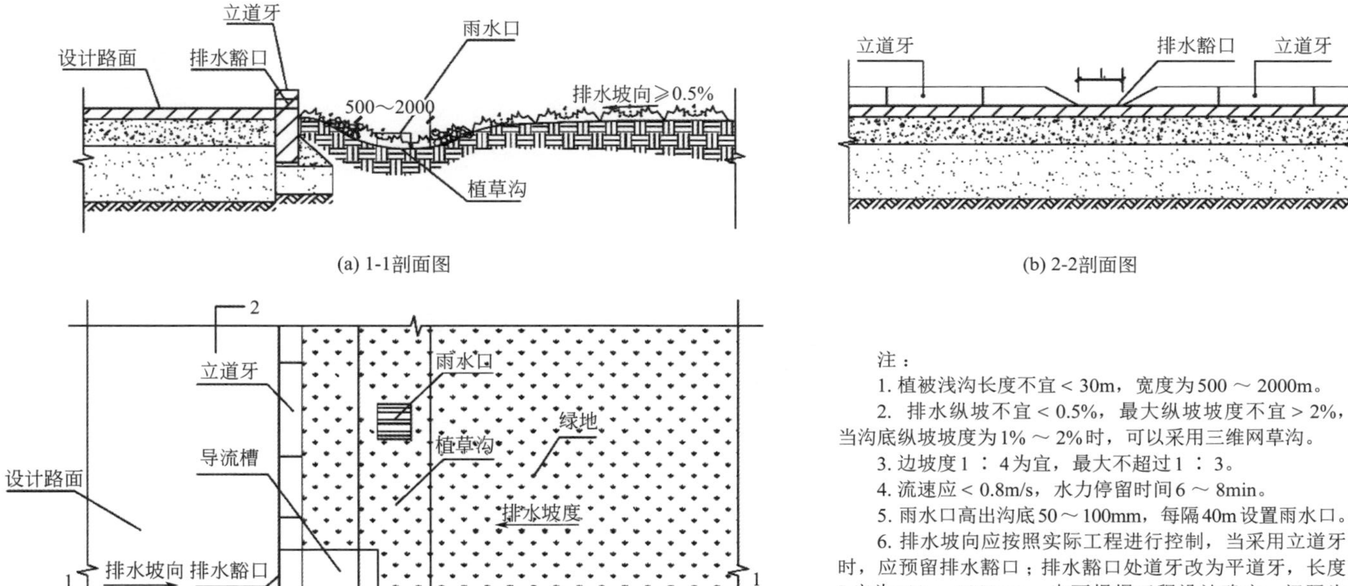

注：

1. 植被浅沟长度不宜＜30m，宽度为500～2000m。

2. 排水纵坡不宜＜0.5%，最大纵坡坡度不宜＞2%，当沟底纵坡坡度为1%～2%时，可以采用三维网草沟。

3. 边坡度1：4为宜，最大不超过1：3。

4. 流速应＜0.8m/s，水力停留时间6～8min。

5. 雨水口高出沟底50～100mm，每隔40m设置雨水口。

6. 排水坡向应按照实际工程进行控制，当采用立道牙时，应预留排水豁口；排水豁口处道牙改为平道牙，长度L宜为500～1000mm，也可根据工程设计确定，间隔为30～40m。

7. 植被浅沟内植物宜选用耐旱类灌木及草本类植物，如麦冬，植株间距为15cm，具有常绿、耐寒、耐旱、耐淹、对土壤要求不严、病虫害少的优点。

8. 如工程需要增渗设施，可在沟底布置渗透式塑料模块暗沟或渗透管，塑料模块暗沟或渗透管为购置成品。

图4-12　植被浅沟收集入渗平面分布图

（11）渗透排水管

渗透排水管如图4-13所示。

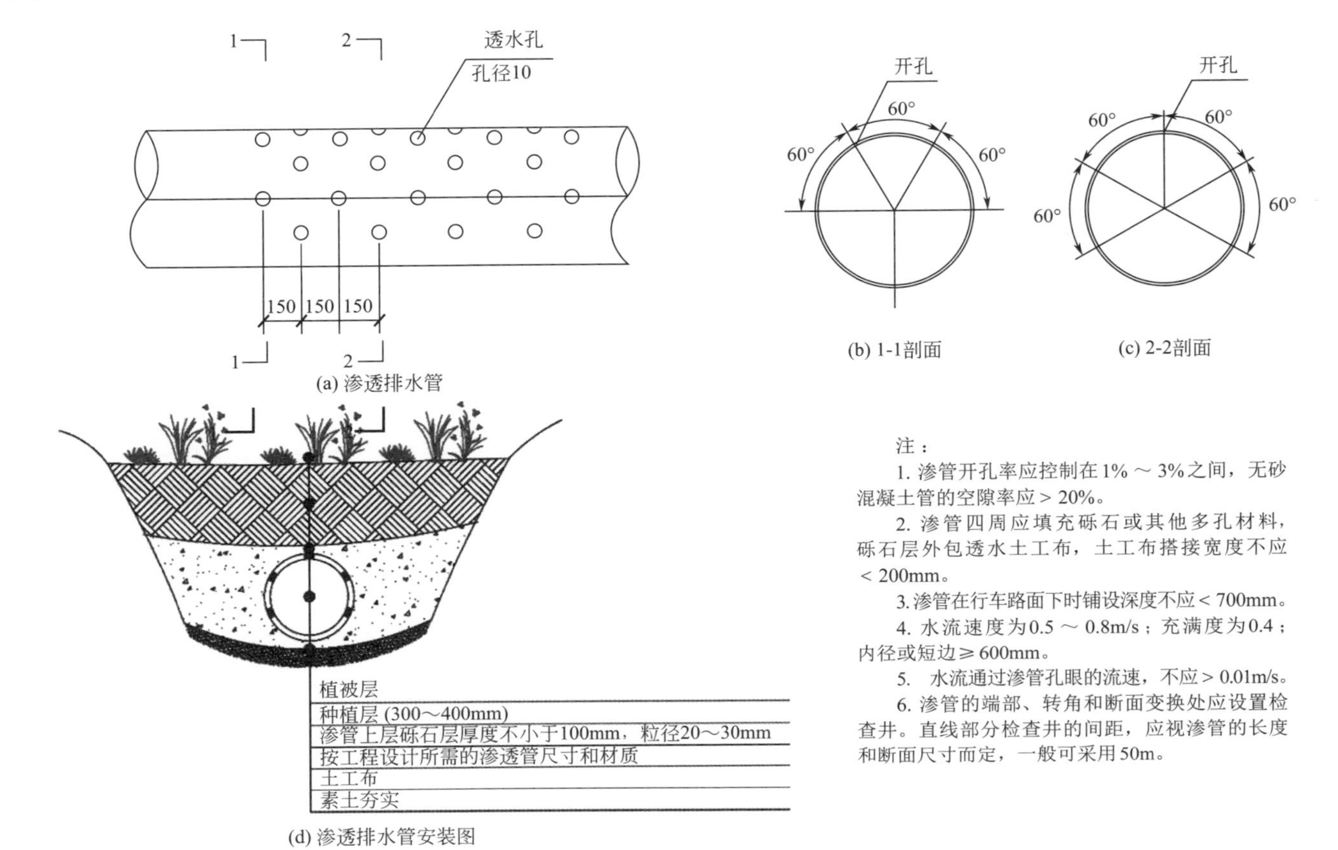

图4-13 渗透排水管

（12）渗透井

渗透井见图4-14。

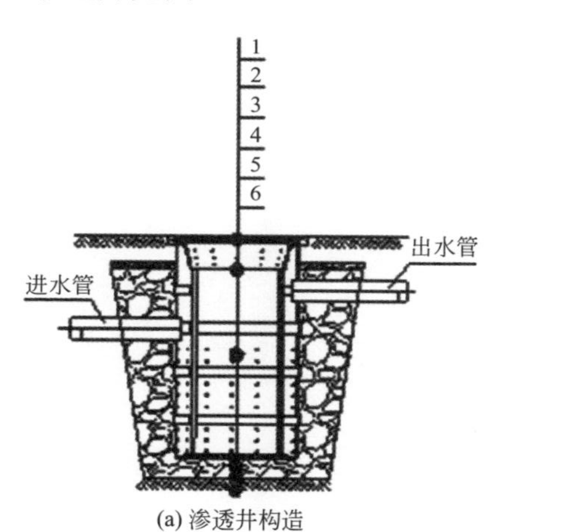

(a) 渗透井构造

名称编号对照表

编号	名称
1	雨水井盖板
2	截污挂篮
3	渗 井
4	碎石层
5	透水土工布
6	夯实素土

注：

1. 渗透井的进水管管顶标高应低于出水管管底标高，即 $\Delta H_1 \geqslant 0$。

2. 仅承担渗透功能时，$\Delta H_2 = \Delta H_1 + D$。当还需承担排放功能，渗透管-排放一体化设施的排水能力由水力计算确定，以满流工况计算，$\Delta H_2 > \Delta H_1 + D$，具体高度由设计单位确定。

3. $D \geqslant 150$mm时，管道敷设坡度为0.01～0.02。

4. 沟渠由碎石填充的部分为雨水储存容积，其断面尺寸经计算确定。

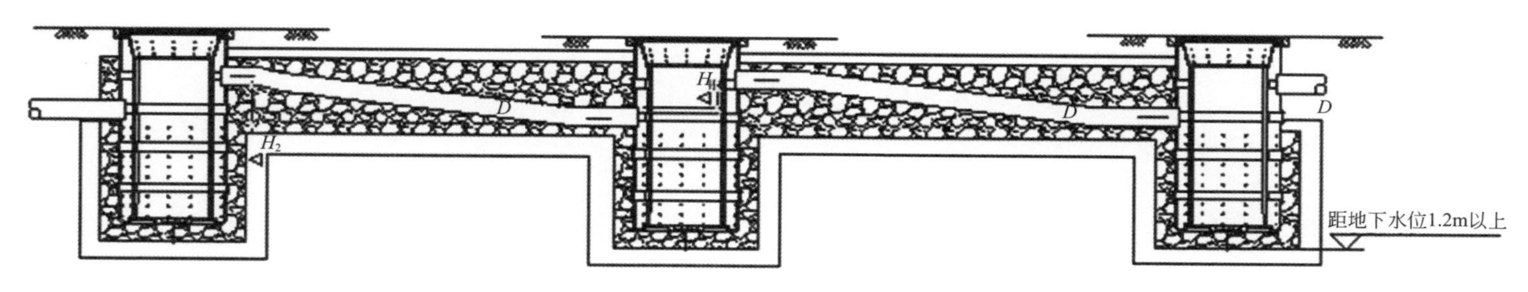

(b) 渗透排放一体化系统示意

图4-14　渗透井

（13）下沉式绿地雨水控制利用系统剖面图

下沉式绿地雨水控制利用系统剖面见图4-15。

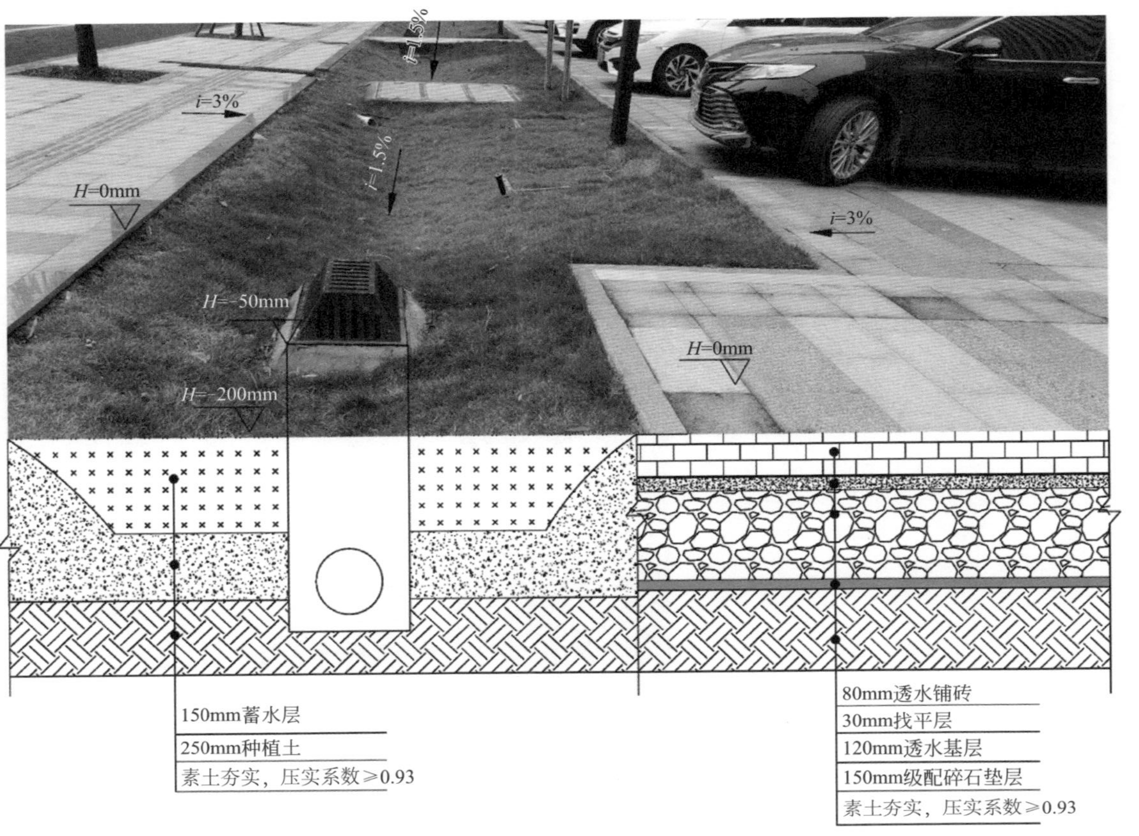

图4-15　下沉式绿地雨水控制利用系统剖面图

（14）植被浅沟雨水控制利用系统剖面图

植被浅沟雨水控制利用系统剖面见图4-16。

说明：

1. 改性种植土为优化后的改良土，利用原有场地的资源提高土壤的渗透性和植被的生存条件，即：土∶砂∶绿化植物废弃物∶有机肥 = 7∶5∶2∶1。

2. 渗透型植被浅沟的土壤渗透系数不低于2.5cm/h，植草沟的底部排水层铺设有渗排管 DN = 50mm，外包土工布。

3. 透水铺装的渗透层也应铺设渗管，尤其在南方地区，防止积水滋生青苔，渗排管排入两侧的植被浅沟中，或与植被浅沟的渗排管连接。

图4-16　植被浅沟雨水控制利用系统剖面

4.2.3 停车场雨水收集入渗系统改造设计

停车场雨水收集入渗改造设计说明如下。

（1）改造的问题

老旧建筑小区的停车场具有透水性差、车辆活动频繁、管理维护水平低等特点，这些特点造成停车场破损严重、面源污染大、内涝积水时有发生等问题，给小区的环境和居民的财产安全造成一定的影响。

（2）改造的原则

根据老旧建筑小区的问题和居民反映的情况，以遵守以下3个方面原则对路面进行改造。

1）影响最小

老旧建筑小区具有建筑密度高、空间格局紧密的特点，对停车场进行改造时，降低施工占用面积，减少地面开挖，控制噪声污染，缩短施工工期等，最大限度减少对居民的影响。

2）安全第一

老旧建筑小区具有建筑地基边界不明、结构安全等级较低的特点，对停车场进行改造时，要明确建筑地基的边界线，制定有效的安全距离，再进行合理的海绵化改造。

3）注重实效

老旧建筑小区的路面改造，一方面解决居民所遇到的问题，另一方面要体现海绵的理念和思想，最大限度地实现雨水的有效控制与利用。

（3）改造设施种类

1）停车场的承载层采用高强度的透水铺砖、透水混凝土、透水沥青面、模块化透水铺装、嵌草铺砖等，收排水系统采用雨水收集渗透渠。

2）停车场雨水入渗改造系统分为高强度透水铺装、雨水收集渗透渠、立道牙、导流槽和雨水溢流口，具体包括：

① 高强度的透水铺装可承载普通车辆的重量，具有承载力强、透水性好，去污能力强的特点。

② 雨水收集渗透渠主要负责透水铺装表层和内部雨水径流的收集工作，总体分为雨水箅子，截污挂篮、净化层、渗孔、弃流管等。

③ 立道牙主要是用于稳定整个停车场的透水铺装层。

④ 导流槽是对停车场表层未进行渗透、未进行收集的地表径流进行疏导，使雨水进去相邻的下沉式绿地或植草沟中。

⑤ 雨水溢流口是在停车场雨水排入下沉式绿地的位置设施的雨水过滤排放，防止局部区域积水过深造成局部内涝等问题。

（4）改造设计

1）停车场雨水入渗设施应不引起地质灾害及损害建筑物，下列停车场所在区域不得采用雨水入渗系统：

① 可能造成陡坡坍塌、滑坡灾害的停车场。

② 自重湿陷性黄土、膨胀土和高含盐土等特殊土壤地质场所。

2）设置停车场雨水入渗设施时应满足下列要求：

① 采用土壤入渗时、土壤渗透系数宜 $> 10^{-6}$m/s，且地下水位距渗透面高差 > 1.0m。

② 停车场基层采用渗透时，距离建筑物基础 < 3.0m，不宜改造为入渗类型，若要进行入渗改造，必须采取防渗措施。

③ 停车场的入渗模块的底部和侧壁包覆透水土工布，土工布单位面积质量宜为 200 ～ 300g/m^2，其透水性能应大于所包覆渗透设施的最大渗水要求，并应满足保土性、透水性和防堵性的要求。

④ 埋设停车场下且土壤满足入渗条件时，雨水支管宜采用渗透管排放系统。

3）停车场的雨水引入下沉式绿地或生物滞留设施时，应设置导流槽以进行引流。

4）改造时应注意优化停车场横坡坡向、停车场与绿化带及周边绿化的竖向关系等，停车场宜高于两侧绿地 50 ～ 100mm，便于径流雨水汇入绿地低影响设施内。

5）停车场周边的下沉式绿地及生物滞留设施应设有溢流井。

6）当对雨水进行回用时可在停车场下层设雨水回用池。

（5）停车场雨水收集入渗改造技术路线图

停车场雨水收集入渗改造技术路线如图4-17所示。

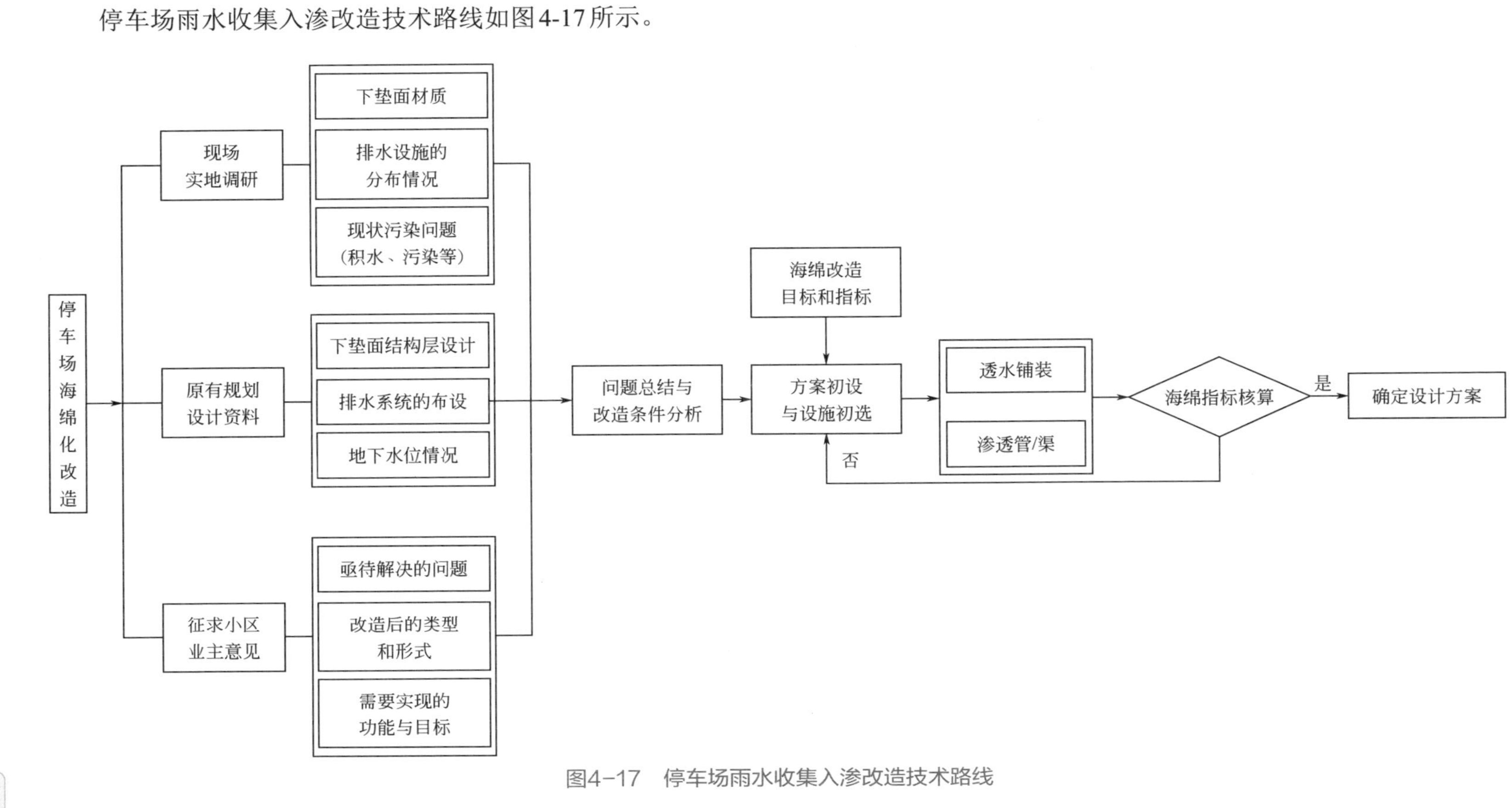

图4-17　停车场雨水收集入渗改造技术路线

（6）停车场雨水收集入渗排放系统

停车场雨水收集入渗排放系统如图4-18所示。

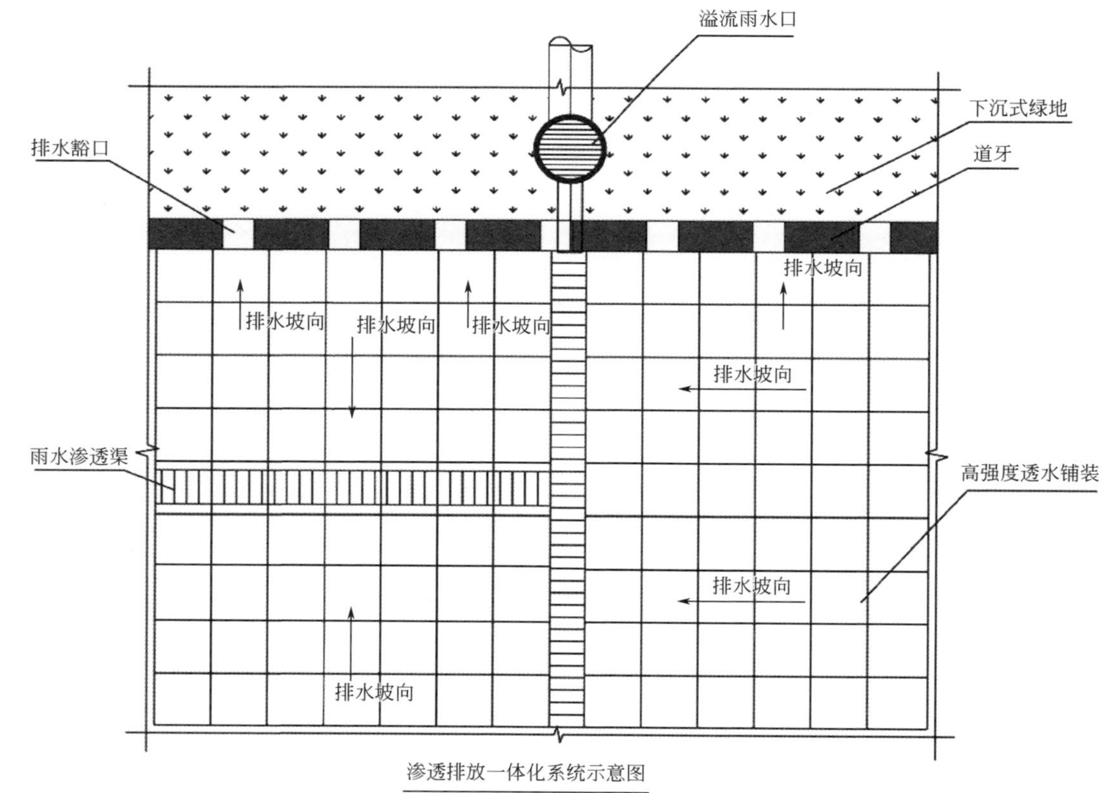

图4-18 停车场雨水收集入渗排放系统

（7）停车场雨水收集入渗排放系统

停车场雨水收集入渗排放系统如图4-19所示。

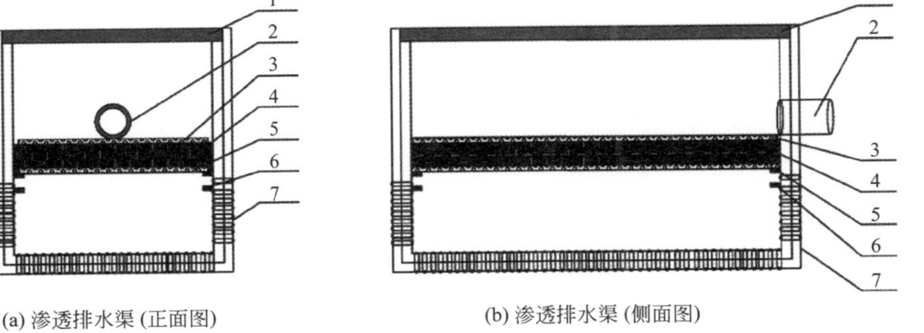

(a) 渗透排水渠 (正面图)

(b) 渗透排水渠 (侧面图)

名称编号对照表

编号	名称
1	雨水箅子
2	出水管
3	上层雨水栅网
4	混合填料层
5	下层雨水栅网
6	可拆装支架
7	透水土工布

排水坡向

排水坡向

50～100

(c) 停车场渗透排放一体化系统示意

注：

1. 透水铺装路面分为透水混凝土路面、透水铺砖路面、透水嵌草砖等。
2. 雨水渠为渗透型排水渠，结构包括雨水篦子、上层雨水栅网、混合填料层、下层雨水栅网、可拆装支架、出水管，整个渗透排水渠为HDPE材质。
3. 雨水篦子的宽度范围300～400mm，栅格宽度范围20～25mm，栅格条间隙20～25mm，材质HDPE材质。
4. 上层透水栅网和下层透水栅网设置圆孔，所述圆孔直径2mm，上层透水栅网和下层透水栅网的开孔率60%～70%，厚度20～30mm，材质为HDPE材质。
5. 混合填料层包括活性氧化铝和活性炭混合填料，粒径10～15mm。
6. 可拆装支架为HDPE材质。

图4-19 停车场雨水收集入渗排放系统

（8）停车场雨水收集入渗系统剖面图

停车场雨水收集入渗系统剖面如图4-20所示。

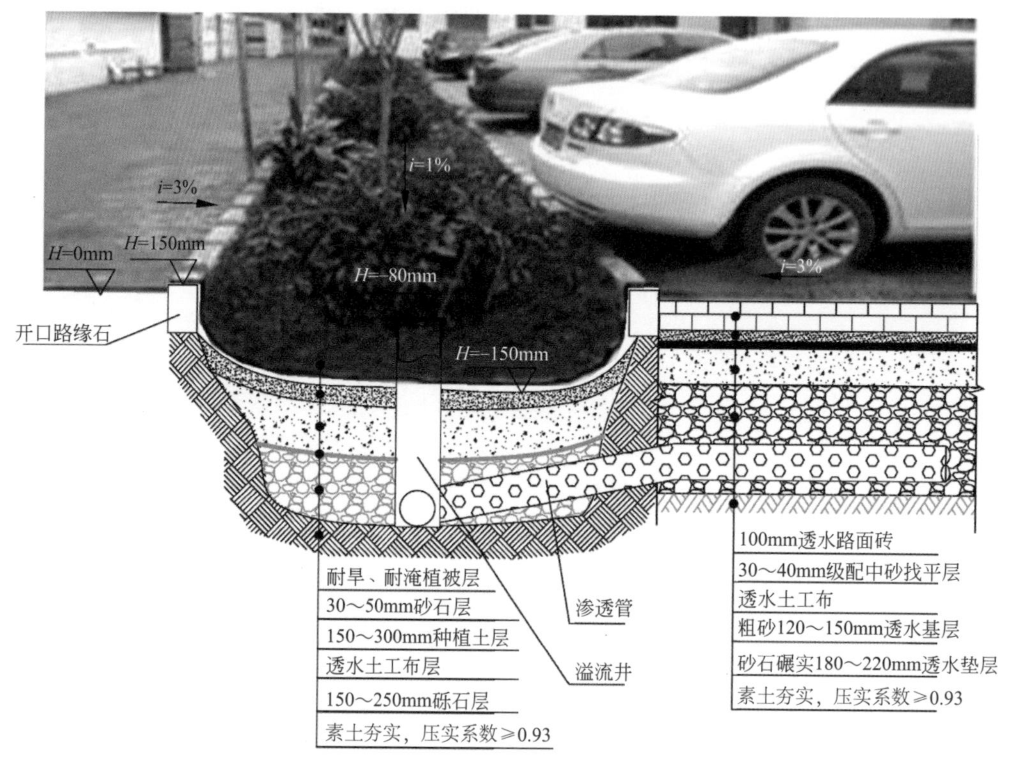

图4-20 停车场雨水收集入渗系统剖面图

4.2.4 广场雨水收集入渗系统改造设计

广场雨水收集入渗改造设计说明如下。

(1)改造的问题

老旧建筑小区的广场分为小区入口广场和休闲娱乐广场，一般广场的人口活动量大、车辆出入频繁，容易造成地表污染物积存严重，再加上缺乏良好的管理维护，部分地面处破损形成低洼，在降雨时易造成内涝积水、形成的径流污染较大问题，给小区环境和居民财产造成一定的威胁。

（2）改造的原则

根据老旧建筑小区的问题和居民反映的情况，对广场进行改造时遵守以下3个方面原则。

1）影响最小

减少场地占用空间，降低噪声污染频率，在保质保量的前提下提高工作效率，缩短施工时间。

2）安全第一

充分考虑广场的使用条件和可承载的压力负荷，选择适宜的透水设施，同时要充分考虑周边建筑基层的安全距离，科学合理使用渗排设施。

3）注重实效

一方面要解决广场现有的问题，另一方面要体现海绵的理念和思想，最大限度地实现雨水的有效控制与利用。

（3）改造设施种类

① 广场的承载层采用高强度的透水铺砖、透水混凝土、透水沥青面、模块化透水铺装、嵌草铺砖等，收排水系统宜采用雨水收集渗透渠。

② 透水铺装可承载普通车辆的重量，具有承载力强、透水性好、去污能力强的特点。

③ 雨水收集渗透渠主要负责透水铺装表层和内部雨水径流的收集工作，总体分为雨水篦子、截污挂篮、净化层、渗孔、弃流管等。

④ 广场两侧的路缘石为开口型，便于雨水进入周边的绿地中。

⑤ 在广场与绿地之间设置导流槽，对广场表层未进行渗透、未进行收集的地表径流进行疏导，使雨水进去相邻的下沉绿地或植草沟中。

⑥ 雨水溢流口是在广场雨水排入下沉绿地的位置设施的雨水过流排放，防止局部区域积水过深造成局部内涝问题。

（4）改造设计

1）广场雨水入渗设施应不引起地质灾害及损害建筑物，下列区域的广场不得采用雨水入渗系统：

① 可能造成陡坡坍塌、滑坡灾害的停车场。

② 自重湿陷性黄土、膨胀土和高含盐土等特殊土壤地质场所。

2）设置广场雨水入渗设施时应满足下列要求：

① 采用土壤入渗时，土壤渗透系数在10^{-6}～10^{-3}m/s之间，且地下水位距渗透面高差 > 1.0m。

② 广场基地采用入渗时，距离建筑物基础 < 3.0m，不宜改造为入渗类型，若要进行入渗改造，必须采取防渗措施。

③ 广场的入渗模块的底部和侧壁包覆透水土工布，土工布单位面积质量宜为200～300g/m^2，其透水性能应大于所包覆渗透设施的最大渗水要求，并应满足保土性、透水性和防堵性的要求。

④ 埋设广场下且土壤满足入渗条件时，雨水支管宜采用渗透管排放系统。

3）改造时应注意优化广场的横坡坡向，与绿化带及周边绿化的竖向关系等，广场宜高于两侧绿地50～100mm，便于径流雨水汇入绿地低影响设施内。

4）广场周边的下沉式绿地及生物滞留设施应设有溢流排水措施。

（5）广场雨水收集入渗改造技术路线图

广场雨水收集入渗改造技术路线如图4-21所示。

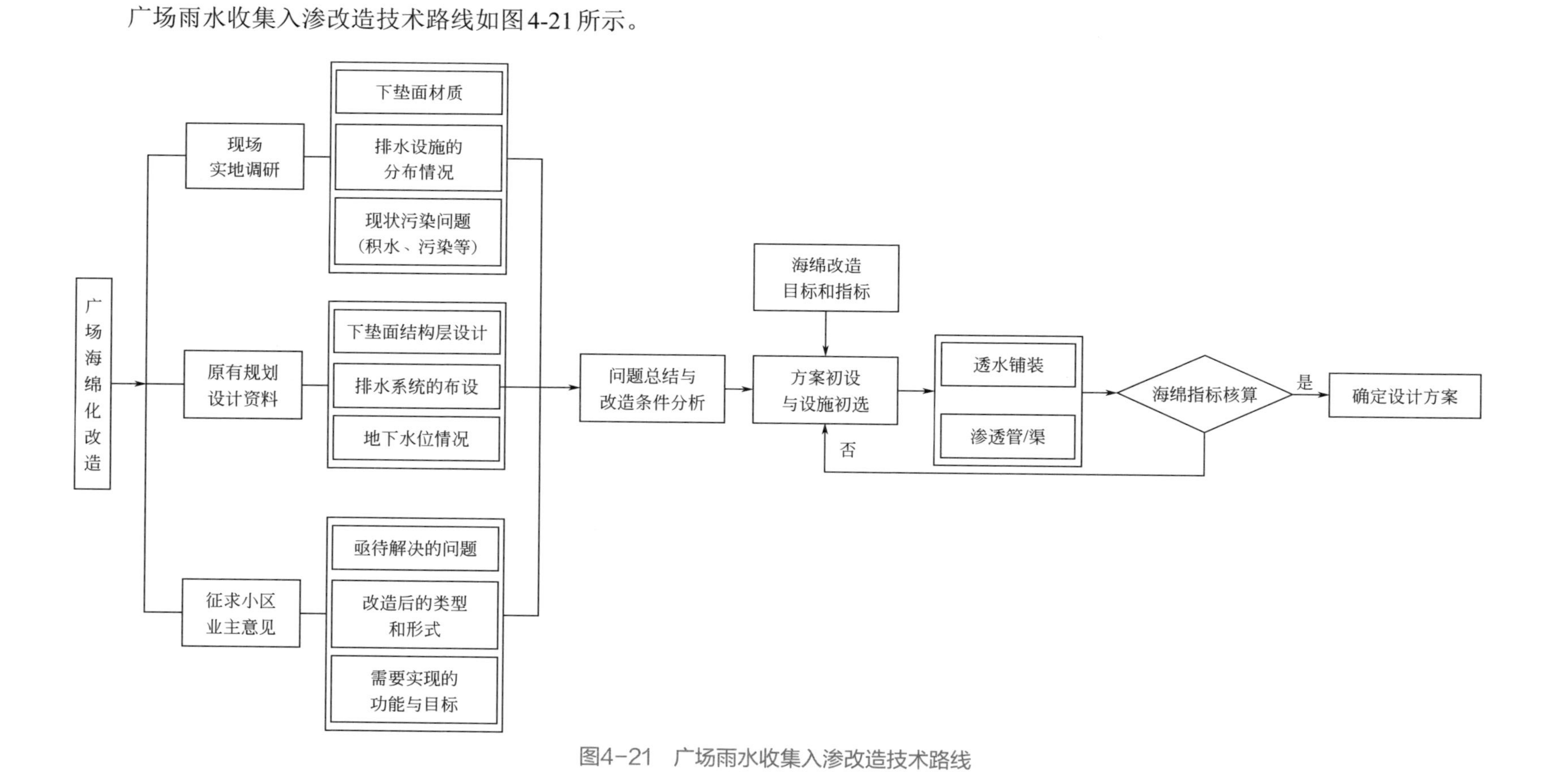

图4-21　广场雨水收集入渗改造技术路线

（6）广场雨水收集入渗改造平面布置

广场雨水收集入渗改造平面布置如图4-22所示。

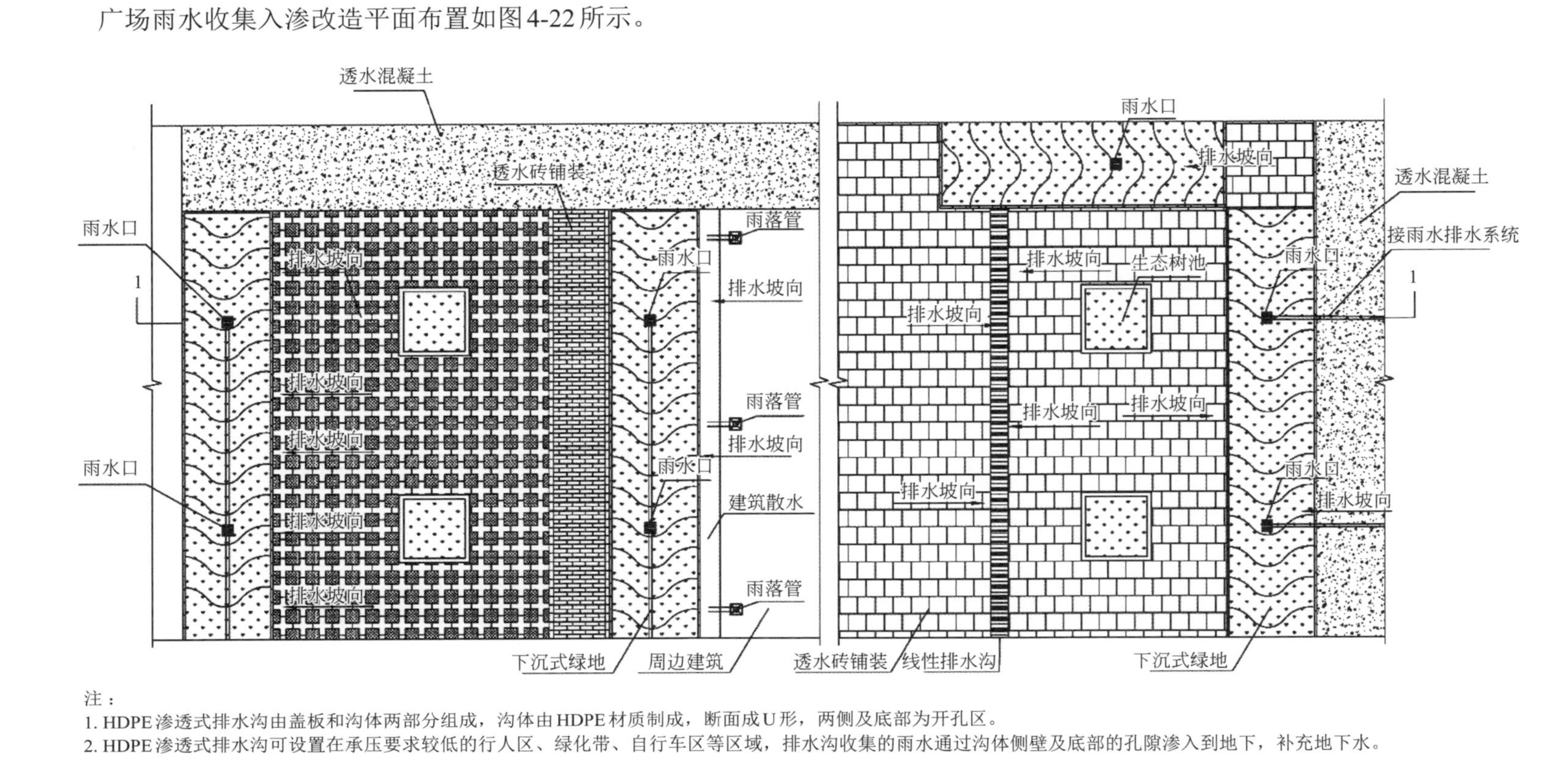

注：
1. HDPE渗透式排水沟由盖板和沟体两部分组成，沟体由HDPE材质制成，断面成U形，两侧及底部为开孔区。
2. HDPE渗透式排水沟可设置在承压要求较低的行人区、绿化带、自行车区等区域，排水沟收集的雨水通过沟体侧壁及底部的孔隙渗入到地下，补充地下水。

图4-22　广场雨水收集入渗改造平面布置

（7）广场雨水收集入渗剖面图

广场雨水收集入渗剖面如图4-23所示。

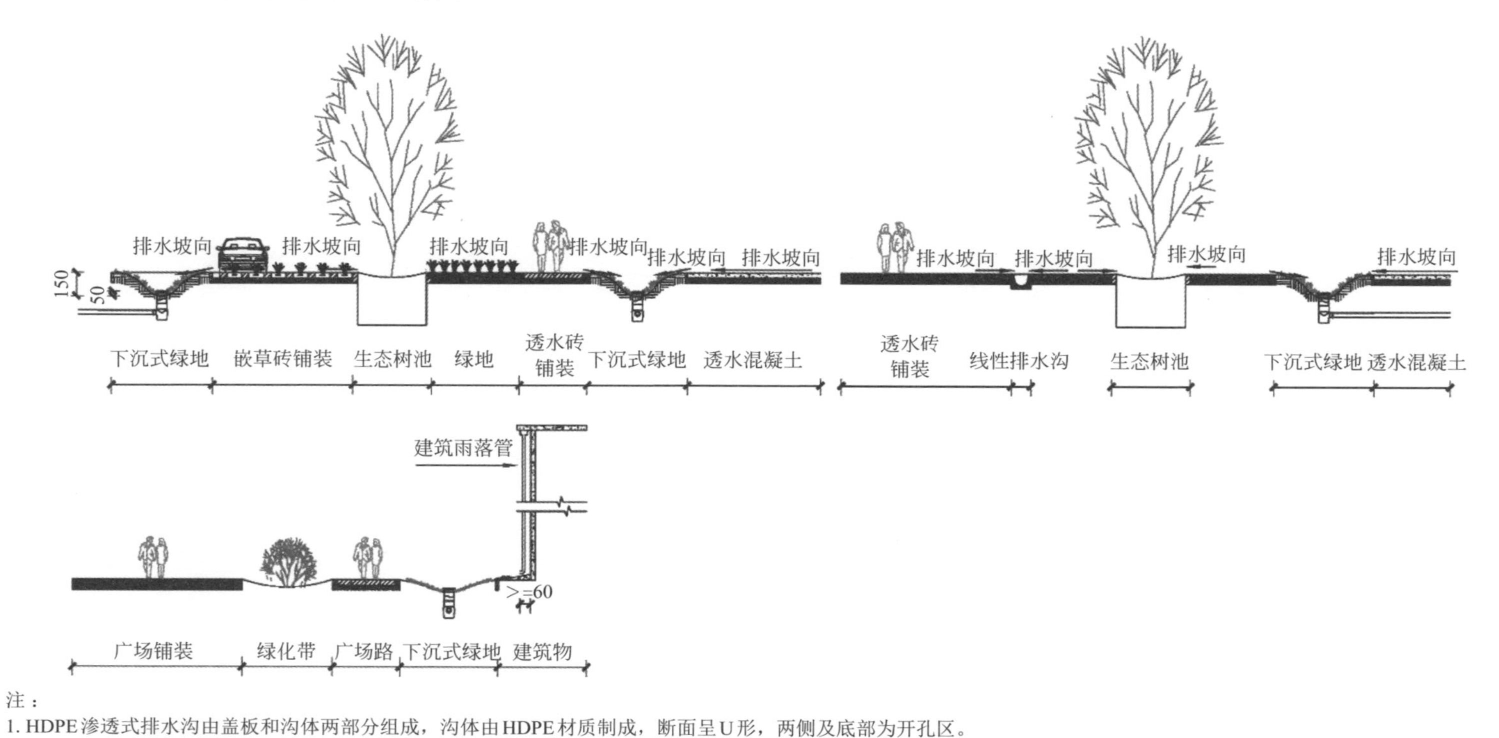

注：

1. HDPE渗透式排水沟由盖板和沟体两部分组成，沟体由HDPE材质制成，断面呈U形，两侧及底部为开孔区。
2. HDPE渗透式排水沟可设置在承压要求较低的行人区、绿化带、自行车区等区域，排水沟收集的雨水通过沟体侧壁及底部的孔隙渗入到地下，补充地下水。

图4-23　广场雨水收集入渗剖面（单位：mm）

（8）广场雨水收集入渗系统剖面图

广场雨水收集入渗系统剖面如图4-24所示。

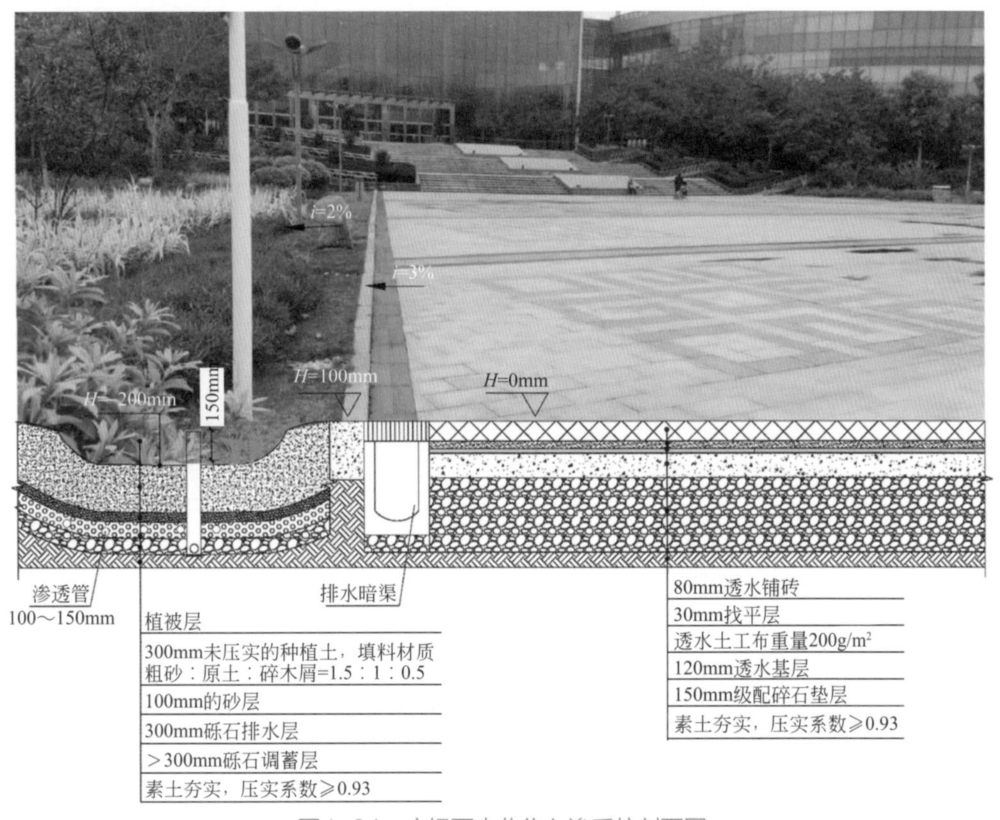

图4-24 广场雨水收集入渗系统剖面图

4.2.5 屋面雨水收集利用系统改造设计

屋面雨水收集入渗改造设计说明如下。

（1）改造的问题

老旧建筑小区的屋面具有保温性能差、防水性能低、硬化比例高、材料环保性差等特点，这些特点易造成屋面雨水径流污染浓度高、热岛效应明显等问题。

（2）改造的原则

根据老旧建筑小区屋面的问题和居民的需求情况，遵守以下3个方面对屋面雨水系统进行改造。

1）安全布局为先

老旧建筑小区建筑结构安全性不高，建筑本身承载力大，充分了解各个屋面的可承载力，选择安全可靠的改造形式。

2）功能生态融合

在安全设计的基础上，综合考虑老旧建筑小区原有的漏雨、不保温等问题，实现防渗能力强、保温效果好、缓解热传导的绿色屋顶。

3）海绵理念体现

合理控制雨水径流路径，充分利用雨水资源，补充小区内的其他用水设施。

（3）改造设施种类

1）老旧建筑小区屋顶改造分为简单式绿色屋顶和花园式绿色屋顶。

① 简单式绿色屋顶也称作拓展式绿色屋顶，其以苔藓和草本植物为植物群落。种植厚度在100～300mm，屋面每平方米承载质量为100～200kg，具有无需额外浇水和维护成本低的特点。

② 花园式绿色屋顶，其以草坪、灌木和树木为植物群落，种植层厚度达到300～600mm，每平方米承载质量为300～1500kg，需要定期灌溉和维护成本较高的特点。

2）雨水斗是将屋面的雨水进行及时有效的收集，保证屋面不产生大的积水影响屋顶结构安全。

3）雨水罐负责雨水的收集，其大小根据当地降雨特征和汇水面积大小确定。

4）雨水收集回用系统一级处理设施、蓄存设施、净化设施。

（4）改造设计

1）老旧建筑的屋面改造适用于钢筋混凝土基板的平屋顶、坡度≤15%的改造、改建或扩建型的坡屋面。

2）当不对屋面雨水进行收集回用时，宜采用雨水落管断接或设置集水井等方式，将屋面雨水引入距离地基水平距离3m外的低影响设施中。

3）当对屋面雨水进行收集利用时，在雨水立管下方设置雨水桶或高位花坛，对雨水进行利用。

4）当对屋面雨水进行储存回用时，宜将雨水立管接入地面雨水收集回用系统，与其他下垫面的雨水相结合，通过雨水的弃流、收集、储存和净化，再进行回用。

5）地面雨水收集回用系统包括一级处理设施、蓄存设施、净化设施。

① 一级处理设施是综合沉淀、过滤、吸附等工艺于一体进行雨水的一级处理，在分散式处理设施前段设施雨水弃流装置，对屋面前的2～3mm雨水进行弃流。

② 蓄水设施分为一级蓄水池和二级蓄水池。一级蓄水池由池体、进水检查井、取水检查井组成，如采用若干个HDPE模块拼接搭建成箱体，然后用土工布及不透水的PE防渗膜包裹模块箱体组成池体，要求HDPE模块构建的池体其内部孔隙率可达95%。二级蓄水池，即清水储存池可采用HDPE模块材质，由池体和取水检查井组成，清水池池体的构建形式与HDPE模块雨水收集池相同，取水检查井安装在池顶，其下部池底设有回用水泵。

③ 净水设施是对二级蓄水设施中的清水，根据其水质、水量的要求采用紫外线消毒器或消毒剂进行消毒，回用水供水系统设有自动补水装置。

(5) 屋面雨水收集入渗改造技术路线图

屋面雨水收集入渗改造技术路线如图4-25所示。

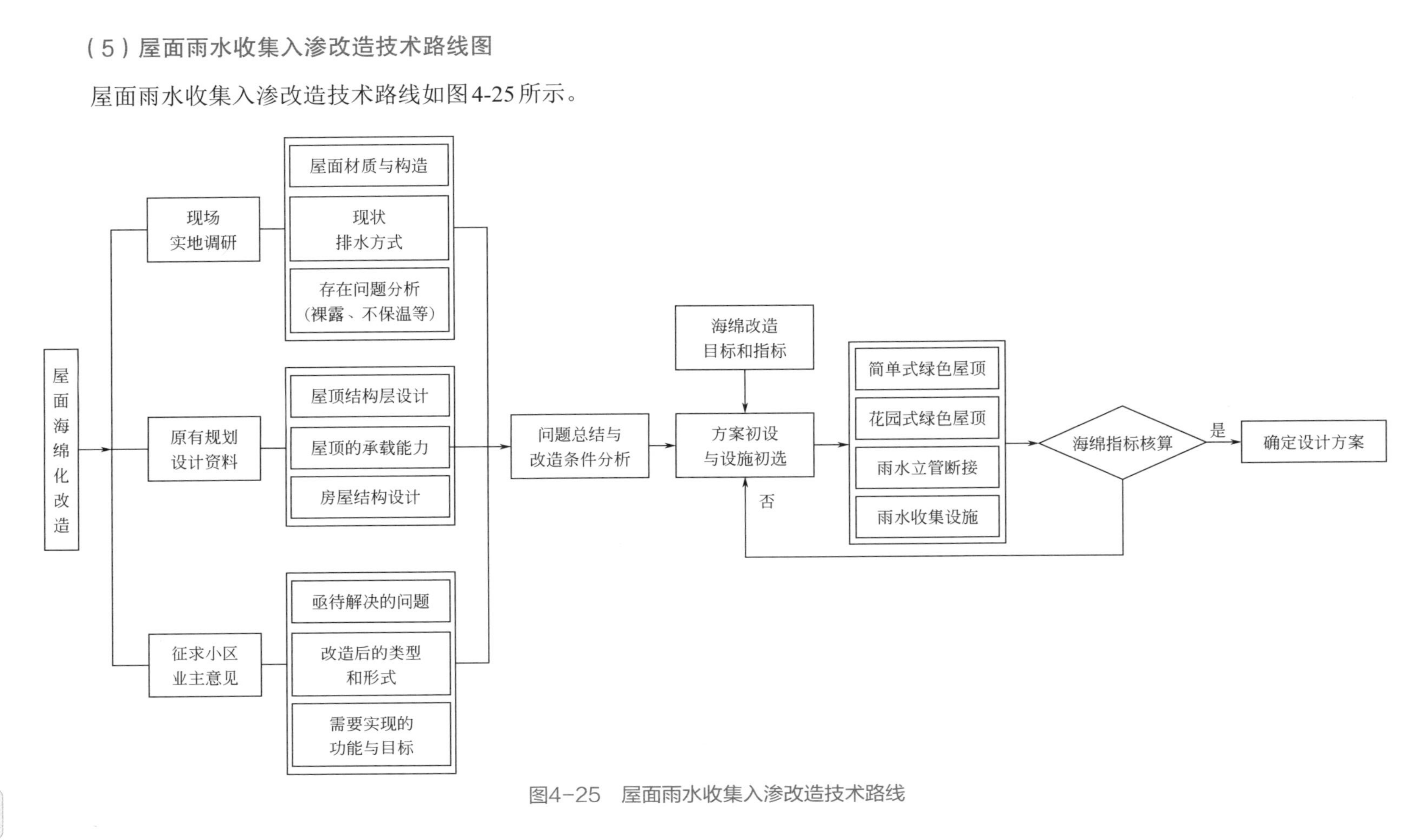

图4-25 屋面雨水收集入渗改造技术路线

(6)简单式绿色屋顶

简单式绿色屋顶如表4-4所列。

表4-4　简单式绿色屋顶

编号	1	2
构造及分层做法	1 2 3 4 5 6 7	1 2 3 4 5 6 7 8 9 10
设计参数	1—植被层选用草坪、地被、小灌木； 2—100～300mm厚种植土； 3—无纺布过滤层密度为150～200g/m^2； 4—15～20mm高凹凸型蓄（排）水层； 5—20mm厚1∶3水泥砂浆保护层； 6—隔离层； 7—耐刺穿负荷防水层	1—植被层选用草坪、地被、小灌木； 2—100～300mm厚种植土； 3—无纺布过滤层密度为150～200g/m^2； 4—15～20mm高凹凸型蓄（排）水层； 5—20mm厚1∶3水泥砂浆保护层； 6—隔离层； 7—耐刺穿负荷防水层； 8—找平层； 9—保温层； 10—30mm厚1∶3水泥砂浆隔离层
备注	针对于保温层满足节能设计要求，防水层实效的简单式种植。	针对于防水层有效，保温层不满足节能设计要求的简单式种植。

（7）花园式绿色屋顶

花园式绿色屋顶如图4-26所示。

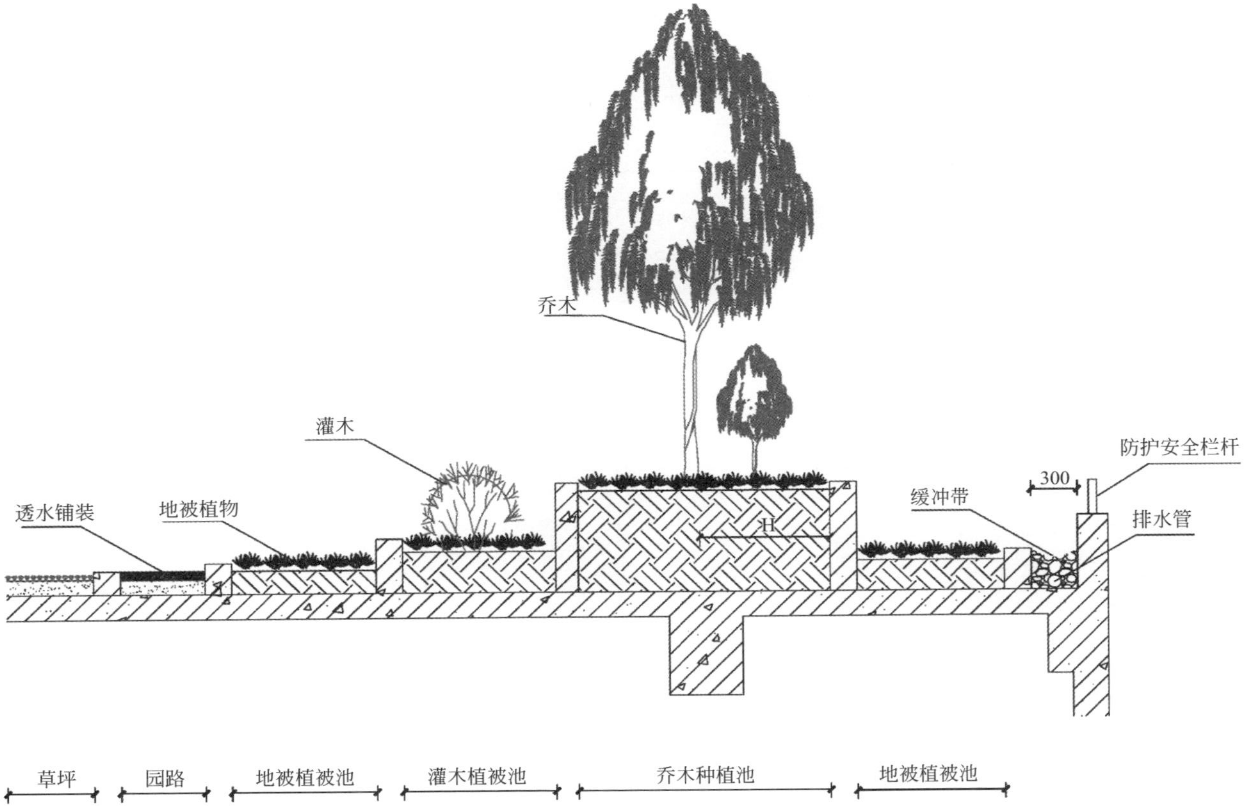

图4-26　花园式绿色屋顶（单位：mm）

（8）绿色屋顶雨水斗

绿色屋顶雨水斗如图4-27所示。

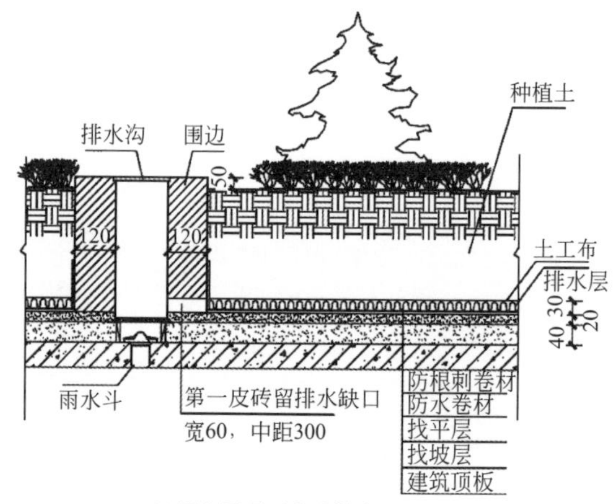

(a) 绿色屋顶雨水斗做法 (一)

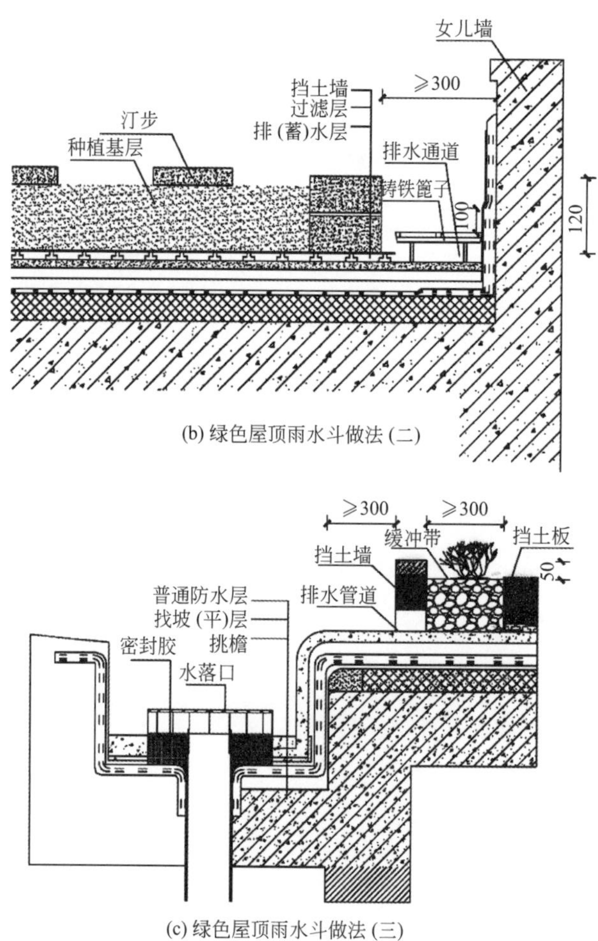

(b) 绿色屋顶雨水斗做法 (二)

(c) 绿色屋顶雨水斗做法 (三)

图4-27　绿色屋顶雨水斗（单位：mm）

（9）屋面雨水散水排水口做法

屋面雨水散水排水口做法如图4-28所示。

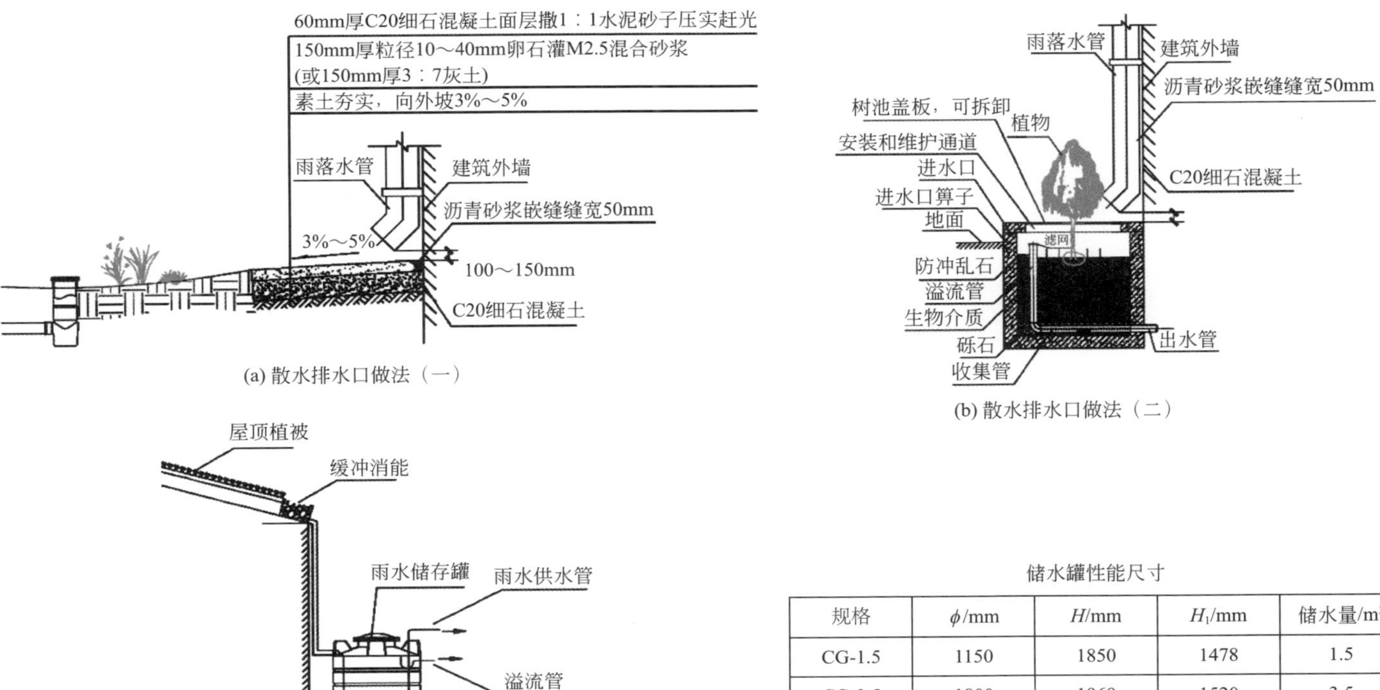

储水罐性能尺寸

规格	ϕ/mm	H/mm	H_1/mm	储水量/m^3
CG-1.5	1150	1850	1478	1.5
CG-3.5	1800	1969	1520	3.5
CG-5.0	2290	2200	1580	5.0

注：CG-1.5、CG-3.5和CG-5.0型雨水储罐选用PE材质，适于安放在地面上。收集屋面或其他集流场所的雨水。选用自动化供水设备将储水用于浇灌。

图4-28 屋面雨水散水排水口做法

（10）屋顶雨水控制利用系统图

屋顶雨水控制利用系统如图4-29所示。

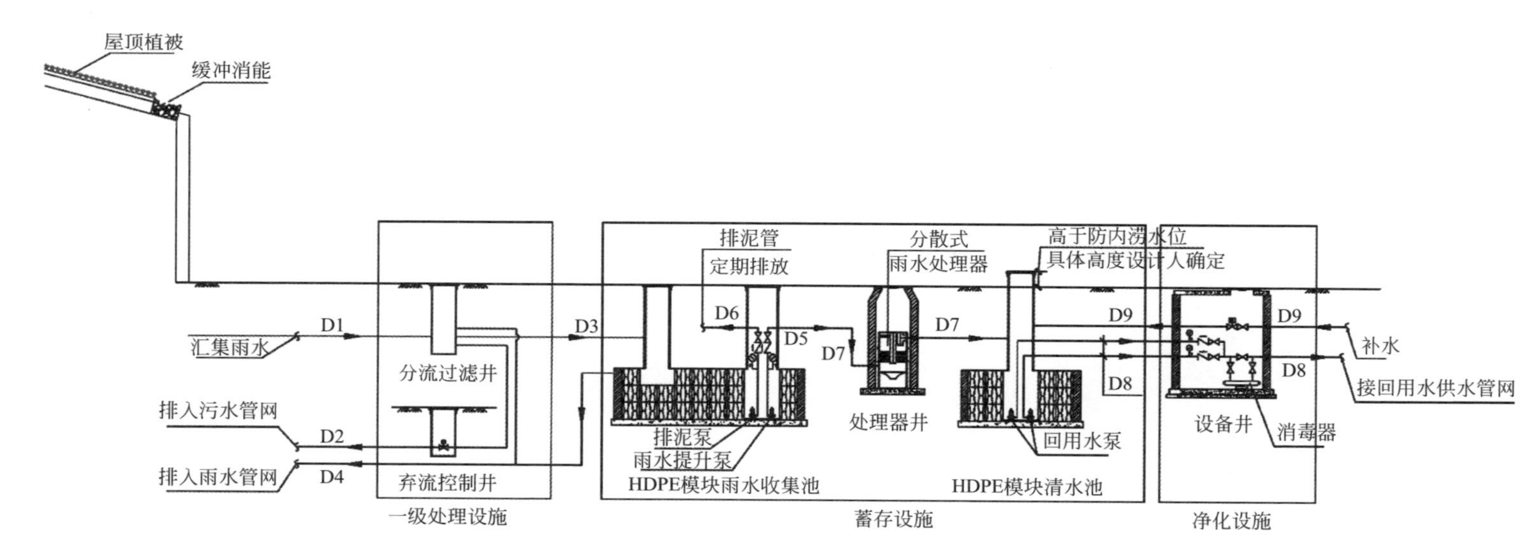

(a) 屋面雨水收集回用系统示意

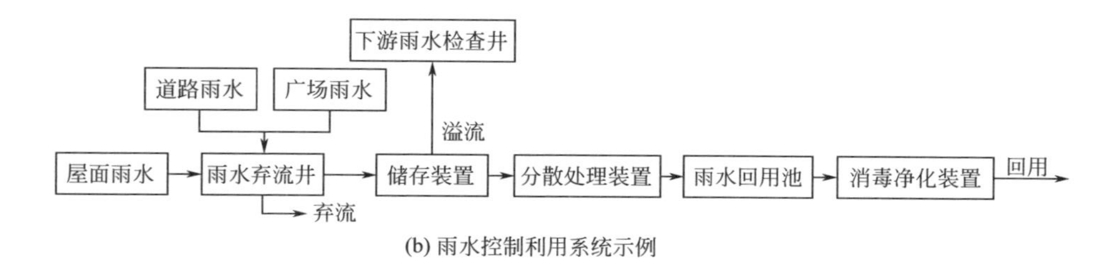

(b) 雨水控制利用系统示例

注：

1.收集屋面或其他集流场所的雨水，选用自动化供水设备将储水用于浇灌绿地、洗车、补充景观水、道路冲洗等多种用途。

2.该套系统可应用于老旧建筑小区中的小型建筑、别墅、洗车场及住宅小区。

图4-29　屋顶雨水控制利用系统

(11) 屋顶雨水控制利用系统剖面图

屋顶雨水控制利用系统剖面如图4-30所示。

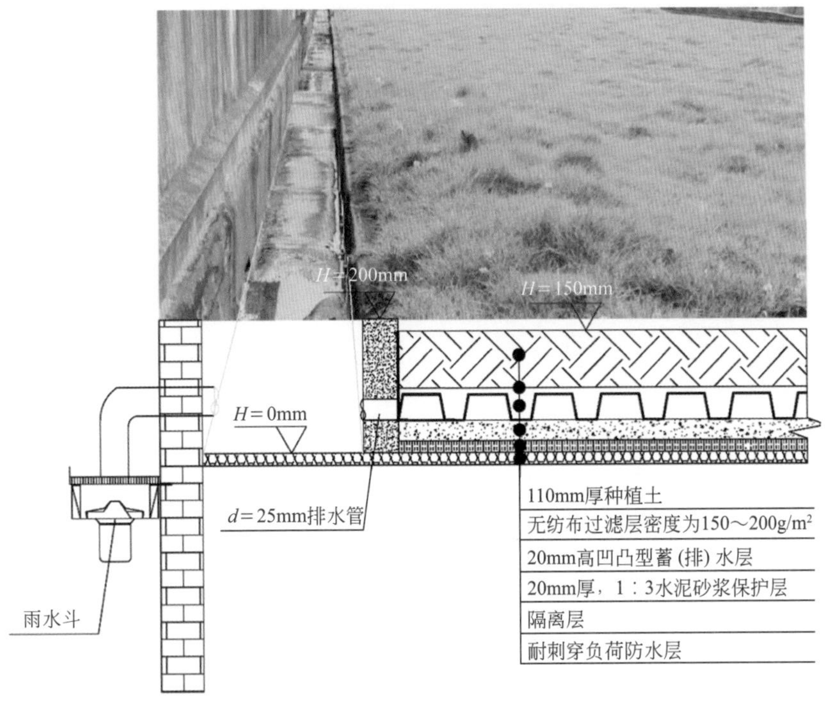

说明：

1. 屋面绿化以浅层的草本植物为主，旱湿相结合，种植土厚度一般不低于100mm。
2. 在绿化层的底部应设置耐刺穿负荷防水层，防止根穿刺，又不影响植物正常生长，同时具有耐腐蚀、耐霉菌、耐候性好特点。
3. 在蓄排水层设置排水管，防治植物根系长期浸泡影响生长。
4. 沿墙排水沟做好防渗透措施，排水坡度不低于0.5%
5. 排水口应设置截污措施，防治淤堵。

图4-30 屋顶雨水控制利用系统剖面

4.3 雨水调节排放系统

雨水调蓄排放系统改造设计说明如下。

(1) 设施种类

雨水蓄排系统一般修建在道路广场、停车场、绿地、公园、城市水系等公共区域的下方，用来收集和储存雨水，作为一种雨水收集设施，它可以将雨水径流的高峰流量暂留期内，待最大流量下降后再从调蓄池中将雨水慢慢地排出。这样既能达到规避雨水洪峰，提高雨水利用率的效果，又能控制初期雨水对受纳水体的污染，还能对排水区域间的排水调度起到积极作用。

本图集收录的设施有景观水池、钢筋混凝土调蓄池、塑料模块蓄水池等。

（2）改造说明

① 老旧建筑小区海绵改造不宜大面积开挖建设，减少对原小区生态环境及小区格局产生的影响，调蓄池的建设应尽量与周边环境融合。

② 对于有景观水体的小区、优先考虑建设地表敞开式调蓄池，即融合景观水体与调蓄功能于一体，打造景观水池。

③ 雨水蓄排系统应结合小区地形、地貌，确定收集方式，合理有组织地收集雨水径流。

④ 蓄水池设溢流设施，当进水量超过蓄水容积时通过雨洪控制将多余的水量溢流排出或停止进水。

⑤ 设置雨水沟、植草沟等，将屋面和道路雨水截留至绿地，雨水溢流进入蓄水模块。

⑥ 施工应充分利用现状绿地，对大乔木进行避让。

⑦ 布设雨水蓄池要充分考虑上空间的使用特性，避免在建筑小区消防通道布设塑料模块和用硅砂砌蓄水池，若要使用必须充分考虑其年限范围内的可承载力。当蓄水池距离建筑基地不足3m时采取一些防渗措施。

（3）设计

1）当水池设置在绿地下时，检修口井盖宜高出地面150mm。

2）雨水储存池前应设有沉泥，截污等设施。

3）雨水调节池应满足流通通道的要求，池底坡向流通通道，水池内通道间距≤30m，检查口设置间距≤40m。

4）调节水池应布置在汇水面下游，当与雨水收集池合用时应分开设置回用容积和调节容积，排空时间等应满足调节池的要求，并应采取措施使池体构造满足调节池的要求。

5）调节水池应设置排空管，宜采用重力流自然排空，必要时可用水泵强排，排空时间不应超过12h，且出水管管径不应超过接纳管的排水能力。

6）雨水储存池应设雨水溢流设施，溢流雨水应采用重力流排出，当出水管为重力排出时可合并使用。

7）溢流设施应符合以下要求：

① 宜与蓄水设施分开设置；

② 溢流雨水应采用重力流排出；

③ 水池前端设有溢流设施时，水池可不再另设溢流管。

8）水池通气管设置应符合以下要求：

① 调节池宜设一根通气管；

② 储存池宜设两根通气管，且高度不同；

③ 通气管出地面位置应与景观相协调。

（4）景观水池蓄排系统

景观水池蓄排系统如图4-31所示。

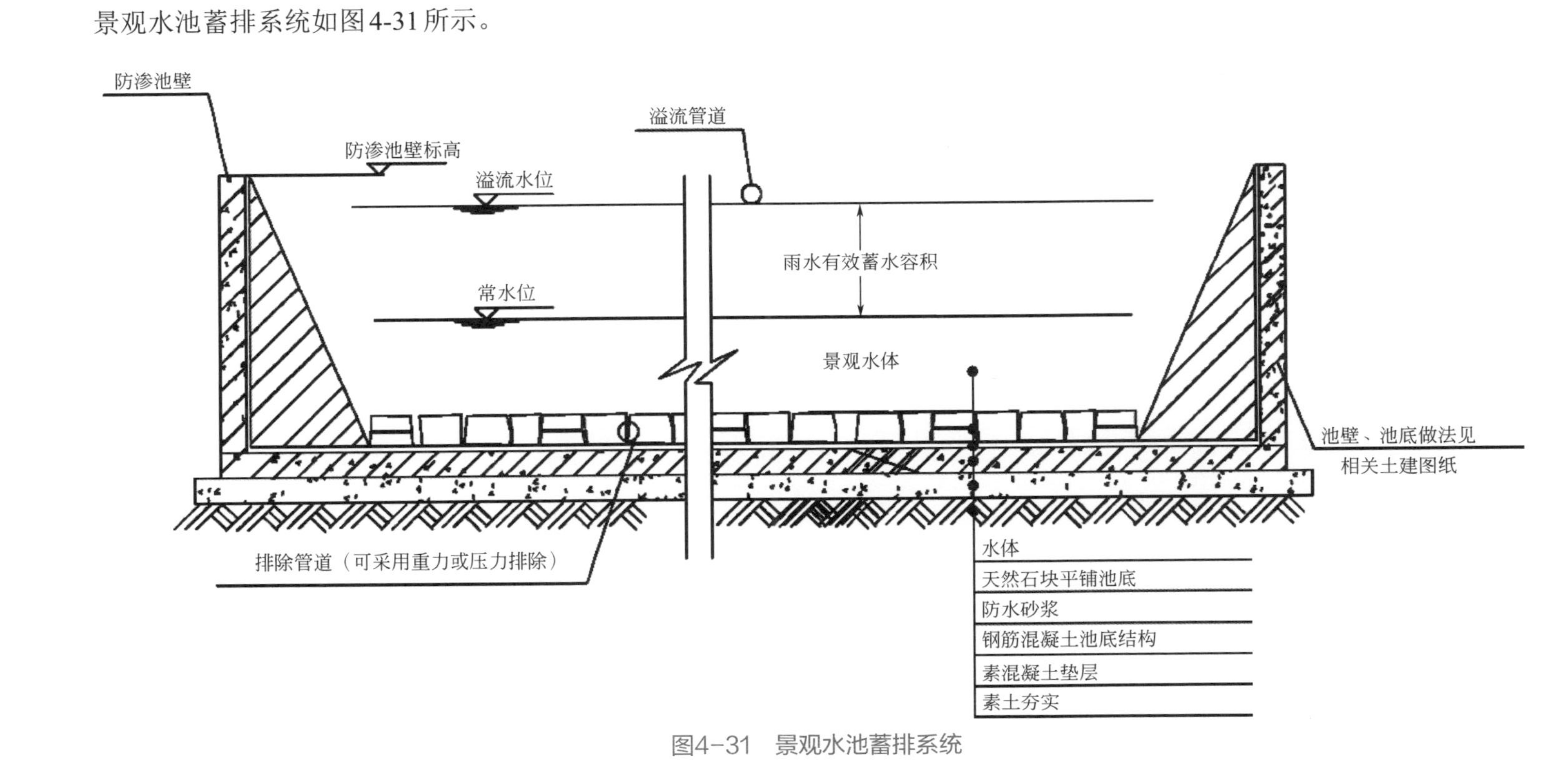

图4-31 景观水池蓄排系统

（5）钢筋混凝土调蓄池蓄排系统

钢筋混凝土调蓄池蓄排系统如图4-32所示。

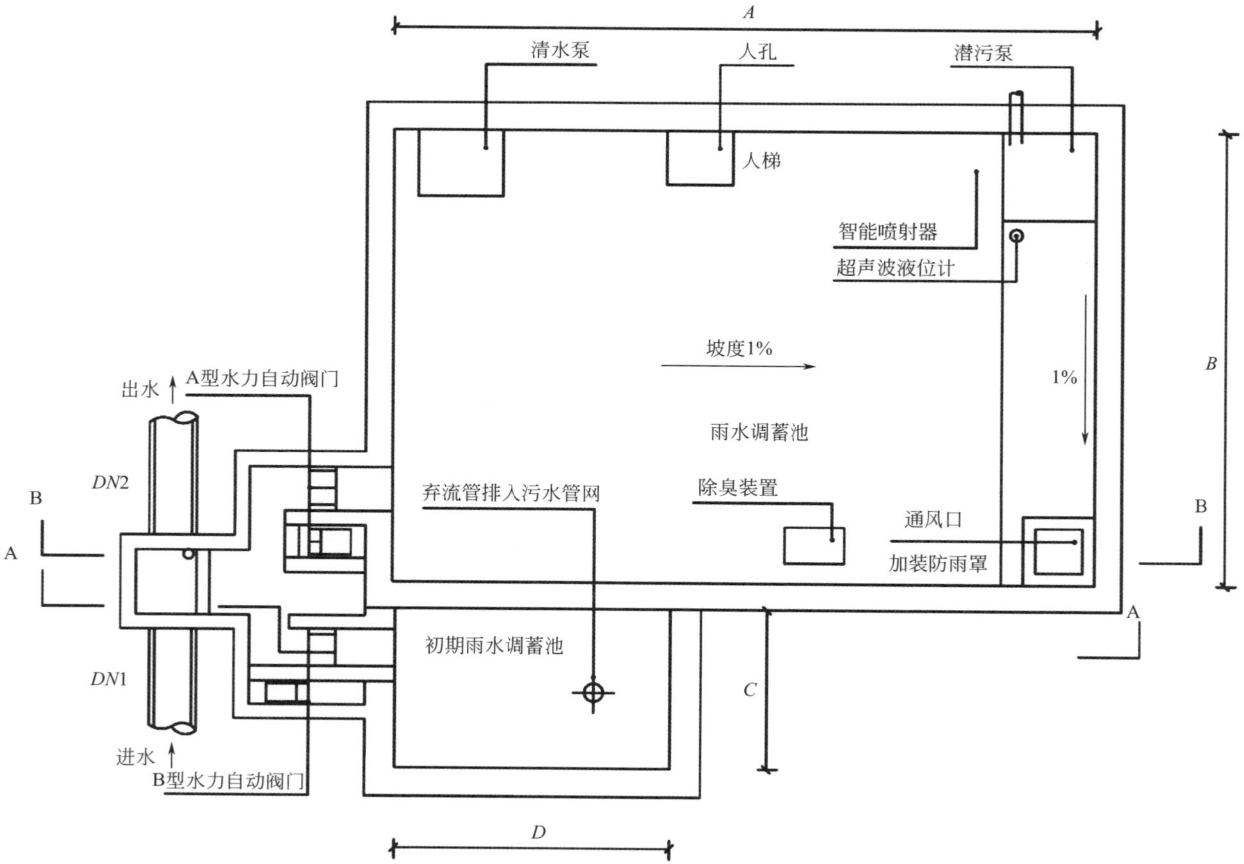

图4-32　钢筋混凝土调蓄池蓄排系统

（6）塑料模块蓄水池蓄排系统平面

塑料模块蓄水池蓄排系统平面见图4-33。

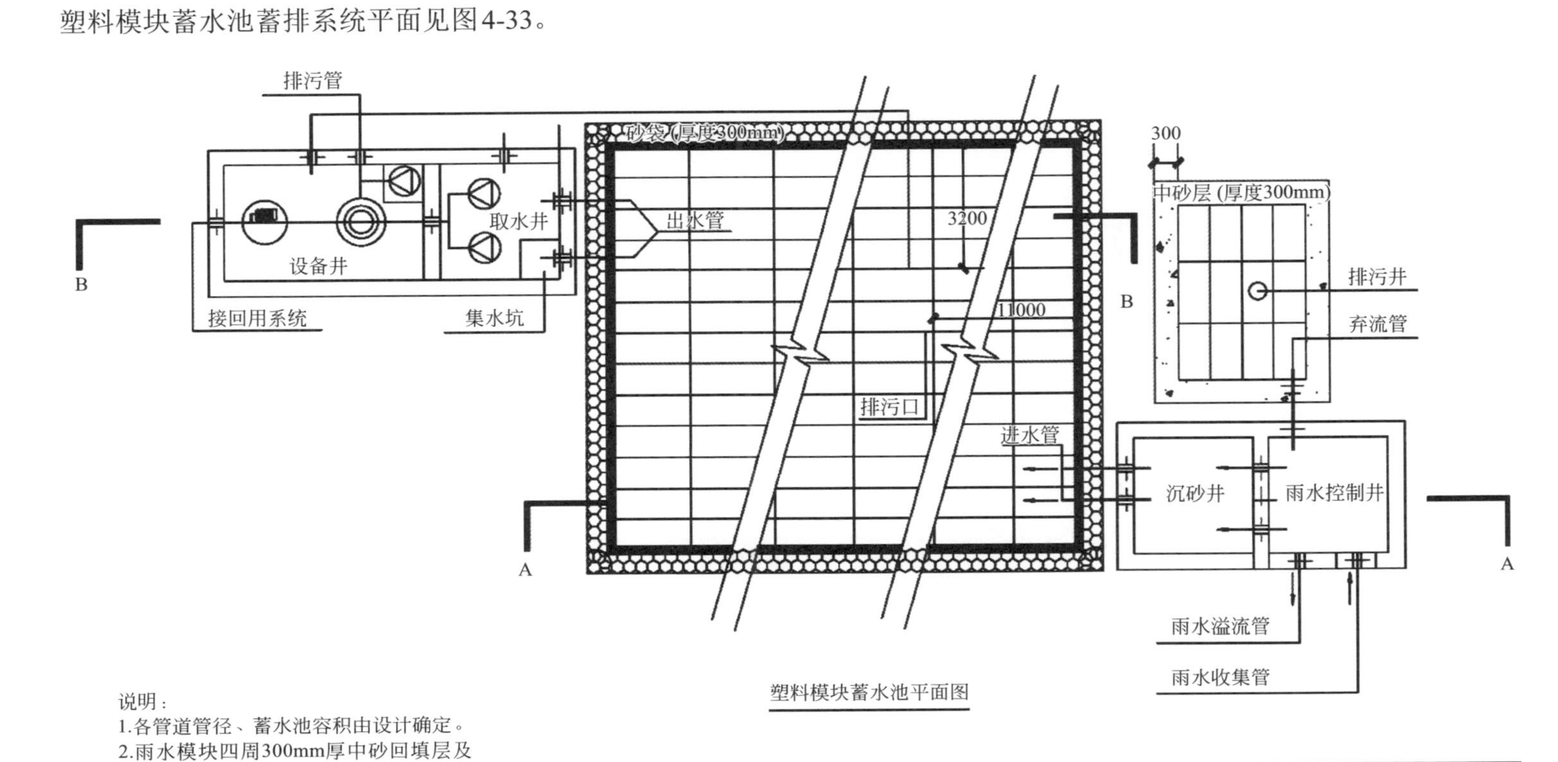

说明：

1.各管道管径、蓄水池容积由设计确定。

2.雨水模块四周300mm厚中砂回填层及覆土层分层系数＞0.94。

3.模块式蓄水池施工安装时需由专业厂家技术人员指导安装。

4.模块水水池基础应根据实际由设计确定，保证基础、模块连接不断裂，不下沉。

强度	水池净深	模块空隙率	覆土深度	适用场合
竖向承载力：0.45N/mm² 横向承载力：0.15N/mm²	最大允许深度：4.8m 常用设计深度：≤3.6m	0.95	最大允许深度：6.0m 常用设计深度：≤3.5m	绿地、停车场、小型车辆行车道

图4-33 塑料模块蓄水池蓄排系统平面（单位：mm）

（7）塑料模块蓄水池蓄排系统剖面

塑料模块蓄水池蓄排系统剖面如图4-34所示。

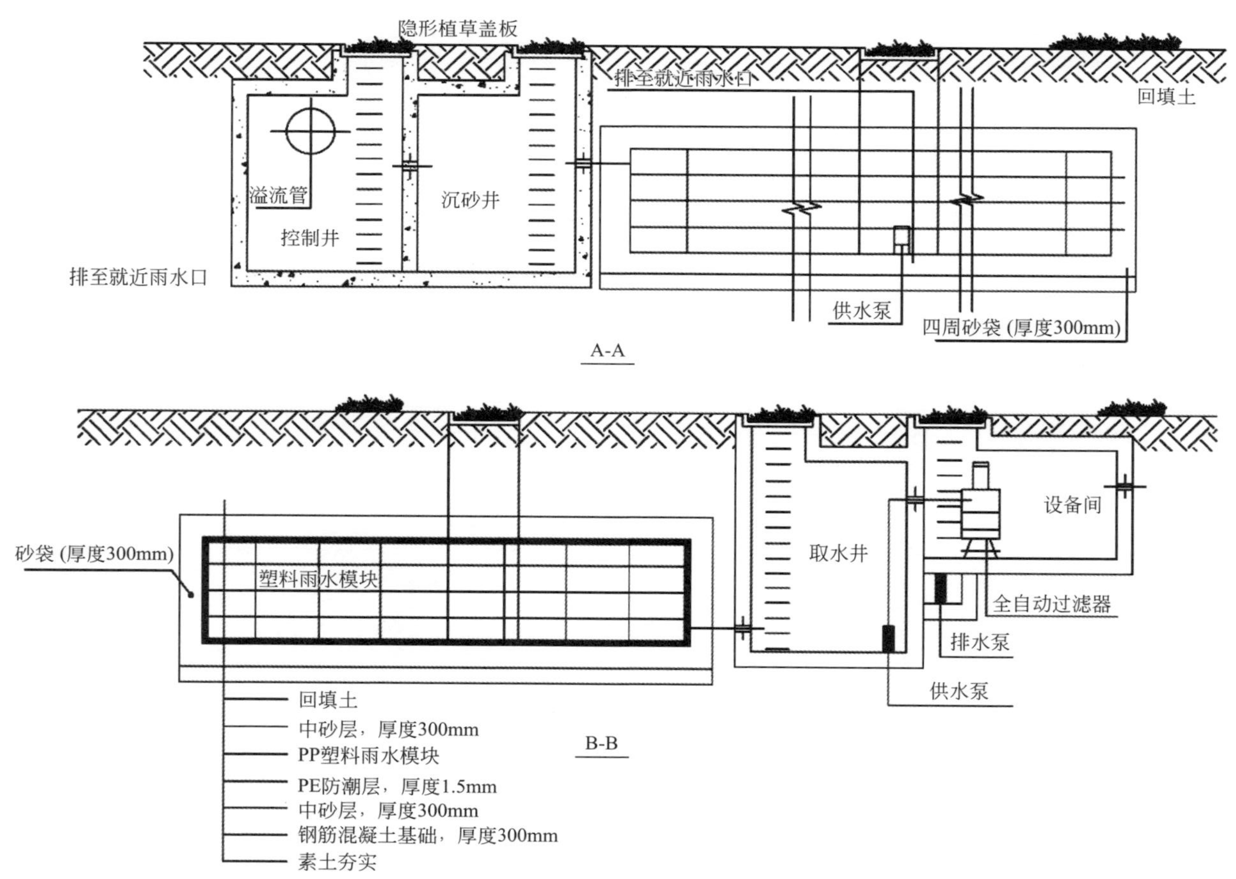

图4-34　塑料模块蓄水池蓄排系统剖面

4.4 雨水净化回用系统

雨水净化储存及回用系统改造设计说明如下。

（1）设施种类

雨水净化存储及回用系统一般修建在道路广场、停车场、绿地、公园、城市水系等公共区域的下方。雨水净化存储及回用改造处理工艺可采用物理法、化学法或多种工艺组合等，雨水水质处理根据原水水质可选择下列工艺流程：

① 雨水→初期径流弃流→景观水体；

② 雨水→初期径流弃流→雨水蓄水池模块（池）沉淀→消毒→雨水清水池；

③ 雨水→初期径流弃流→雨水蓄水（池）沉淀→过滤→消毒→雨水清水池。

雨水调蓄设施详见《雨水调蓄排放系统》，本章节收录的设施有雨水弃流设施，复合流过滤器。

（2）改造说明

① 对于年均降雨量＜400mm地区的老旧建筑小区改造，不提倡采用雨水净化收集回用系统。

② 应优先收集屋面雨水，不宜收集机动车道路等污染严重的下垫面上的雨水。优先改造现状景观水体和存储设施。

③ 雨水蓄水模块（池）等存储设施应设置在室外绿地、人行道等荷载较小的地区，以避免产生安全隐患。

④ 雨水净化储存及回用设施需要后期长时间、稳定的维护，部分老旧建筑小区存在无物业管理或物业管理水平一般的情况，不宜进行雨水净化及回用改造。

⑤ 雨水收集回用系统设计应进行水量平衡计算，优先使用中水作为补水水源。

⑥ 雨水供水管道上不得装设取水龙头，并应采取防止误接、误用、误饮的措施。

（3）设计

1）净化处理

雨水净化处理可采用生态处理设施、硅砂砌块过滤、管道网筛过滤器、滤料过滤罐或气浮罐等。当原水较差或出水水质要求较高时，一般采用絮凝过滤装置，包括集中处理和分散处理两种形式。

2）储存设施

常用的雨水储存设施有景观水体、塑料模块拼装组合水池、钢筋混凝土水池等，改造尽量不占用原有的公共空间、蓄水模块（池）宜设置在室外地下、雨水储存设施应设有溢流排水措施，溢流排水措施宜采用重力溢流，详见雨水蓄排系统改造中雨水蓄水池、雨水蓄水模块。

3）消毒与回用

处理后的清水可根据水质、水量的要求采用进行消毒。供水系统设有自动补水装置，补水的优先取用中水。

老旧建筑小区回用改造宜采用氯消毒，且宜满足下列要求：

① 雨水处理规模≤100m^3/d时，可采用氯片作为消毒剂；

② 雨水处理规模＞100m^3/d时，可采用次氯酸钠或者其他氯消毒剂消毒。

依据国外运行经验，加氯量在2～4mg/L出水即可满足城市杂用水水质要求。

（4）雨水调蓄排放系统流程

雨水调蓄排放系统流程如图4-35所示。

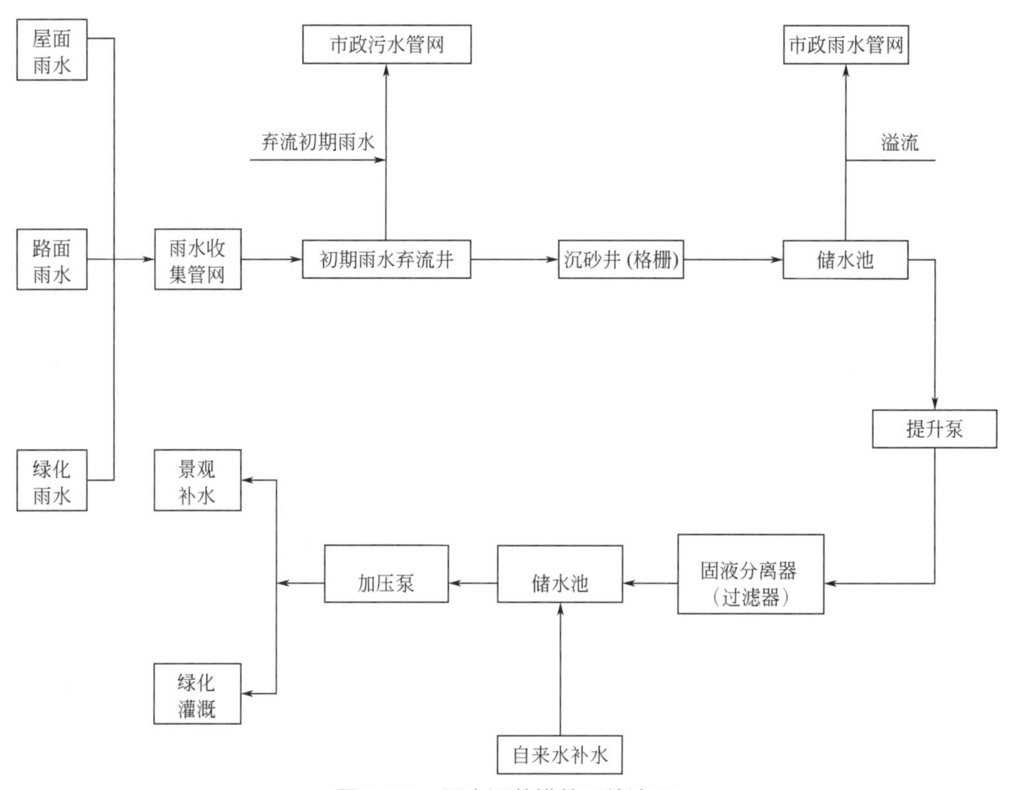

图4-35　雨水调蓄排放系统流程

（5）流量型雨水初期弃流装置

流量型雨水初期弃流装置见图4-36、图4-37。

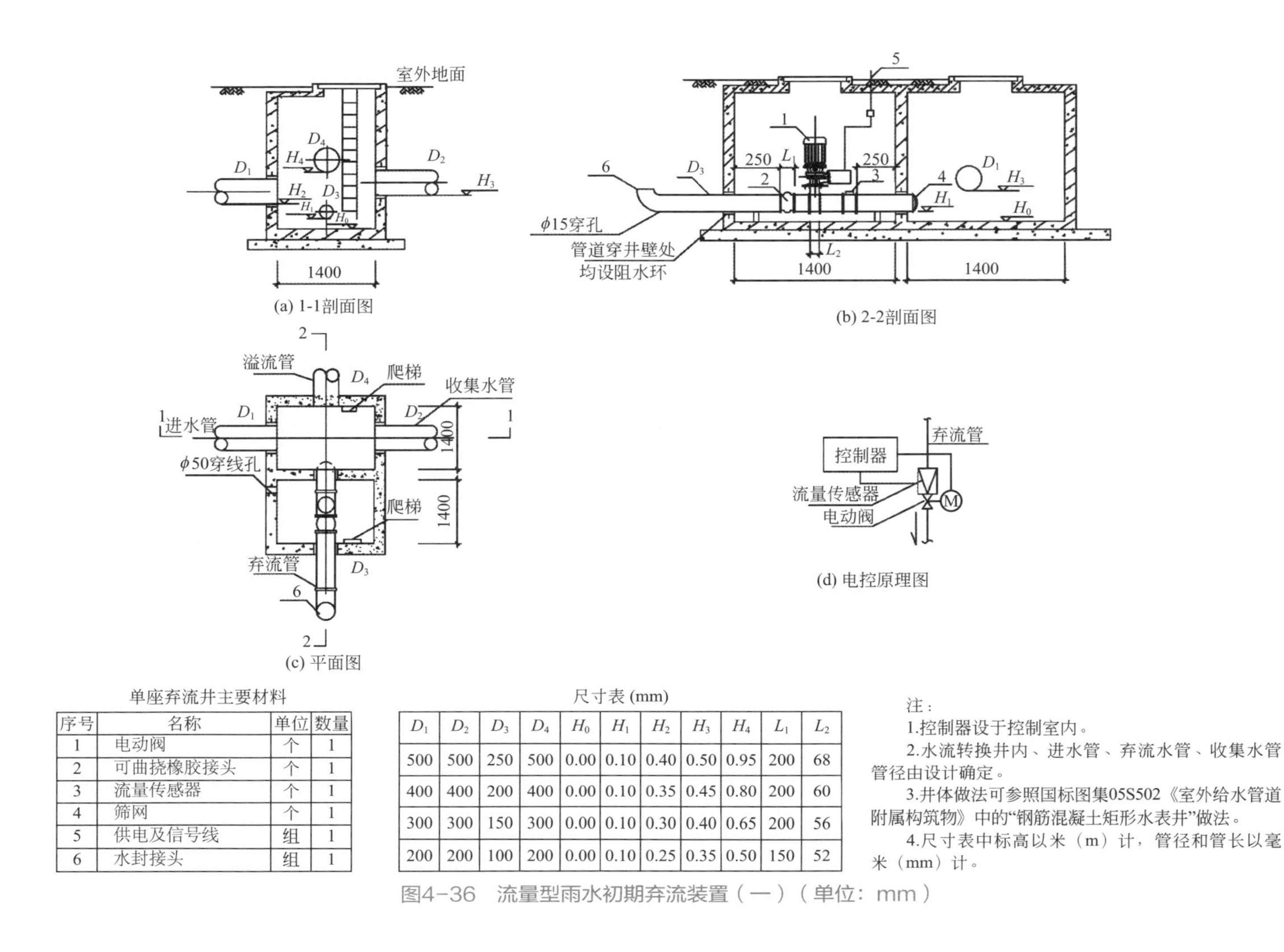

单座弃流井主要材料

序号	名称	单位	数量
1	电动阀	个	1
2	可曲挠橡胶接头	个	1
3	流量传感器	个	1
4	筛网	个	1
5	供电及信号线	组	1
6	水封接头	组	1

尺寸表 (mm)

D_1	D_2	D_3	D_4	H_0	H_1	H_2	H_3	H_4	L_1	L_2
500	500	250	500	0.00	0.10	0.40	0.50	0.95	200	68
400	400	200	400	0.00	0.10	0.35	0.45	0.80	200	60
300	300	150	300	0.00	0.10	0.30	0.40	0.65	200	56
200	200	100	200	0.00	0.10	0.25	0.35	0.50	150	52

注：

1.控制器设于控制室内。

2.水流转换井内、进水管、弃流水管、收集水管管径由设计确定。

3.井体做法可参照国标图集05S502《室外给水管道附属构筑物》中的“钢筋混凝土矩形水表井”做法。

4.尺寸表中标高以米（m）计，管径和管长以毫米（mm）计。

图4-36　流量型雨水初期弃流装置（一）（单位：mm）

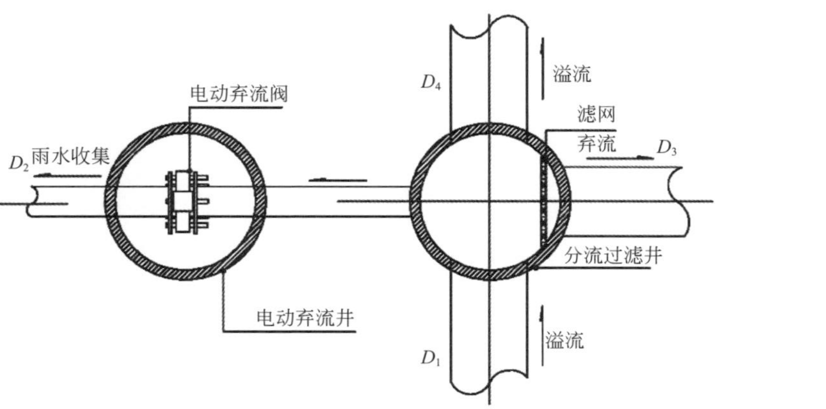

尺寸表

D_1	D_2	D_3	D_4	H_0	H_1	H_2	H_3	H_4
500	500	250	500	0.00	0.10	0.40	0.50	0.95
400	400	200	400	0.00	0.10	0.35	0.45	0.80
300	300	150	300	0.00	0.10	0.30	0.40	0.65
200	200	100	100	0.00	0.10	0.25	0.35	0.50

说明：

1.控制器位于控制箱内，控制箱具体位置根据工程实际情况确定。

2.分流过滤井内、进水管、出水管、弃流管、溢流管管径由设计定。

3.尺寸表中标高以米计，管径以毫米计，管长根据工程实际情况确定。

4.本图根据有关单位提供的资料编制。

图4-37　流量型雨水初期弃流装置（二）

（6）复合流过滤器

复合流过滤器见图4-38。

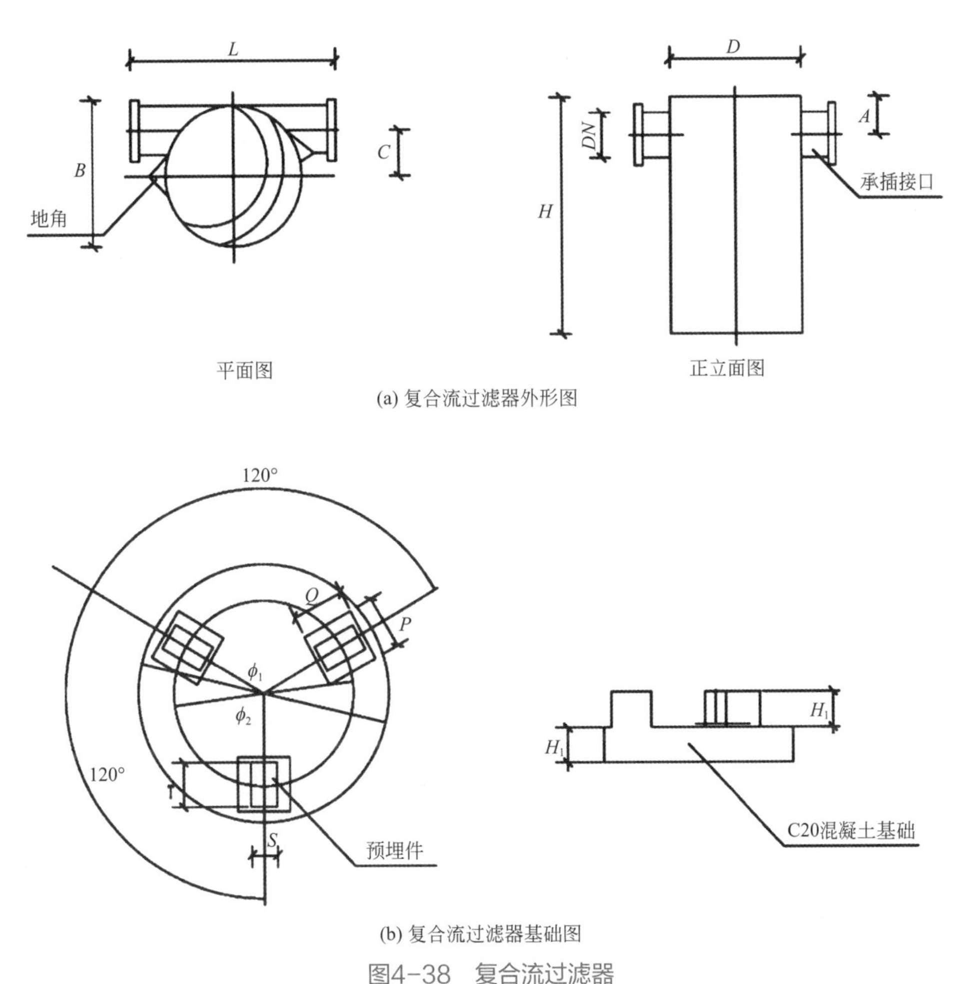

(a) 复合流过滤器外形图

(b) 复合流过滤器基础图

图4-38 复合流过滤器

4.5 新型雨水控制利用集成系统

新型雨水控制及利用集成系统设计说明如下。

（1）设施种类

新型雨水控制及利用集成系统主要包括调蓄净化系统和调蓄排放系统，其中新型雨水调蓄净化系统通过构建收集、净化、利用、调蓄和排放系统实现雨水的净化、利用、蓄存和排放。新型雨水调蓄排放系统可用于老旧建筑小区的庭院、停车场、广场、道路，可以有效地控制地表径流污染，而且保证小雨时不积水、大雨时及时排放不造成内涝，并且有补充地下水源等多种好处。

本图集收录的设施有雨水净化收集渠、新型雨水调蓄净化系统、新型雨水调蓄排放系统。

（2）改造说明

1）雨水收集净化排水渠系统主要包括雨水收集净化水渠、蓄水容器、雨水管、溢流堰、雨水井、雨水回用管。

① 适用于老旧住宅小区和公建的停车场和人行道，可提高雨水资源的回收利用率，用于道路和植物的浇洒，同时解决小雨积水问题；

② 适用于机动道路、入口广场和其他公共区域，控制因城市道路造成的严重面源污染问题，同时降低内涝风险。

2）新型雨水渗排一体化系统设备，包括雨水渗透单元和雨水排放单元。雨水渗透单元自上而下依次包括收集槽、透水土工布、砂砾垫层和素土基层；雨水排放单元自上而下依次包括雨水箅子、雨水口穿孔壁、雨水口和雨水管。

① 应用于老旧住宅小区和公建的停车场、人行道，解决因雨天排水不畅，造成的内涝积水问题。

② 应用于房屋庭院的铺装，避免雨天积水排出不及时，造成地基变形。

（3）设计目标

1）新型雨水调蓄净化系统

① 实现对雨水径流污染物的高效去除，其中COD_{Cr}的去除率为68.31%～70.71%、NH_3-N和TN的平均去除率分别为14.38%～17.65%和4.82%～5.93%、TP的平均去除率为82.54%～84.13%、Zn和Pb的去除率分别为84.28%～85.20%和84.62%～86.97%；

② 雨水径流的排放能力可达18L/（min·m），水力负荷可达60L/（min·m^2）。

2）新型雨水净化排放系统

① 雨水经过氧化铝处理后，径流中的重金属污染物得到吸附，径流水质得到明显改善。

② 通过多层过滤后的雨水渗入地下，补充地下水的来源，有效实现海绵城市中“渗”的理念。

③ 小雨以“渗”和“净”为主，有效消除初期雨水造成的污染，同时不造成积水，大雨时以“排”为主，及时排除地表径流，不形成内涝。

④ 不影响原有下垫面的使用特性，具有韧性大、承载能力强特点。

（4）U形雨水净化收集渠

U形雨水净化收集渠见图4-39。

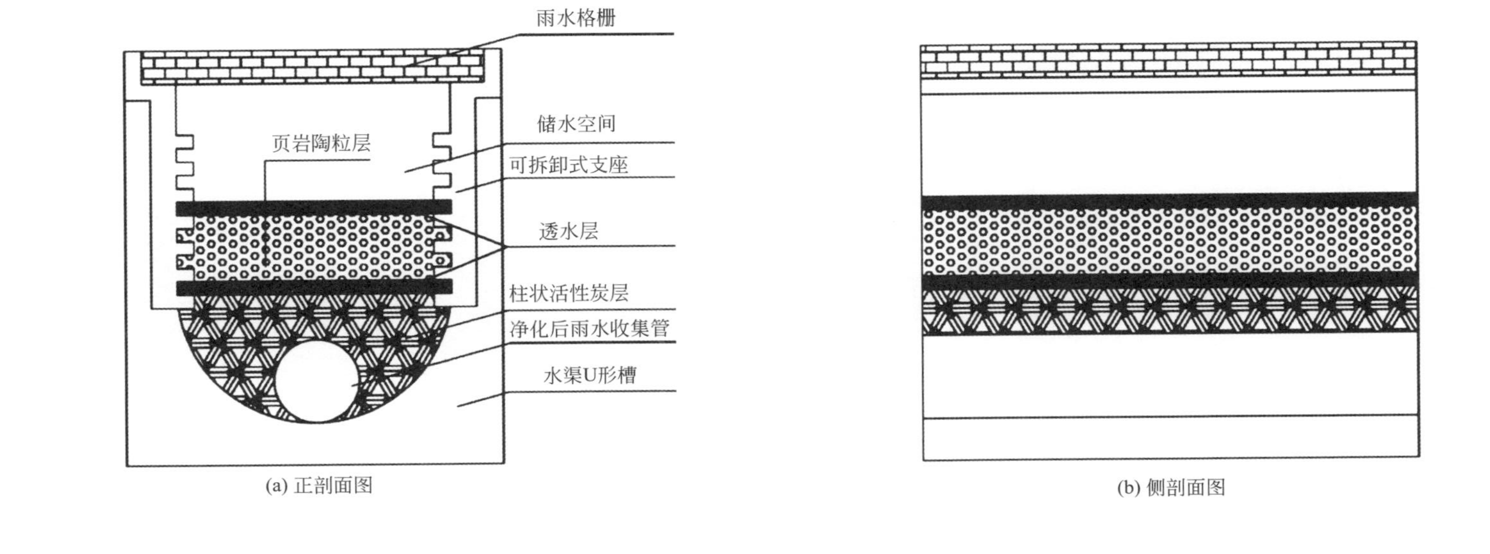

(a) 正剖面图

(b) 侧剖面图

(c) 雨水渠布水堰板俯视图

注：
雨水收集净化渠前后面需焊接盖板，防止内部填料漏出，并在前盖板“净化后雨水收集管”处留取孔洞，将“净化后雨水收集管”从孔洞伸出。

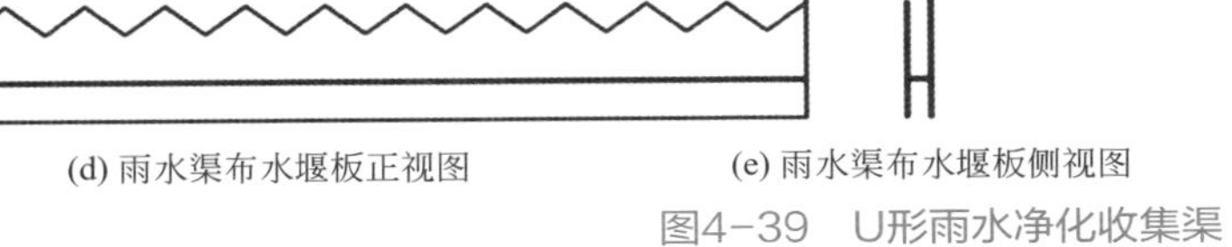

(d) 雨水渠布水堰板正视图　　(e) 雨水渠布水堰板侧视图

图4-39　U形雨水净化收集渠

（5）新型雨水调蓄净化系统

新型雨水调蓄净化系统见图4-40。

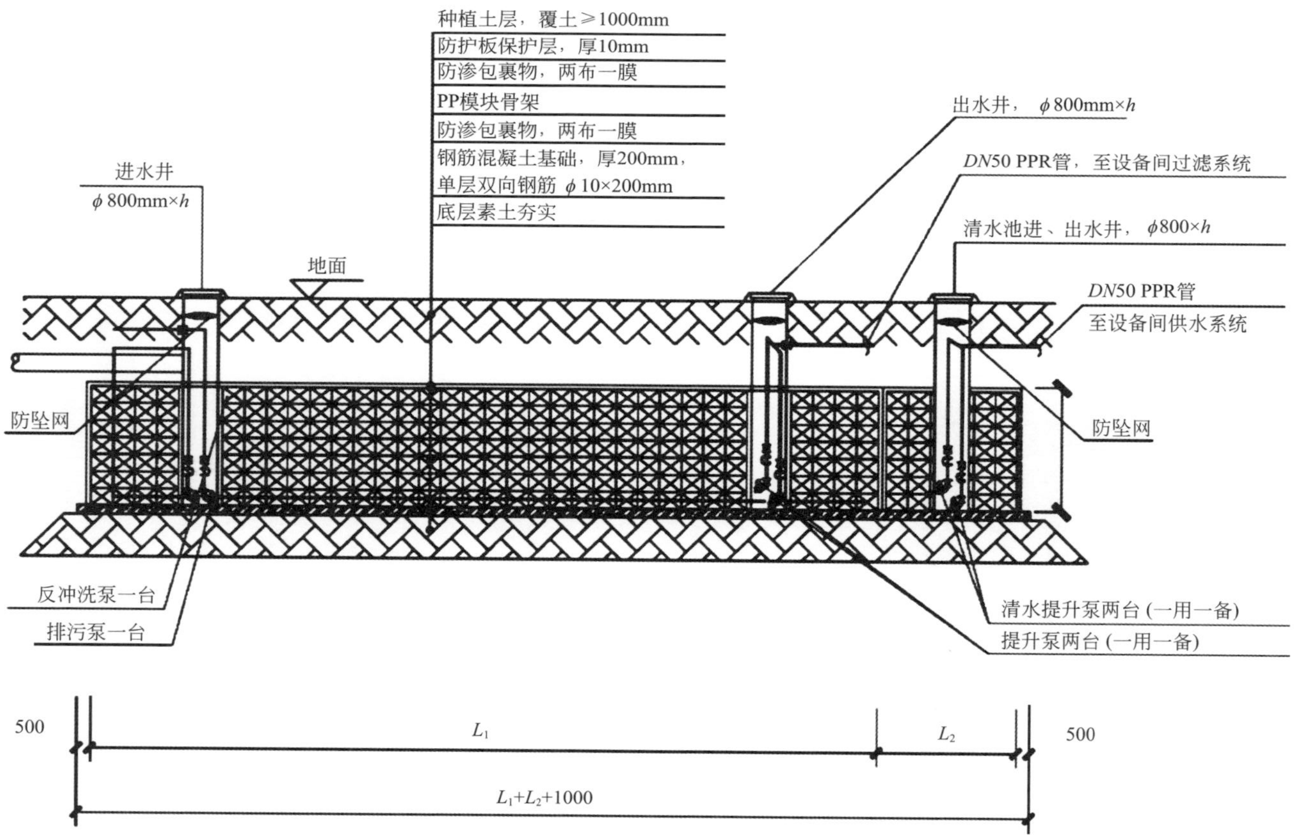

图4-40 新型雨水调蓄净化系统（单位：mm）

（6）高强度雨水渗透净化铺装

高强度雨水渗透净化铺装如图4-41所示。

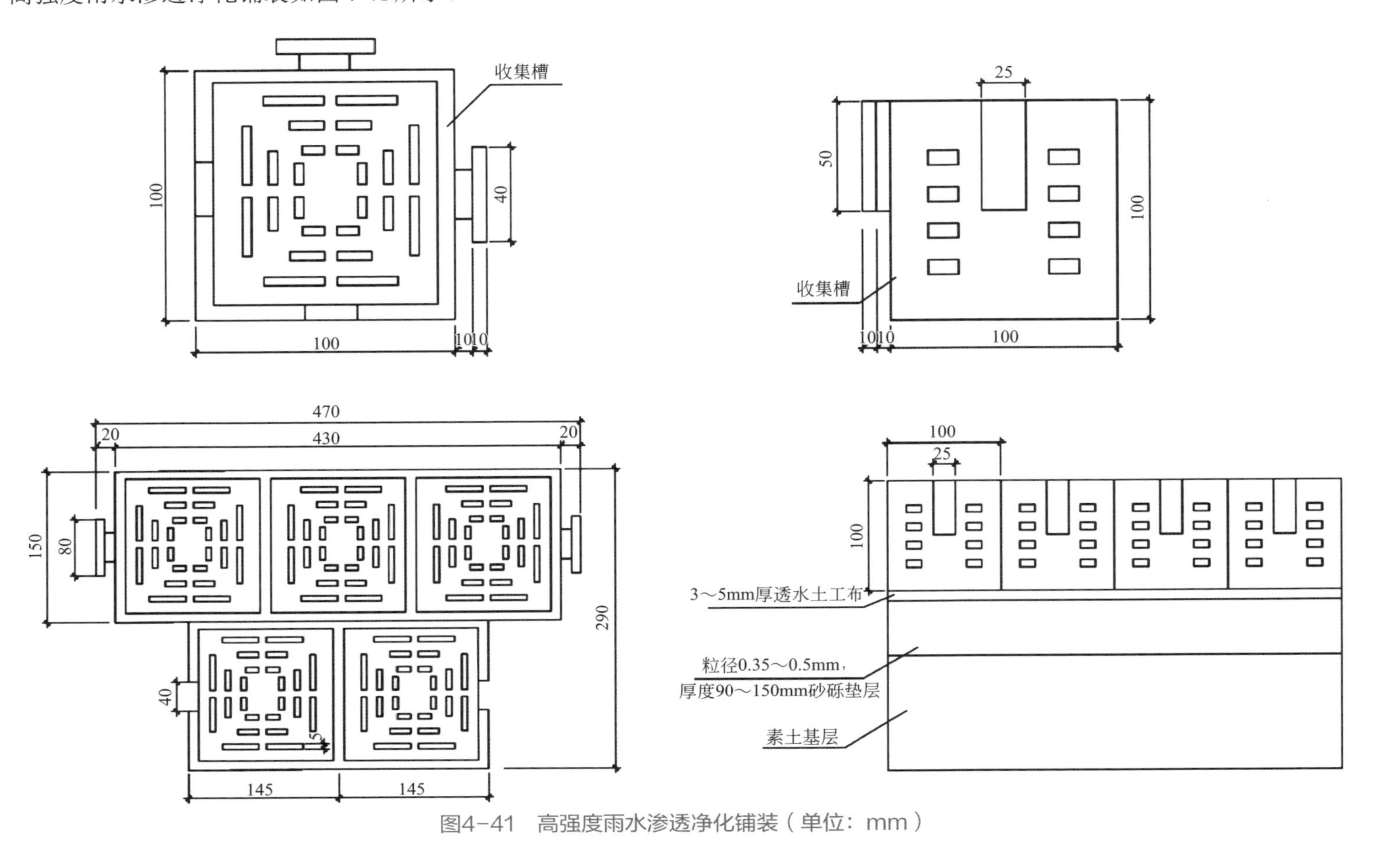

图4-41 高强度雨水渗透净化铺装（单位：mm）

（7）新型雨水净化排放系统

新型雨水净化排放系统如图4-42所示。

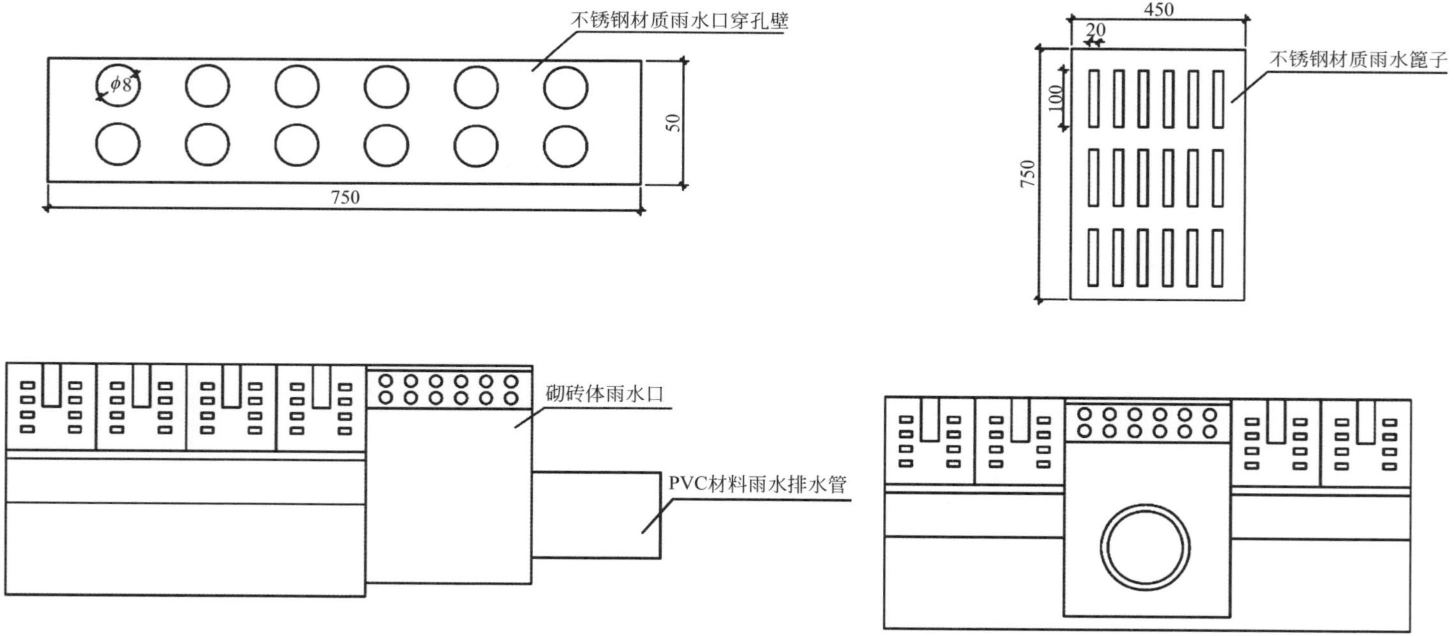

图4-42　新型雨水净化排放系统（单位：mm）

4.6 通用附属设施

通用附属设施设计说明如下。

(1)设施种类

通用设施一般分为溢流雨水口和滤水袋雨水口、环保雨水口、拦污雨水口。

(2)改造说明

1)溢流雨水口

① 类型分为平篦式雨水口、方形溢流雨水口和圆形溢流雨水口。

② 雨水篦子为PE材质或PP材质。

③ 适用于老旧建筑小区下沉式绿地、生物滞留设施、景观湿塘等，溢流口最大过流流量为30L/s。

2)滤水袋雨水口

① 截污滤袋材质为高强度布袋。

② 适用于老旧建筑小区、道路、停车场等雨水工程。

3)环保雨水口

① 雨水口型分为偏沟式、平篦式，篦数为双篦。

② 雨水口篦子的篦条布置分为顺条和横条两种，由设计者选择使用。

4)拦污雨水口

① 按雨水口的深浅将拦污雨水口一般分为浅式(KF)和深式(LF)两种。

② 按雨水口的形式一般分为凹式和凸式两种。

(3)设计

1)溢流雨水口

① 溢流雨水口高于种植层50～100mm，且不高于路面，综合根据周边竖向调整标高；

② 溢流雨水口中的雨水管管径为300mm；

③ 满足《铸铁检查井盖》(CJ/T 3012)的要求。

2)滤水袋雨水口

① 抗震设防烈度为8度及8度以下地区。

② 设计荷载：若汽车超20级重车或地面堆载10kN/m，取其大者。

③ 地基承载力特征值≥100kN/m。

④ 安装时，垫层材料为碎石、粗砂或C15混凝土，厚100mm。

3)环保雨水口

① 成品雨水口为PE材质，井壁及井底可开孔，使其具有渗透功能，开孔率应为1%～3%。

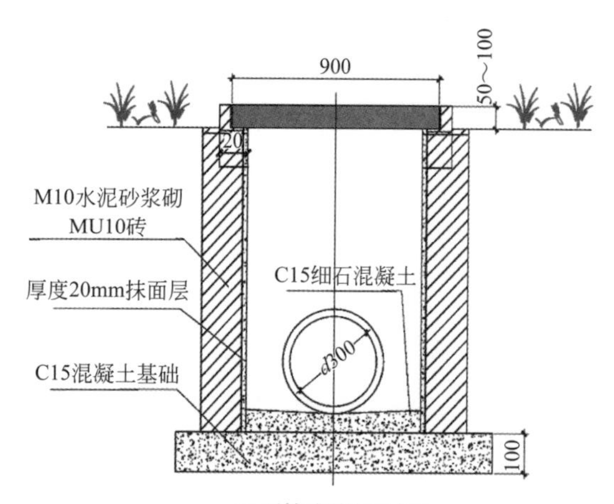

(a) 平箅式溢流雨水口

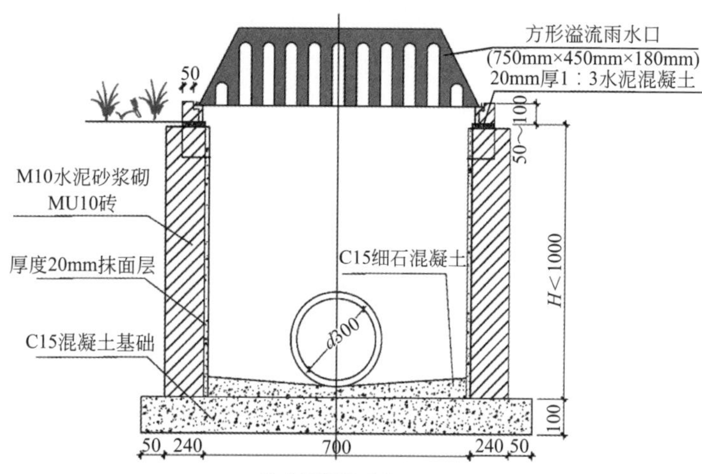

(b) 方形溢流雨水口

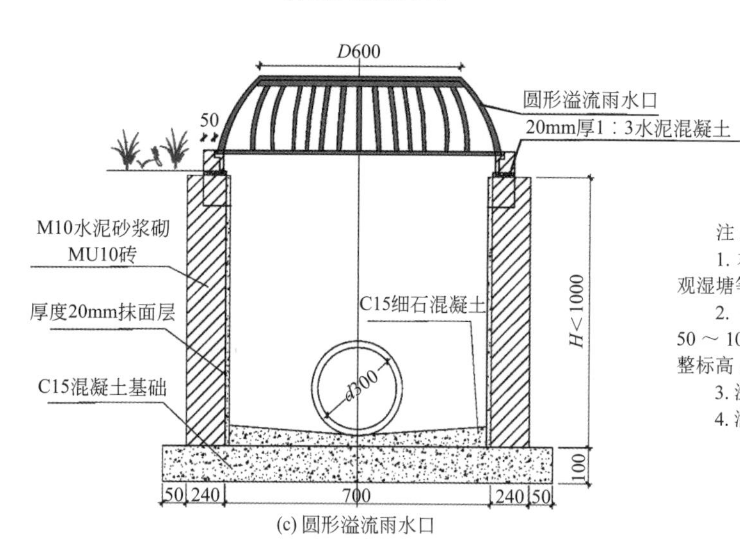

(c) 圆形溢流雨水口

注：
1. 本做法适用于下沉式绿地、生物滞留设施、景观湿塘等，溢流口最大过流流量为30L/s；
2. 溢流雨水口的溢流高度高于种植层50～100mm，且不高于路面，综合根据周边竖向调整标高；
3. 溢流雨水口中的雨水管管径为300mm；
4. 满足《铸铁检查井盖》(CJ/T 3012）的要求。

图4-43　溢流雨水口（单位：mm）

② 雨水口泄流量10L/s，出水管直径为*DN*150。

③ 截污袋可从雨水口出口部抽出清掏。

④ 出口管和雨水口的连接可根据需要在工厂加工或在现场开孔。

4）拦污雨水口

① 有各种尺寸的矩形（最大尺寸为107cm×107cm）和圆形截污挂篮（最大尺寸为74cm×74cm）。

② 最高达19m^3/min的流量可以防止水流阻塞。

③ 加上共聚物制成的吸油棉条，就可以吸附高达3.785L的油和烃类化合物。

（4）溢流雨水口

溢流雨水口如图4-43所示。

(5) 滤水袋雨水口

滤水袋雨水口见图4-44。

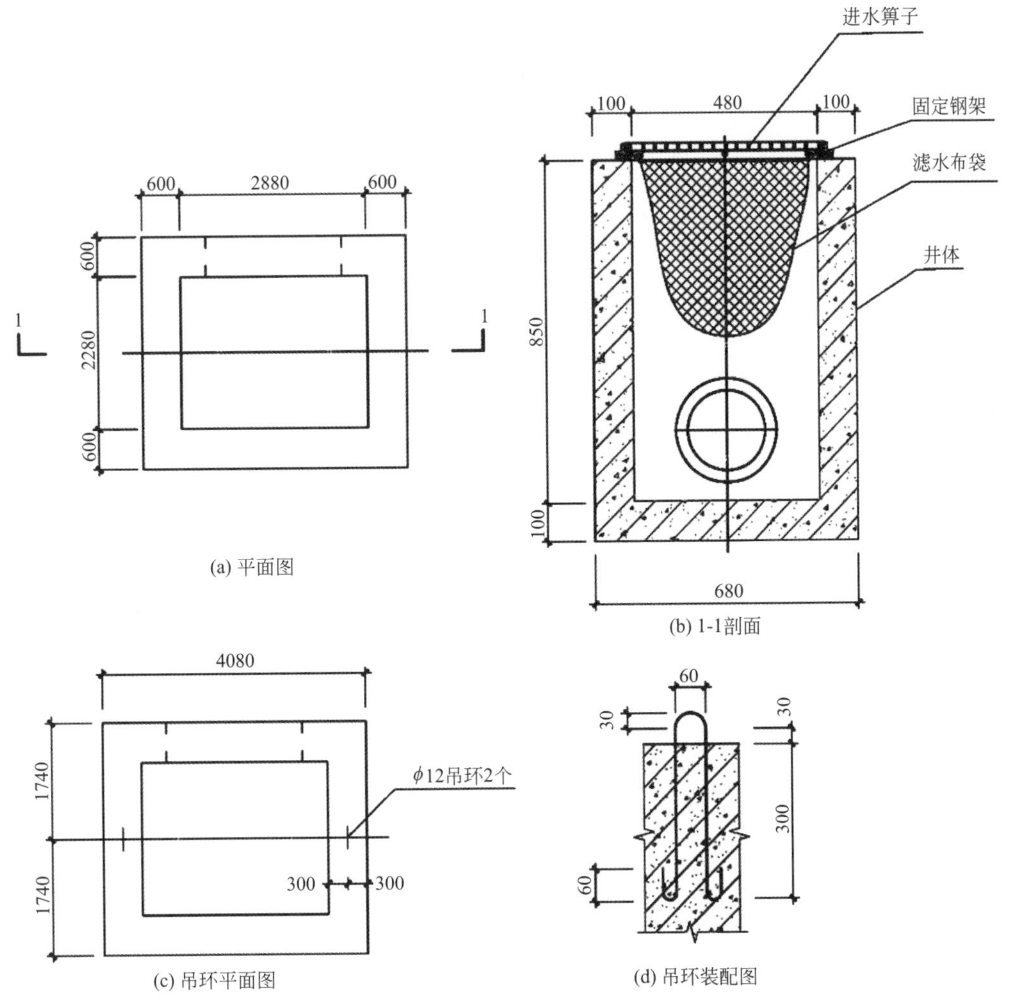

注：

1. 本图适用于建筑小区、道路、停车场等雨水工程。
2. 抗震设防烈度为8度及8度以下地区。
3. 设计荷载：汽车超20级重车或地面堆载10kN/m^{2}取其大者。
4. 地基承载力特征值≥100kN/m^2。
5. 混凝土最低强度等级为C30，抗渗等级为S4；构件尺寸误差±2。
6. 构件吊环用钢筋采用HPB235级，吊环埋入混凝土深度不应＜30d，并应焊接或绑扎在钢筋骨架上。
7. 安装时，垫层材料为碎石、粗砂或C15混凝土，厚100mm。

图4-44　滤水袋雨水口（单位：mm）

（6）环保雨水口

环保雨水口见图4-45。

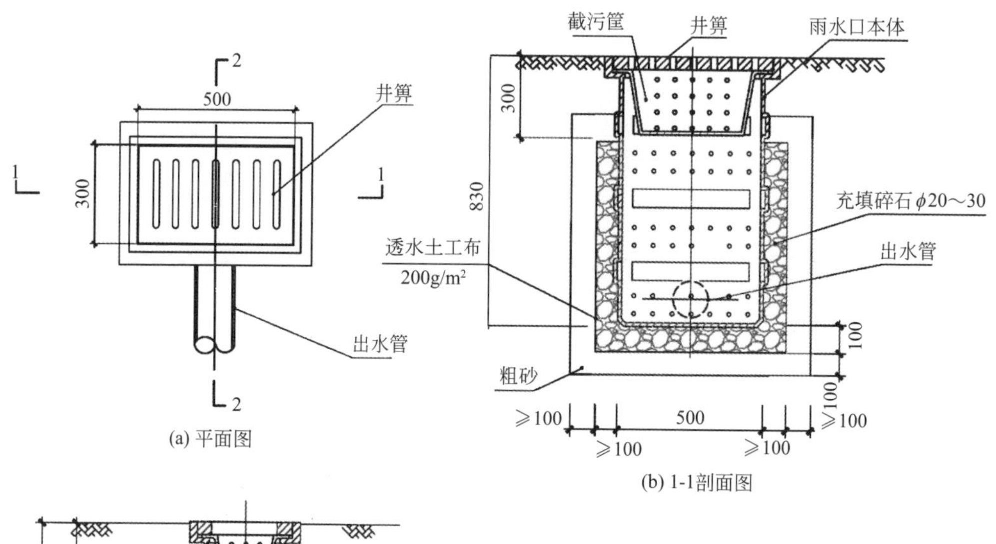

(a) 平面图

(b) 1-1剖面图

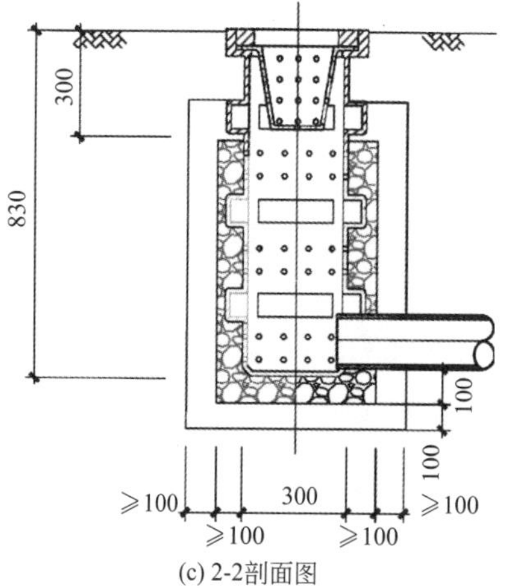

(c) 2-2剖面图

注：
1. 成品雨水口为PE材质，井壁及井底可开孔，使其具有渗透功能。开孔率应为1%～3%。
2. 雨水口泄流量10L/s，出水管直径为DN150。
3. 雨水口应设置在绿地、人行道和非机动车通行场所。
4. 截污筐材质为PE。
5. 截污筐可从雨水口口部抽出进行清掏。
6. 出口管和雨水口的连接可根据需要在工厂加工或在现场开孔。
7. 粗砂外围为原土，原土和粗砂均分层回填。

图4-45　环保雨水口（单位：mm）

（7）拦污雨水口

拦污雨水口见图4-46。

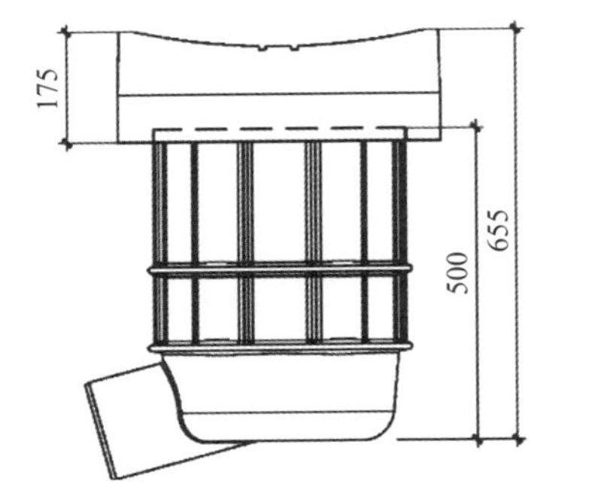

(a) 浅式(KF)-凹型拦污雨水口

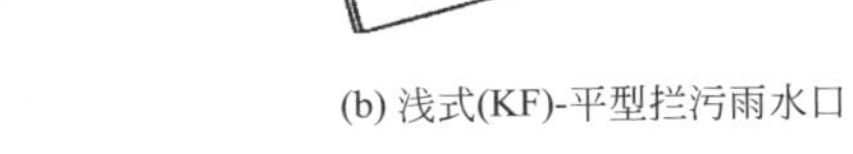

(b) 浅式(KF)-平型拦污雨水口

(c) 深式(LF)-凹型拦污雨水口

(d) 深式(LF)-平型拦污雨水口

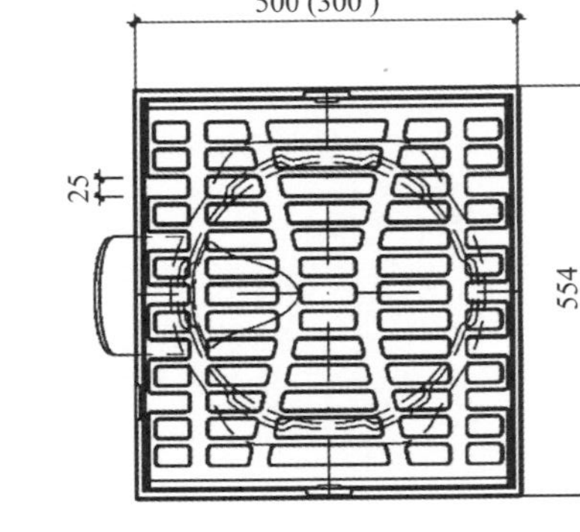

(e) 拦污雨水口

图4-46 拦污雨水口（单位：mm）

注：

1.拦污雨水口收集小区中的路面、草地、广场等处雨水，并通过雨水箅子和拦污筐拦截雨水中的固形物，用于雨水入渗系统和收集回用系统。该系统由井体、雨水箅子和拦污筐构成，单个雨水口额定流量10L/s，出口管径*DN*为150mm。

2.拦污雨水口材质：雨水箅子为铸铁、井筒为PE塑料、拦污筐为镀锌钢材。

3.拦污雨水口规格：分长（深）、短（浅）两种型号，LF表示长（深）型，KF表示短（浅）型。

4.雨水出口管与雨水管连接可采用承插口连接和焊接。

（8）HDPE线性成品排水沟

HDPE线性成品排水沟见图4-47，以及表4-5、表4-6。

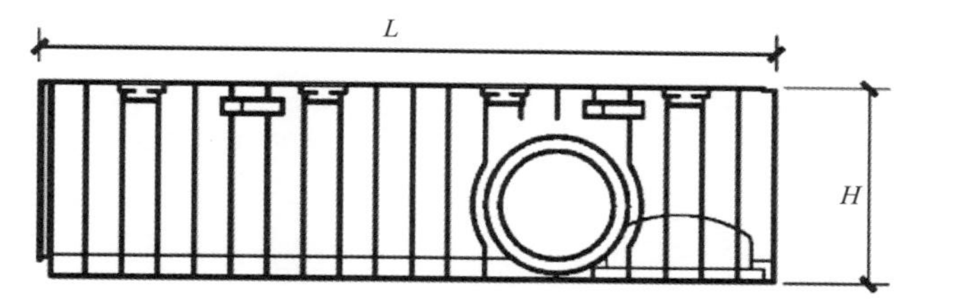

(a) 正视图

(b) 侧视图

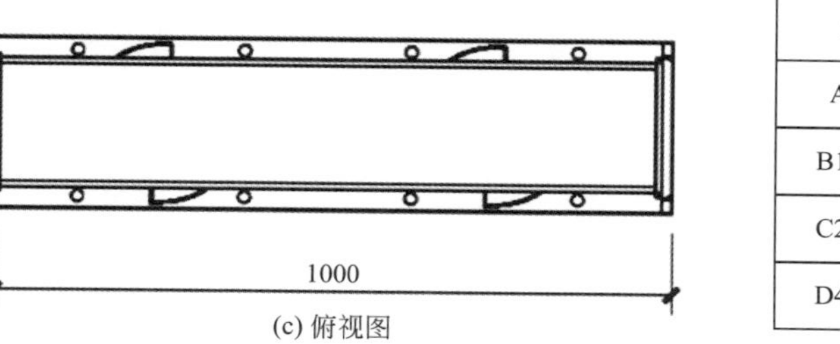

(c) 俯视图

注：

1.HDPE材质特性

高密度聚乙烯(high density polyethylene，HDPE)。HDPE为无毒、无味、无臭的白色颗粒，熔点约为130℃，密度为0.940～0.976g/cm³。HDPE具有良好的耐热性(90℃情况下仍然可以短时间工作)和耐寒性(在-40℃低温下性能具有极好的抗冲击性)，化学稳定性好，还具有较高的刚性和韧性，机械强度好，介电性能，耐环境应力开裂性亦较好。

2.HDPE特性参数

拉伸强度 (纵横)：≥25MPa

直角撕裂强度：≥110N/mm

密度：0.940～0.976g/cm³

熔点：130℃

3. HDPE线性成品排水沟特点

HDPE具有抵抗多种化学品侵蚀的特性，用HDPE制成的成品排水沟系统具有排水效率高、抗冲击性强、光滑不透水、抗冻、耐腐蚀等优点；另外线性成品排水系统安装快捷、维护方便、安全环保，是现有点式排水系统理想的补充或替代方案。

HDPE线性成品排水沟适用范围

承重等级	适用范围	备注
A15 (15kN)	行人区和自行车区	排水沟所在的交通区域可按承重等级进行划分，括号内数字代表近似测试力
B125 (125kN)	慢速车道，小型车辆停车场	
C250 (250kN)	大型车辆停车场，公共商业区域	
D400 (400kN)	交通主干道	

图4-47 HDPE线性成品排水沟（单位：mm）

表4-5 HDPE线性成品排水沟

安装场所	砖石路面	混凝土路面		沥青路面
安装详图	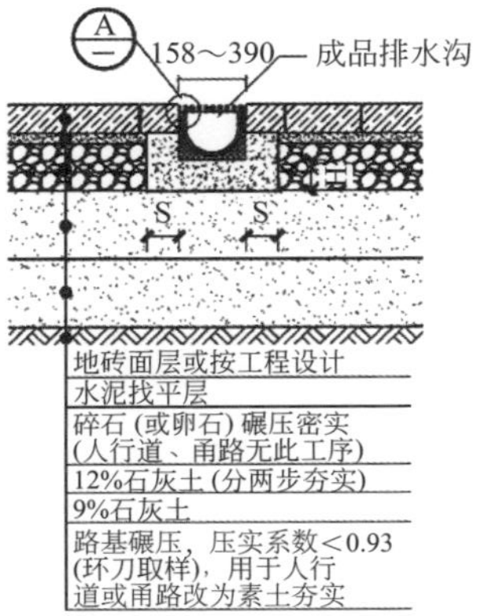 A；158～390；成品排水沟；S；H；地砖面层或按工程设计；水泥找平层；碎石(或卵石)碾压密实(人行道、甬路无此工序)；12%石灰土(分两步夯实)；9%石灰土；路基碾压，压实系数<0.93(环刀取样)，用于人行道或甬路改为素土夯实	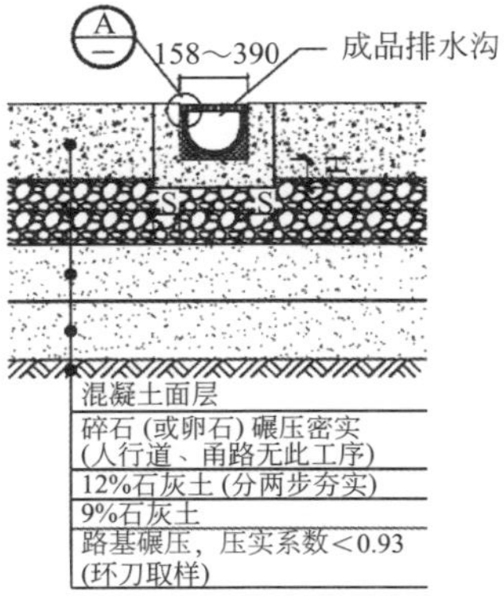 A；158～390；成品排水沟；S；H；混凝土面层；碎石(或卵石)碾压密实(人行道、甬路无此工序)；12%石灰土(分两步夯实)；9%石灰土；路基碾压，压实系数<0.93(环刀取样) （承重等级＜D400）	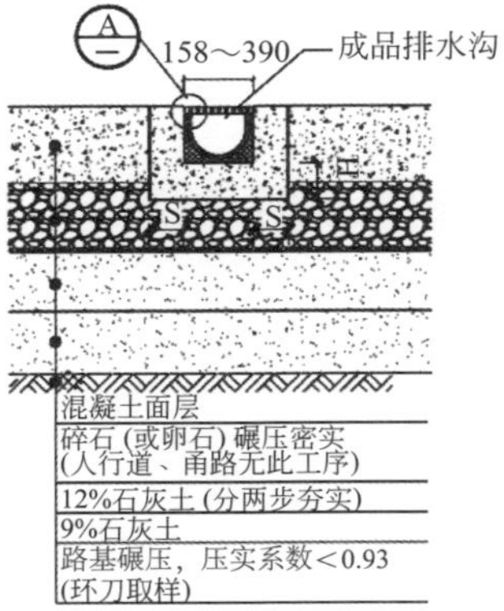 A；158～390；成品排水沟；S；H；混凝土面层；碎石(或卵石)碾压密实(人行道、甬路无此工序)；12%石灰土(分两步夯实)；9%石灰土；路基碾压，压实系数<0.93(环刀取样) （承重等级＜D400）	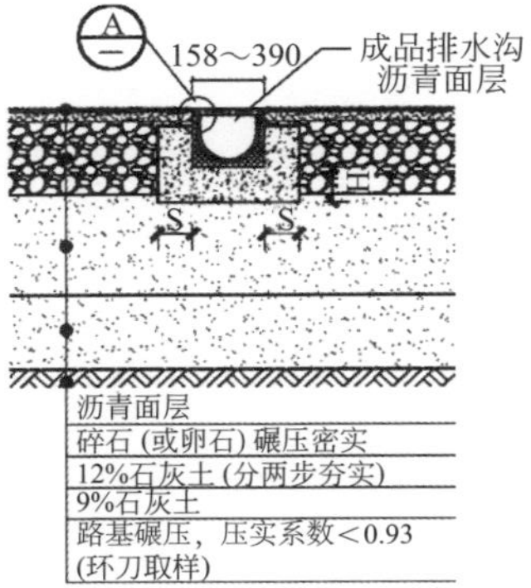 A；158～390；成品排水沟；沥青面层；S；H；沥青面层；碎石(或卵石)碾压密实；12%石灰土(分两步夯实)；9%石灰土；路基碾压，压实系数<0.93(环刀取样)
详图节点A	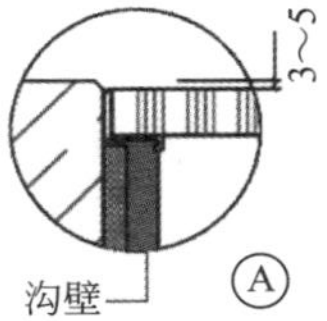 3～5；沟壁；A	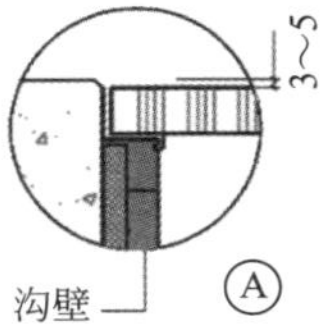 3～5；沟壁；A	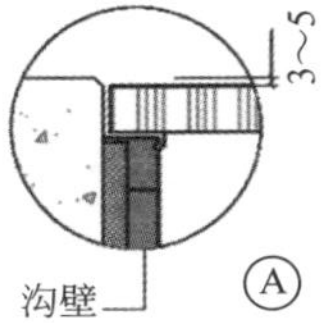 3～5；沟壁；A	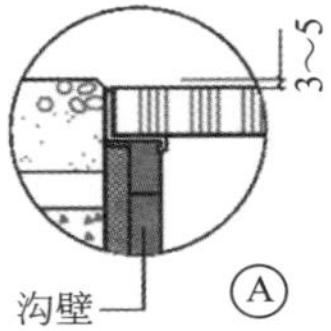 3～5；沟壁；A

注：表中数值单位为mm。

表4-6　HDPE线性成品排水沟基础尺寸、性能参数

承重等级（EN 1433）	A15		B125		C250		D400	
基础尺寸	*H*	*S*	*H*	*S*	*H*	*S*	*H*	*S*
	mm	mm	mm	mm	mm	mm	mm	mm
	100	100	100	100	150	150	200	200
混凝土强度等级	C20/25		C25/30		C25/30		C25/30	
混凝土抗冻等级	F200（寒冷地区）/F250（严寒地区）							
注：盖板上缘低于混凝土上表面3～5mm。								

注：本表的HDPE线性排水沟为非渗透式。

（9）水力颗粒分离器

水力颗粒分离器见图4-48。

1）工作原理

在装置内部设有一个具有一定空间的滤网，雨水从进水管流入，先进入滤网过滤，雨水中的悬浮物和漂浮物将被拦截在此滤网内。

在装置底部有三个腔室，当雨水中小的颗粒物流到每个腔室挡墙前时，颗粒物碰到挡墙就会被迫改变方向而沉积在挡墙前，雨水中的颗粒物经过两个挡墙的阻挡后，绝大部分的颗粒物就沉积在此三个腔室底部。

降雨初期，进水管流量较小，雨水中漂浮的油脂被介质框中的除油脂介质吸收，干净的雨水通过挡墙上部经出水管排出。

2）安装注意事项

① 井体和盖板采用预制件制作，混凝土采用C30混凝土，抗渗等级为P6，钢筋的保护层厚度为25mm，最小水泥用量为350kg/m^3。

② 滤网框放入井体内并找正位置定位后，滤网框与顶部的滤网框支撑板进行点焊固定。

③ 进水管最大直径为450mm，可以采用较小的其他管径。

④ 内部不锈钢零部件表面进行酸洗钝化处理。

⑤ 水力颗粒分离器维护应根据实际情况而定，一般建议雨季前后各清理维护1次。

⑥ 设计荷载：汽车超20级重车或地面堆载10kN/m^{2}取其大者。

⑦ 地基承载力特征值不小于100kN/m^2。

⑧ 施工时，钢筋锚固长度不小于35d，光圆钢筋末端180°弯钩，直长段不小于3d；构件起吊吊环及拉锚预埋筋应埋入混凝土一定深度并焊接或绑扎在钢筋骨架上。

⑨ 安装时，池底板下铺100mm厚C15混凝土垫层；池体四周回填土密实度不低于0.95。

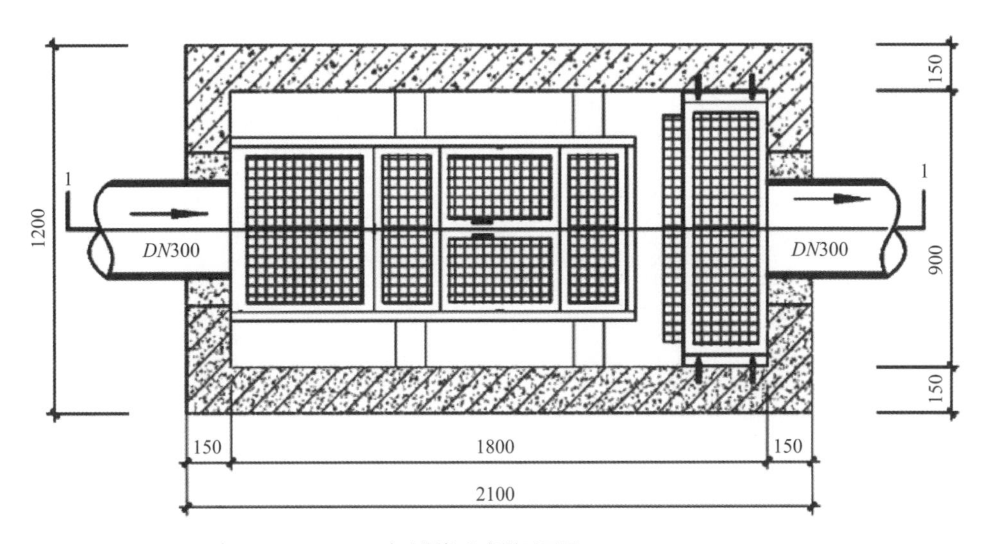

(a) 水力颗粒分离器平面图

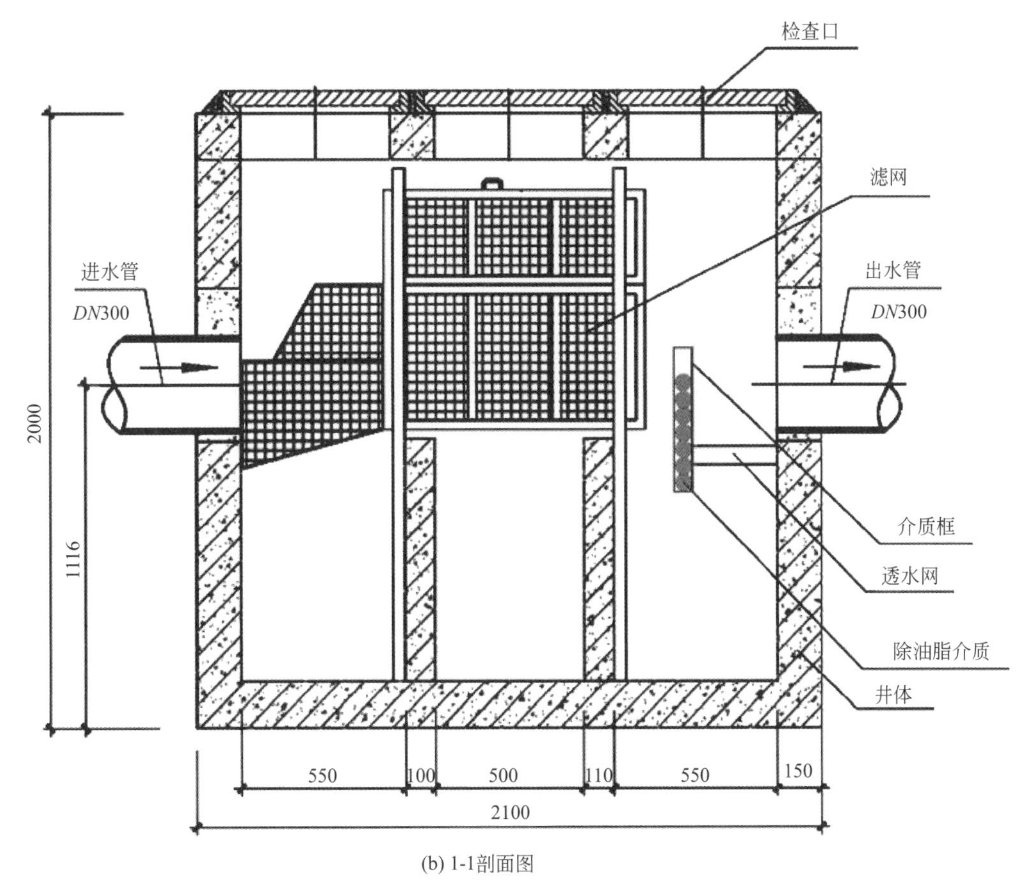

(b) 1-1剖面图

图4-48 水力颗粒分离器（单位：mm）

（10）排水板做法

排水板做法如图4-49、图4-50所示。

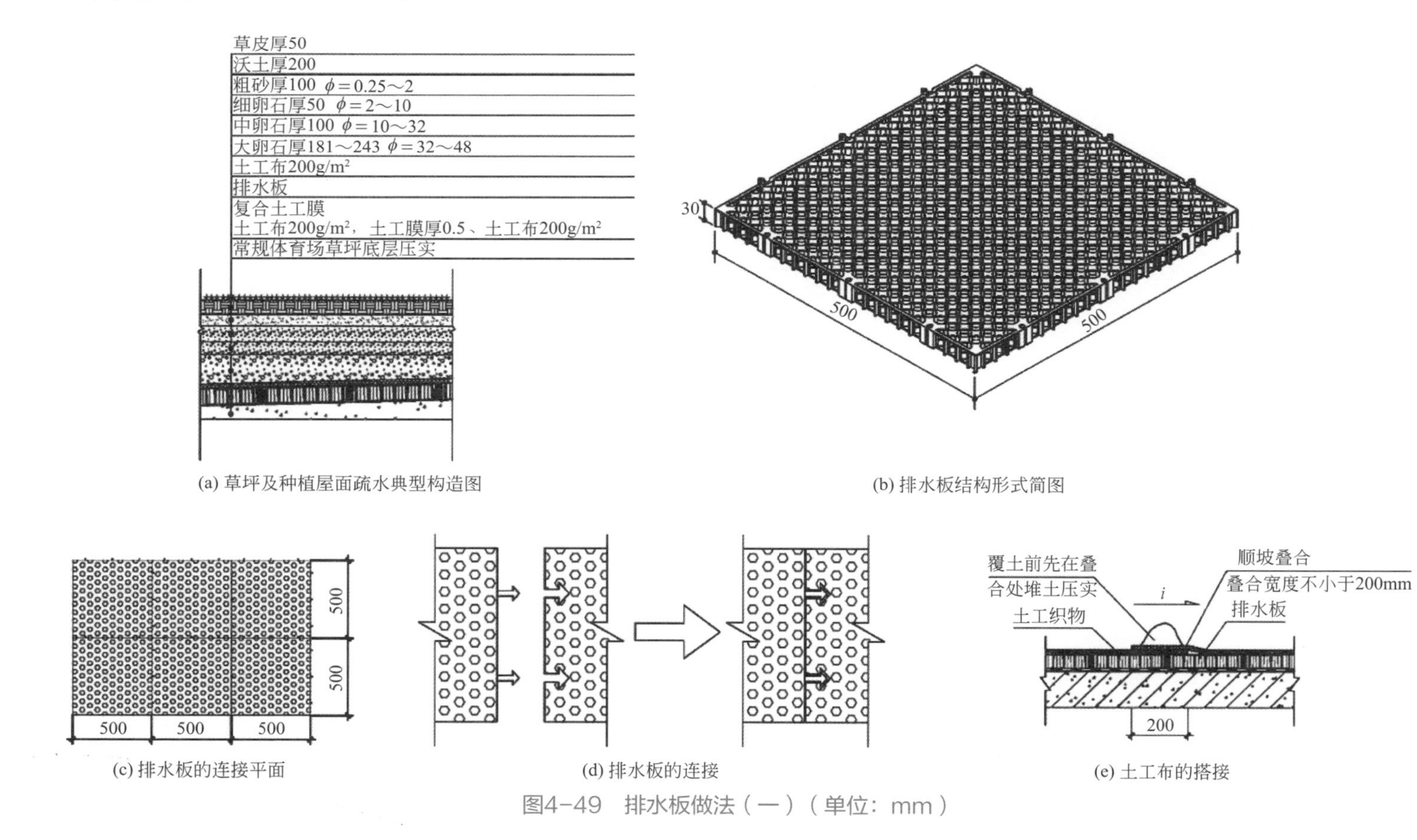

图4-49　排水板做法（一）（单位：mm）

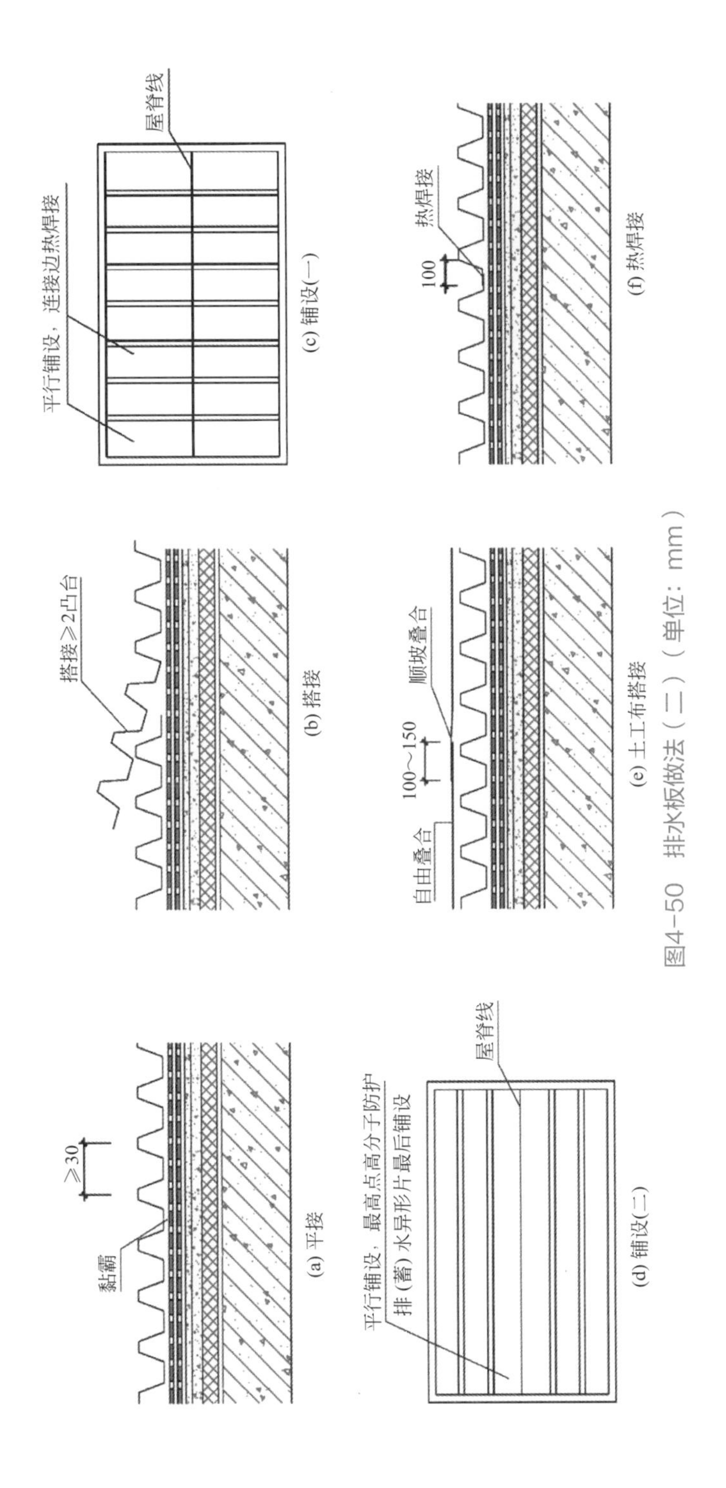

图4-50 排水板做法（二）（单位：mm）

参考文献

[1] GB 50400—2016.
[2] GB 50015—2003.
[3] GB 50336—2018.
[4] GB 50014—2006.
[5] CJJ 169—2012.
[6] CJJ/T 188—2012.
[7] CJJ/T 190—2012.
[8] CJJ/T 135—2009.
[9] JGJ 155—2013.
[10] 17S705.海绵型建筑小区雨水控制及利用.
[11] 15MR105.城市道路与开放空间低影响开发雨水设施.
[12] 中华人民共和国住房和城乡建设部.海绵城市建设技术指南海绵城市建设技术指南——低影响开发雨水系统构建（试行）. 2014.

第5章

老旧建筑小区海绵化改造典型案例

海绵城市技术作为改善雨水问题的有效技术手段，可以更好地解决老旧建筑小区积水内涝等雨水问题并提高小区生态涵养功能，对小区环境质量的提升具有重要意义。为了更加深入、全面地展示不同类型的老旧建筑小区海绵化改造案例，本章对国内外不同特征的典型改造案例进行了归纳整理，并将案例分为基本型、提升型、全面型三种层级进行详细分析介绍。其中，基本型指的是问题突出、空间局限、资金有限的改造案例；提升型指的是本底较好、场地开阔、施工方便的改造案例；全面型指的是本地优越、资金充足、意愿统一的改造案例。案例从改造特点、现状问题、设计控制目标值、具体方案、参数设计等方面进行了详细展示，以期为其他城市的老旧建筑小区海绵化改造提供参考。

5.1 基本型老旧建筑小区海绵化改造

5.1.1 景观效果差、下垫面破损严重的老旧小区海绵化改造工程

5.1.1.1 改造工程特点

该小区海绵化改造在有限的场地条件下，以问题为导向，采用低影响可持续发展的改造理念，选择具有针对性的海绵措施进行改造，并在实现海绵特性提高的同时对小区的景观也进行了的升级。在不影响原有乔木的情况下，对原有绿地进行微地形改造，并增加了绿地的植物多样性，减少水土流失；提高小区的整体景观美感和乐趣；经过海绵化改造后达到源头减排的目的。通过海绵化改造提升，改善了小区的居住环

境，功能性及美观性上在原来基础上得到较好的提升，达到“花小钱办大事”的效果。

5.1.1.2 基本情况

该小区主要由1栋楼组成，分三个单元，由业主委员会管理，总占地面积为2875m^2。设计涉及面积2875m^2。其中混凝土路面面积260.00m^2，透水沥青路面及透水砖铺装面积1330m^2；绿地面积为240.00m^2，硬化屋面面积1045m^2。于2017年9月正式开工，2017年11月完成合同清单全部建设内容，2018年4月完成竣工验收，工程累计投资约80万元。

5.1.1.3 问题与需求分析

原有内景观花园部分植被缺失，枯死，人行道破旧。由于小区排水主要从大门往内侧排，最终集中汇入桂春路。雨水收集主要采用排水沟收集，沿建筑散水沟布置。场地雨水沟最终汇入小区中心花园北侧化粪池，雨污合流排出市政管网。由于小区中心花园地势较高，雨水无法从表面进入雨水花园消纳。

5.1.1.4 方案设计

（1）设计控制目标值

海绵城市建设目标值雨水年径流总量控制率为60%，雨水年径流污染削减率为44.61%。

（2）具体方案

该小区海绵化改造内容主要是将小区中央绿地改造为下沉式绿地、小区硬化路面改造为半透水沥青路面、不透水的停车场改造为生态停车场。

原有场地中心花园为小区室外场地的高地，周围路面排水均背向绿地，往围墙排水沟方向倾斜。项目中央绿地改造成下沉式绿地，按常规的下沉式绿地汇水原理，雨水花园需低于周边场地进而接收在面上汇集雨水的，需要达到这个前提条件必须对小区道路进行相应的改造。针对小区实际情况，小区道路破损较严重，对小区居民出入造成一定的影响，根据小区居民的诉求，因地制宜，对中央绿地周边的硬化道路进行相应的改造。

通过改造排水沟的方向，实现雨、污分流。根据小区实际情况，对排水立管断接，将屋面雨水引流至下沉式绿地。调整建筑散水沟坡度，将原来散水沟的雨水改接至桂春路雨水管网。

小区海绵化改造竖向如图5-1所示，海绵设施布局如图5-2所示，海绵设施一览表如表5-1所列。

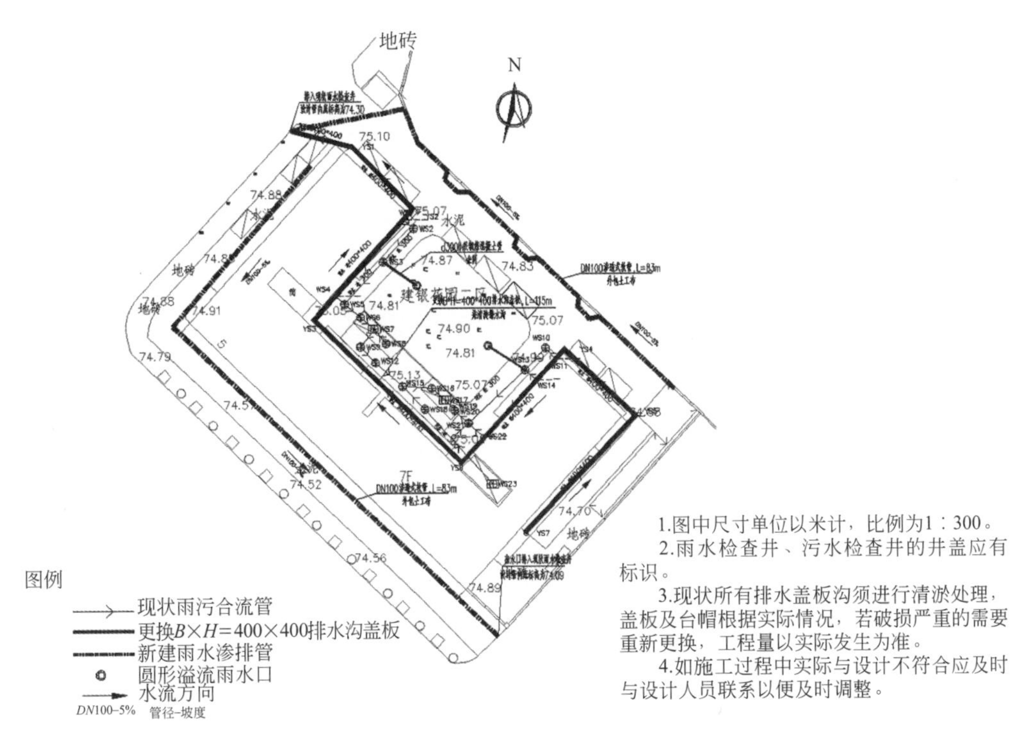

图5-1　小区海绵化改造竖向

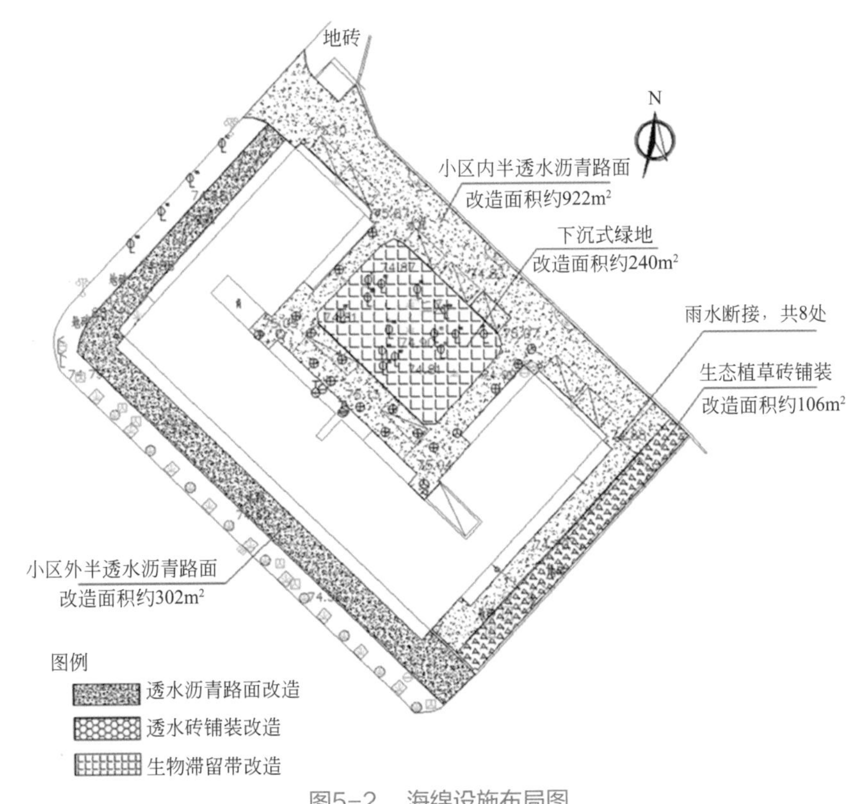

图5-2　海绵设施布局图

表5-1 海绵设施一览

序号	海绵单项设施	海绵单项设施面积/m^2
1	透水沥青	1224
2	透水铺装	106
3	下沉式绿地	240

（3）设计参数计算值

海绵改造前外排径流系数为0.78，改造后外排径流系数为0.53；多年径流雨量控制率设计值改造前为28%，改造后为60%；SS去除率设计值改造前为0.72%，改造后为44.61%；基本满足目标值。各项措施调蓄容积计算如表5-2所列，年径流总量控制率计算如表5-3所列，污染物去除率计划表如表5-4所列，初始外排综合径流系数计算如表5-5所列，改造后外排综合径流系数计算如表5-6所列。

表5-2 各项措施调蓄容积计算

序号	海绵单项设施	海绵单项设施面积/m^2	单项设施蓄水厚度h/mm	各单项设施调蓄容积W_i/m^3	备注
1	透水沥青	1224	0	0.00	—
2	透水铺砖	106	10	1.06	—
3	下沉式绿地	240	100	24.00	—
总计	—	—	—	25.06	—

表5-3 年径流总量控制率计算

序号	地块内总面积/m^2	综合径流系数ψ_z	年径流总量控制率对应设计降雨量/mm	规划雨水调蓄容积W调/m^3	实际调蓄容积W/m^3	场地内设计降雨量h/mm	场地内年径流总量控制率/%
1	2875.00	0.53	27.00	40.96	25.06	16.52	60.00

表5-4 污染物去除率计划

序号	单项设施	各项措施面积F_n/m^2	项目措施总面积F/m^2	各项措施面积占比F_n/F	各项措施污染物去除率η_n	污染物去除率η	各项措施年平均径流总量控制率h_{yn}	本工程污染物去除率η/%
1	透水沥青	1224	1570	0.78	0.85	0.74	0.60	44.61
2	透水铺砖	106		0.07	0.85			
3	下沉式绿地	240		0.15	0.85			

表5-5 初始外排综合径流系数计算

序号	汇水面积种类	设计汇水类型	设计取值	项目实际面积/m²	径流系数×项目实际面积/m²	雨量综合径流系数	备注
1	硬屋面	硬屋面	0.90	1045.00	940.50	—	—
2	沥青或混凝土路面及广场	混凝土路面	0.80	1590.00	1272.00	—	—
3	绿化	绿化区	0.15	240.00	36.00	—	—
总计	—	—	—	2875.00	2248.50	0.78	—

表5-6 改造后外排综合径流系数计算

序号	汇水面积种类	设计汇水类型	设计取值	项目实际面积/m²	径流系数×项目实际面积/m²	雨量综合径流系数	备注
1	硬屋面	硬屋面	0.90	1045.00	940.50	—	—
2	沥青或混凝土路面及广场	混凝土路面	0.80	250.00	208.00	—	—
	透水铺装	透水沥青、透水砖铺装	0.25	1330.00	332.50	—	—
3	绿化	绿化区	0.15	240.00	36.00	—	—
总计	—	—	—	—	—	0.53	—

（4）改造效果

该老旧建筑小区海绵化改造投资约80万元，建成后海绵指数得到明显提升，雨水多年径流雨量控制率达到60%；雨水年径流污染削减率达到44.61%；基本满足目标值。另外，小区景观得到明显改善，改造后的绿地内设置了便道更利于居民进出，得到小区业主一致好评。如图5-3～图5-5所示。

(a) 改造前

(b) 改造后

图5-3 下沉式绿地改造前后对比

(a) 改造前

(b) 改造后

图5-4　生态停车场改造前后对比

(a) 改造前

(b) 改造后

图5-5　透水路面改造前后对比

5.1.2　硬化比例高、蓄渗能力差的老旧公建小区海绵化改造工程

5.1.2.1　改造工程特点

该学校海绵化改造尊重自然，结合场地实际情况，因地制宜地设计“渗、滞、蓄、净、用、排”等海绵设施，并充分考虑改造措施对现有环境的影响，拟定合理的改建地点，确保在工程建设期间和设备运行期间场地的安全性，改造区域和设施与周边环境相互协调。项目加强雨水径流源头控制，形成了以小规模、分散式源头生态控制技术为规划引导的开发模式。

5.1.2.2　基本情况

该学校是一所国有民办寄宿制学校，位于华南某省会城市，环境幽雅，交通便利，教学、生活设施齐全，师资精良，现有在校学生约2024人。校园总占地约20394m^2，校内绿树成荫，环境幽雅。已建成的建（构）筑物有教学楼、办公楼、公寓楼、食堂等设施，还有标准的田径运动场、篮球场、足球场以及休闲健身场地等，基础设施建设完善。

本工程汇水面积为20394m^2，改造屋顶面积为1708m^2，增加植草沟长度约130m，新增雨水回收利用蓄水池200m^3。

5.1.2.3 问题与需求分析

该学校校园内现状绿地大多为普通绿地，面积大，土壤透水性不高，吸水、蓄水性差，不利于雨水滞留、渗排，当降雨量大时，造成大量雨水排入校园道路，增大校园路面雨水径流量。

校园内运动场地硬化面积大，雨水无下渗功能。当降雨时，雨水直接排入锦春路市政雨水管网，增加了市政雨水径流量，不符合海绵城市建设雨水径流源头控制的原则。

校园内硬化屋面面积大，当降雨时，雨水直接通过立管排入城市道路市政雨水管网，无法延缓暴雨径流量，不符合海绵城市建设雨水径流源头控制的原则。

5.1.2.4 方案设计

（1）设计控制目标值

年径流总量控制率不低于75%，年径流污染削减率不低于50%。

初期雨水污染控制指标：屋面为2mm；学校路面为3 ～ 5mm。

单位硬化面积调蓄容积：对于政府投资的新建公共建筑，单体屋面正投影面积超过2000m^2，每1000m^{2}硬化面积应配建不小于25m^{3}的雨水调蓄设施。

（2）具体方案

根据现场踏勘，结合本项目校园实际情况，主要对校园内排水系统、绿地花园系统、道路交通系统、景观水系等地方进行海绵化开发改造建设（见图5-6）。经综合分析考虑，本工程主要采用的低影响开发措施有绿色屋顶、植草沟、雨水调蓄池等。拟采用该组合措施，实现海绵化改造工程总体控制目标。

1）绿地微地形改造（植草沟）

校园内运动场地面积较大，场地内绿地草坪经改造可具有一定的雨水调蓄功能。运动场内绿地面积小，且地块有一定高差，不适宜直接做下沉绿地，故考虑仅对现状绿地进行局部的微地形改造。即通过在现状绿地局部地块做1m宽左右的带状植草沟或生物滞留带等，可用于调蓄和净化径流雨水的绿地，达到对雨水的收集调蓄效果。

① 改造位置：运动场边方块绿地内。

② 改造措施：将现有绿地局部下沉，在绿地中间改造成一条0.8m宽植草沟。

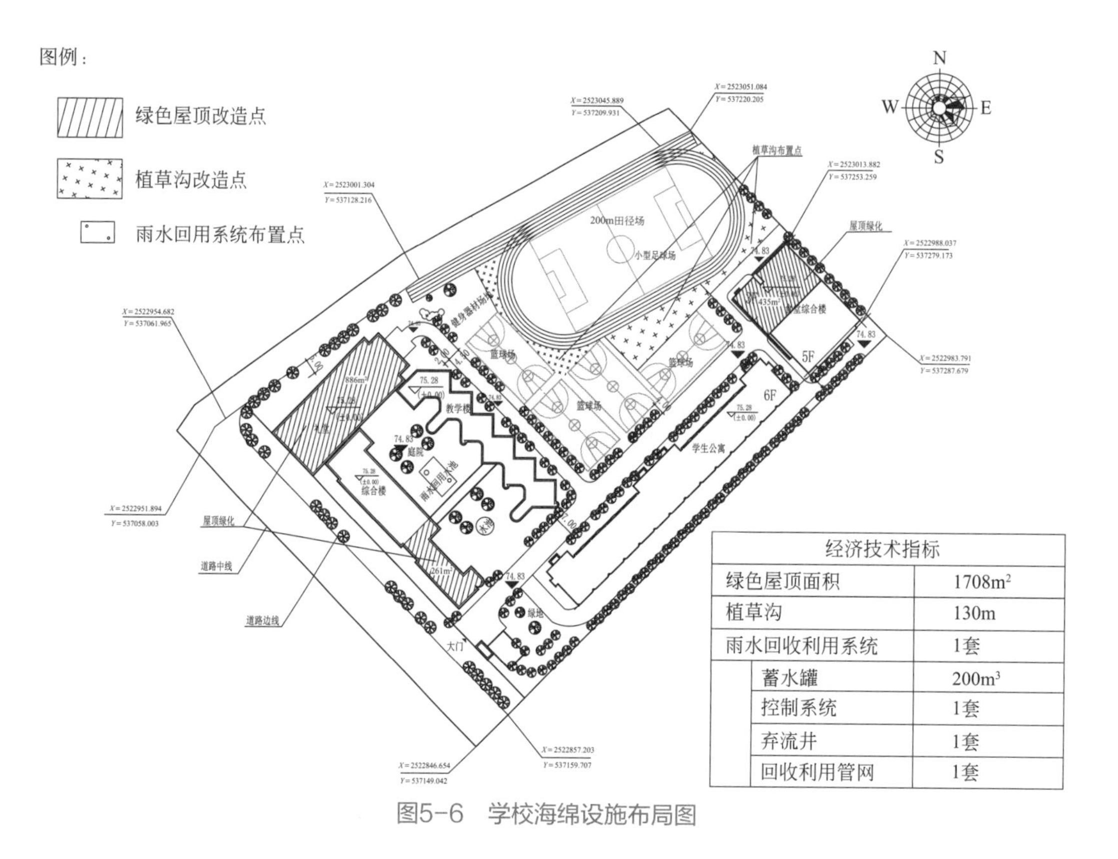

经济技术指标		
绿色屋顶面积		$1708m^2$
植草沟		130m
雨水回收利用系统		1套
	蓄水罐	$200m^3$
	控制系统	1套
	弃流井	1套
	回收利用管网	1套

图5-6　学校海绵设施布局图

③ 工程数量：植草沟130m，植草沟可滞留雨水$15.6m^3$。植草沟大样如图5-7所示。

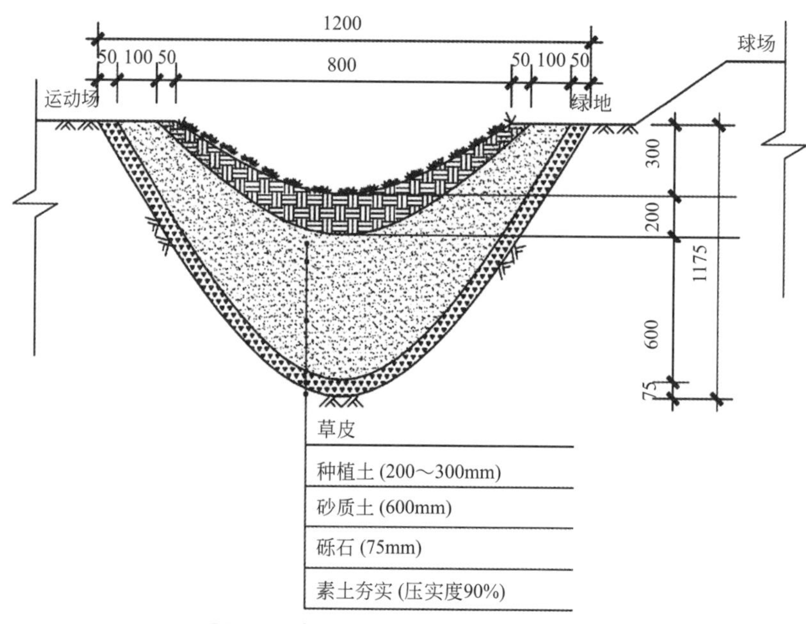

图5-7　植草沟大样图（单位：mm）

2）绿色屋顶

绿色屋顶也称种植屋面，根据基质深度和景观复杂程度以及屋顶荷载确定。本项目采用草皮绿化屋顶，草皮绿色屋顶的基质深度一般≤100mm。植物采用耐旱、易维护管理的景天科佛甲草等草皮植物。绿色屋顶应符合《种植屋面工程技术规程》（JGJ 155—2013）、《屋面工程技术规范》（GB 50345—2012）、施工验收符合《屋面工程房屋验收规范》（GB 50207—2012）。绿色屋顶大样如图5-8所示。

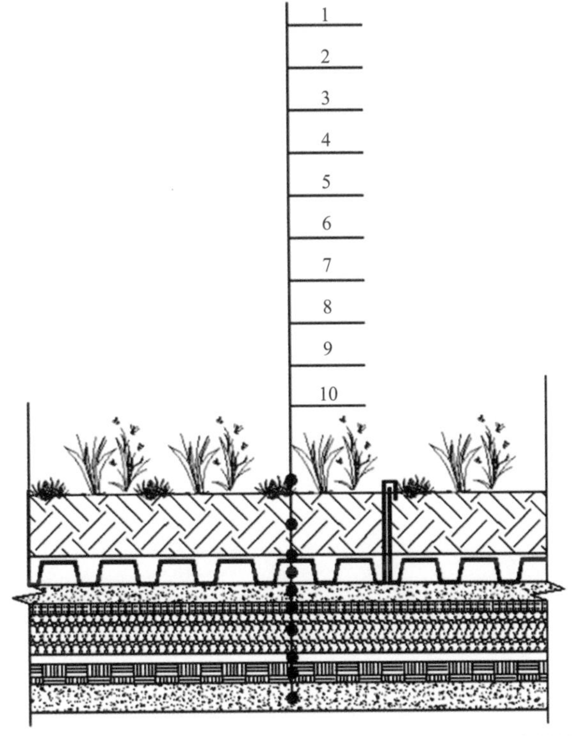

图5-8 绿色屋顶大样（单位：mm）

改造位置：综合楼南部楼顶屋面、礼堂楼顶屋面、饭堂楼顶屋面。

改造措施：将现状平屋顶改造成绿色屋顶。

工程数量：共改造绿色屋顶1708m²。

3）调蓄池

在校园排水管网末端增加雨水蓄水池，按照年控制率75%的要求，计算需要增加的调蓄容积为310m³。通过直接利用现状水池可调蓄雨水量约8.5m³、现状下沉绿地可调蓄雨水量87.6m³、改造后绿地可调蓄雨水量约15.6m³，还需建设容积为198.3m³蓄水池，才满足总体控制指标要求。故本设计在雨水管网末端综合楼绿化庭院内新建雨水200m³蓄水池一座，雨水蓄水池收集到的雨水经处理后可作为绿化和场地洒水、公厕冲洗及对原有景观水池进行补水。

将学校内屋顶天面雨水以及篮球场、足球场、跑道及健身场地等的地面雨水收集至雨水调蓄池，雨水调蓄池采用雨水回收过滤系统一体化设计，系统分为弃流、沉淀、过滤、消毒等环节，可将雨水中的树叶、泥沙、悬浮物等主要污染物处理干净，雨水达到相关水质要求后可回用，如校园绿化浇灌、校园道路冲洗以及现有景观水池补水等。雨水利用系统管网布置如图5-9所示。

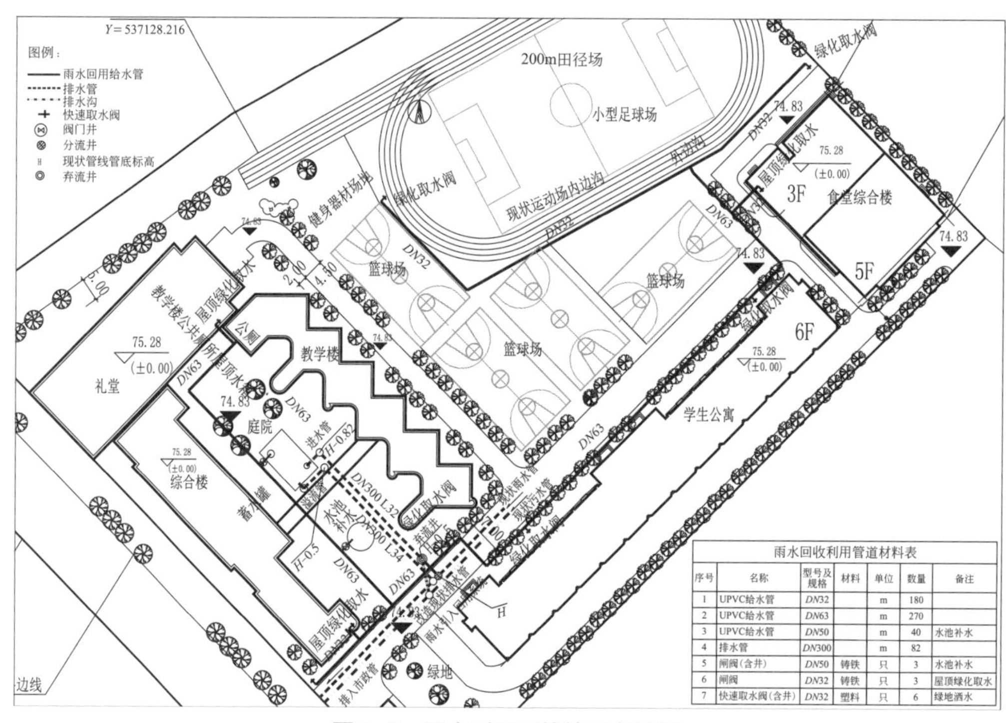

序号	名称	型号及规格	材料	单位	数量	备注
1	UPVC给水管	DN32		m	180	
2	UPVC给水管	DN63		m	270	
3	UPVC给水管	DN50		m	40	水池补水
4	排水管	DN300		m	82	
5	闸阀（含井）	DN50	铸铁	只	3	水池补水
6	闸阀	DN32	铸铁	只	3	屋顶绿化取水
7	快速取水阀（含井）	DN32	塑料	只	6	绿地洒水

图5-9 雨水利用系统管网布置图

（3）设计参数计算值

为满足项目改建工作总体要求，区域按雨水控制率75%、降雨强度26.00mm计算。学校初始综合径流系数为0.63，经海绵城市提升改造后综合径流系数为0.58。雨水控制率按75%计时需控制目标调蓄量310m^3。改造前后径流系数计算表见表5-7和表5-8。

表5-7 径流系数计算（改造前）

编号	汇水面积种类	原场地汇水类型	设计取值	实际面积/m^2	计算径流面积/m^2	初始外排综合径流系数	按75%控制率调蓄量/m^3
1	路面	小区车道	0.85	2232.00	1897.20	—	49.33
2	操场	硬化场地、跑道、篮球、足球场	0.80	7127.00	5701.60	—	148.24
3	绿地	—	0.15	6118.00	917.70	—	23.86
4	总计	—	—	15477.00	8515.00	0.63	221.43
—	—	—	—	—	—	控制37%	—

表5-8 外排径流系数计算(改造后)

编号	汇水面积种类	原场地汇水类型	设计取值	实际面积/m^2	计算径流面积/m^2	初始外排综合径流系数	按75%控制率调蓄量/m^3
1	硬屋面	建筑屋面排入管道	0.90	3209.00	2888.10	—	75.09
2	路面	小区车道	0.85	2232.00	1897.20	—	49.33
3	操场	硬化场地、跑道、篮球、足球场	0.80	7127.00	5701.60	—	148.24
4	绿地	—	0.15	6118.00	917.70	—	23.86
5	总计	—	—	18686.00	11404.6	0.58	296.52
—	—	—	—	—	—	控制42%	—

5.1.2.5 改造效果

本工程雨水回收利用每年节约自来水用水量为15790m^3，不考虑折旧费用，按经验数据，雨水收集处理回收运营成本为每立方米约0.5元，学校自来水平均费用约3.1元，则本项目每年节约自来水15790m^3，节约水费为41054元。同时因径流控制，对市政雨水管道系统排水能力的提高产生的积极效益可以预见（重现期由1～2年提高为2～3年），污染控制而产生的环境效益对污水处理厂处理负荷的降低都将产生积极作用。屋顶绿化还可以缓解城市的热岛效应，夏季楼顶温度在37～40℃之间，楼顶绿化就能有效降温3～6℃。此外，还能够吸滤尘埃，减少细菌量。海绵改造对本项目范围内的环境微循环、热岛效应都将产生积极影响。

5.1.3 积水易发、蓄渗能力差的老旧公建小区海绵化改造工程

5.1.3.1 基本概况

本项目为提升校园环境工程的海绵化建设改造工程，主要对校园内雨水进行“渗、滞、蓄、净、用、排”等方面的设计，以实现海绵化建设总体目标。总面积为145149.30m^2，其中屋面面积25851.75m^2，球场面积16692.36m^2，道路面积23142.02m^2，停车场面积3000.00m^2，绿化面积71589.42m^2，水系面积4873.75m^2。有一座面积约3525.25m^{2}的人工景观湖泊。

根据现状，本工程主要采用绿色屋顶、透水铺装、雨水蓄水池等措施对该学校进行海绵城市提升改造。总改造面积约3353.2m^2。

5.1.3.2 改造现状分析

(1)内涝问题

东北片区，雨天有局部积水现象，分别位于图书馆、教学楼A栋与B栋交叉口。

其中，图书馆处主要因建筑屋面及建筑前硬化广场面积较大，无雨水调蓄功能，且地面排水不及时，雨水得不到有效调蓄和排放导致积水内涝；教学楼处内涝原因是地势较低，当降雨量大时路侧边沟排水不及时而引发内涝积水。

（2）下垫面分析

校园绿化率较高，绿化率约为49%，多为灌木、乔木和绿地，景观效果良好，但绿地多高于现状道路，且土壤透水性不高，吸水、蓄水性差，不利于雨水滞留、渗排。绿地多高于现状道路，土壤透水性差，不利于雨水的滞留和渗排。

（3）面源污染问题

校园内硬化铺装范围较大，约占校园总面积的30%。透水性能差，雨水得不到有效调蓄和净化。

（4）“热岛”问题

校园内建筑物均为硬化屋顶，吸热快、放热快，隔热效果不佳，夏季屋面及顶层室温偏高；尤其是图书馆，为校内最重要的学习和会议场所，使用率高。其屋顶为水泥硬化铺装，夏天酷暑难耐，对教学环境影响较大。下垫面改造前图片如图5-10所示。

图5-10　下垫面改造前图片

5.1.3.3　问题与需求分析

改造区内存在3处较为明显内涝积水点，其中体育馆、科艺楼、图书馆处因屋面构造和屋面面积大等因素，造成雨水全部直排入建筑周边地面，周边道路排水沟排水不及时，造成内涝积水；教学楼A栋与B栋交叉口因地势低洼，道路边沟排水不及时，形成内涝积水。内涝问题在一定程度上给学生日常生活、学习带来的影响，且具有较高的安全隐患，需采取措施缓解内涝问题。

校园内现状绿地大多为普通绿地，面积大，土壤透水性不高，吸水、蓄水性差，不利于雨水滞留、渗排；当降雨量大时，易造成大量雨水排入校园道路，增大校园路面雨水径流量。校园内人行道铺装材料均为普通铺装材料，无雨水下渗功能。当降雨时，雨水只能排入周边绿地和道路；当绿地滞水量饱和后，多余的雨水最终排往道路，加剧路面雨水径流量，不符合海绵城市建设雨水径流源头控制的原则。校园大多树木都没有树池，且树根周边土壤面积较小，多为水泥硬化，雨水可渗性不高，且不美观，与校园景观环境不协调。

经计算，现有的排水设施还无法满足该区域海绵化建设总体目标的控制率（≥75%），需增设海绵化改造措施，以实现控制目标。

5.1.3.4 方案设计

本设计进行雨水控制与利用工程设计，主要内容为海绵城市提升工程设计。采取的措施有绿色屋顶、透水铺装、绿地微地形改造、渗井、雨水调蓄池等。其中各项改造措施的规模为：生物滞留带870.2m^2，生态停车场594m^2，绿色屋顶1764m^2，雨水蓄水池300m^3。

（1）总体控制目标

1）年径流总量控制率

按项目改建工作总体要求，区域雨水控制率不低于75%。多年平均径流总量控制率对应的设计降雨量如表5-9所列。

表5-9 多年平均径流总量控制率对应的设计降雨量

多年平均径流总量控制率/%	50	55	60	65	70	75	80	85	90	95
设计降雨量/mm	10.7	13.8	16.9	19.8	22.7	26.0	33.4	40.4	54.5	66.5

2）年径流污染削减率

按项目改建工作总体要求，区域内年径流污染削减率不低于50%。

3）初期雨水污染控制指标

屋面为2mm；学校路面为3～5mm。

4）单位硬化面积调蓄容积

对于政府投资的新建公共建筑，单体屋面正投影面积超过2000m^2，每1000m^{2}硬化面积应配建不小于25m^{3}的雨水调蓄设施。

5）设计参数

本项目按项目改建工作总体要求，区域雨水控制率按75%，降雨强度按26.00mm。经计算，初始外排综合径流系数为0.49，雨水控制率按75%计时，需控制目标调蓄量1850.27m^3。初始外排径流系数计算见表5-10。

表5-10 初始外排径流系数计算

编号	汇水面积种类	原场地汇水类型	设计取值	实际面积/m²	计算径流面积/m²	初始外排综合径流系数	按75%控制率调蓄量/m³
1	硬屋面、未铺石子的平屋面、沥青屋面	建筑屋面排入管道	0.80	25851.75	20681.40		537.72
2	混凝土或沥青路面及广场	校区路面、广场、停车场	0.80	42834.38	34267.50		890.96
3	绿地	绿地	0.15	67569.42	10135.41		263.52
4	水面	水面	1.00	4873.75	4873.75		126.72
5	透水铺装地面	透水地面	0.30	4020.00	1206.00		31.36
6	总计			145149.30	71164.06	0.49	1850.28

（2）方案设计主要内容

根据现场踏勘，结合本项目校园实际情况，主要对校园内排水系统、绿地花园系统、道路交通系统、景观水系等地方进行海绵化开发改造建设。经综合分析考虑，本工程主要采用的海绵化改造措施有绿色屋顶、透水铺装、绿地微地形改造、雨水收集回用池等。拟采用该组合措施，实现海绵城市提升工程总体控制目标，海绵化改造总体布置见图5-11，海绵化改造雨水系统流程见图5-12。

图5-11 海绵化改造总体布置

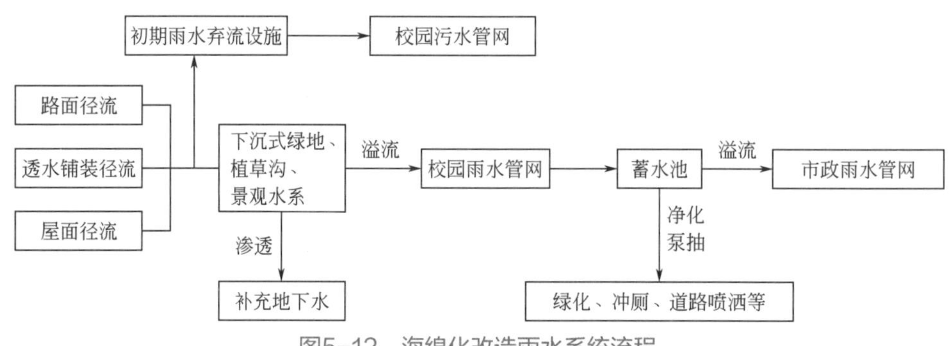

图5-12 海绵化改造雨水系统流程

1）内涝点改造

内涝点雨水径流示意如图5-13所示。

图5-13　内涝点雨水径流示意

合理采用生态措施+灰色市政排水系统相结合的方式，缓解内涝问题；在内涝点增设四篦雨水口，采用快排方式排除路面积水。

根据校园建设要求，改造措施结合现状布置，以减少对现状破坏为原则。通过对内涝区范围的绿地进行微地形改造，增加该区域的雨水调蓄下渗量，缓解内涝问题。

① 措施：生物滞留带（不规则带状）。

② 数量：4处，870.20m^2。

③ 位置：内涝区绿地与硬化路面交界处。

④ 植物：红花文殊兰、麦冬、大叶棕竹、肾蕨、紫花马缨丹、春羽、长春花、软枝黄蝉等。

⑤ 其他：增设雨水溢流口及排水管，排除超标雨水；土壤换填，改善土壤渗透性。生物滞留带雨水径流示意如图5-14所示。

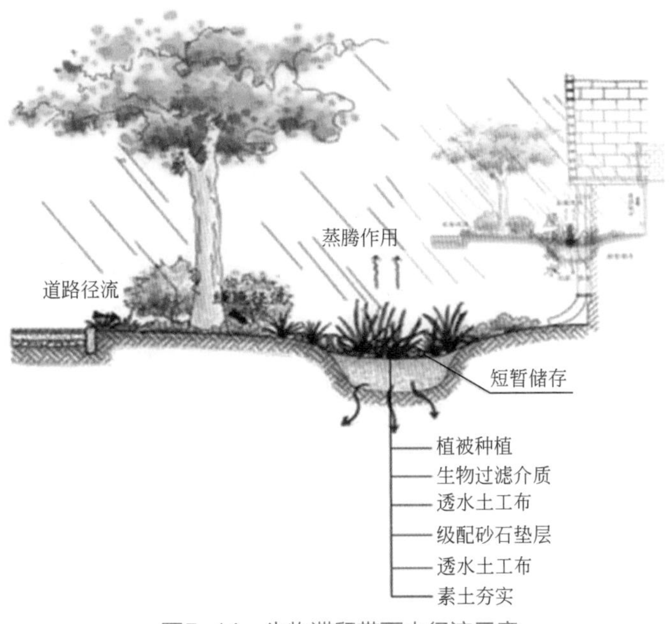

图5-14　生物滞留带雨水径流示意

生物滞留带改造意向如图5-15所示。

图5-15　生物滞留带改造意向

2）屋顶改造

结合学校建设需求，对图书馆硬化屋顶进行绿化改造，提升图书馆教学环境，进而缓解“热岛”效应。

① 措施：屋顶绿化。

② 数量：1处，1764.00m^2。

③ 位置：图书馆。

④ 植物：马尼拉草。

⑤ 其他：设置快速取水阀；排水层、防根层、防水层、保温层、屋顶原结构加固层等。绿色屋顶雨水径流示意见图5-16。

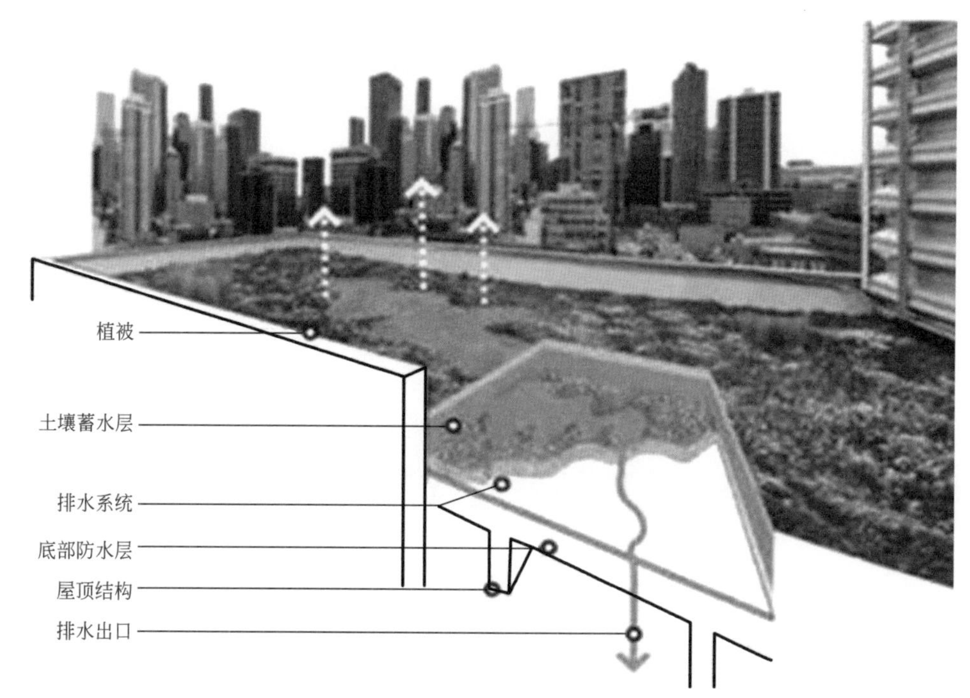

图5-16　绿色屋顶雨水径流示意

3）生态停车场

通过对硬化面积较大的硬化停车场进行生态改造，改变场地下垫面，增加地块雨水收集调蓄能力。

① 措施：透水铺装。

② 数量：2处，594.00m^2。

③ 位置：校门北侧、实验楼西南侧。

④ 材料：彩色透水植草砖。

⑤ 其他：土壤换填，改善土壤渗透性。生态停车场雨水径流示意及改造意向如图5-17、图5-18所示。

图5-17 生态停车场雨水径流示意

图5-18 生态停车场改造意向

4）雨水回收利用系统

校园内绿化、硬化面积较大，日常需水量较大，考虑建设雨水收集回用系统，回用于绿地浇灌、道路冲洗及公厕的清洗，提高水资源利用率。

① 措施：雨水收集回用一体化处理系统。

② 数量：2处，调蓄容积300m^2。

③ 位置：校园西侧网球场与学生公寓之间、校内国际部南侧。

④ 材质：玻璃钢。

⑤ 其他：根据用水点及场地条件选取调蓄池位置，确保经济合理。

调蓄池容积根据用水点3d的总需水量设定，雨水收集回用流程示意见图5-19。

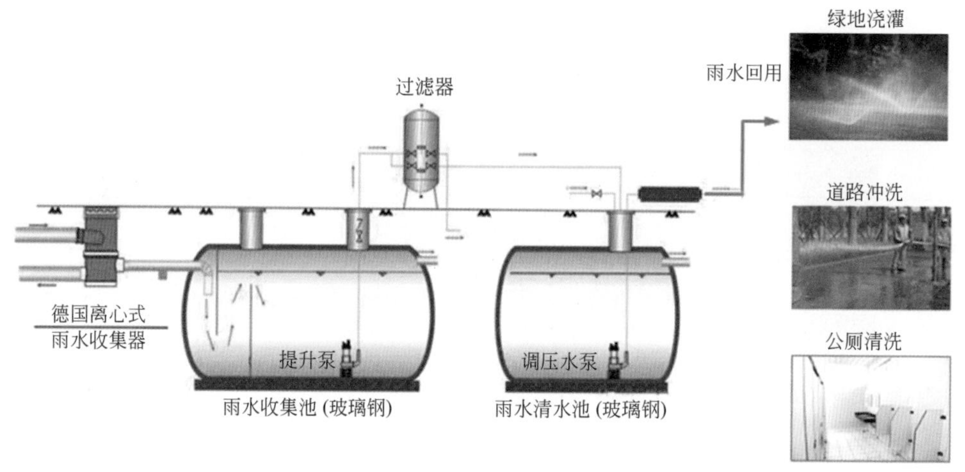

图5-19 雨水收集回用流程示意

5.1.3.5 计算评价及改造效果

(1) 雨水径流污染物控制率计算

1）改造后外排径流系数及雨水量控制目标

通过海绵改造后，外排径流系数计算如表5-11所列。

表5-11 改造后外排径流系数计算

编号	汇水面积种类	原场地汇水类型	设计取值	原汇水面积/m^2	改造措施面积/m^2	改造后项目实际面积/m^2	计算径流面积/m^2	改造后外排综合径流系数	按75%雨水量控制目标/m^3
1	硬屋面、未铺石子的平屋面、沥青屋面	建筑屋面排入管道、蓄水池	0.80	25851.75	1764.00	24087.75	19270.20		501.03
2	混凝土或沥青路面及广场	校区车道、广场、停车场	0.80	42834.38	594.00	42240.38	33792.30		878.60

续表

编号	汇水面积种类	原场地汇水类型	设计取值	原汇水面积/m^2	改造措施面积/m^2	改造后项目实际面积/m^2	计算径流面积/m^2	改造后外排综合径流系数	按75%雨水量控制目标/m^3
3	绿地	绿地	0.15	67569.42	0.00	67569.42	10135.41		263.52
4	水面	水面	1.00	4873.75	0.00	4873.75	4873.75		126.72
5	透水铺装地面	人行道透水铺装	0.30	4020.00	0.00	4614.00	1384.20		35.99
6	改造措施	生态停车场	0.10	0.00	594.00	594.00	59.40		1.54
		生物滞留带	0.00	0.00	870.20	870.20	0.00		0.00
		绿色屋顶	0.30	0.00	1764.00	1764.00	529.20		13.76
7	总计			145149.30		146613.50	70044.46	0.48	1821.16

注：绿化改造后，消纳自身径流。

2）雨水径流量控制率计算

改造措施以及控制雨水量见表5-12。

表5-12 改造措施及控制雨水量

序号	项目	单位	数量	控制雨水量/m^3	备注
1	雨水调蓄池及回用处理系统	套	2	300.00	新增
2	绿色屋顶	m^2	1764.00	0.00	只改变径流系数
3	生物滞留带	m^2	870.20	87.40	现状绿化控制
4	透水铺装	m^2	594.00	0.00	只改变径流系数
5	景观水池	m^2	3525.25	1445.35	现状
6	总计			1832.75	

根据雨水径流量（m^3）计算公式：$W=10\times\psi_c hF$，反算本项目消纳的雨水降雨量为26.30mm，查多年平均径流总量控制率与设计降雨量对应关系曲线图，得到海绵改造后雨水径流量控制率约为75%。

3）雨水径流污染物控制率计算

计算不同改造措施的污染物去除率，结合本项目中所涉及的海绵化改造措施占比，进行加权平均计算，污染物去除率计算见表5-13。

表5-13　污染物去除率计算

单项设施	面积S_i/m^2	各项措施面积占比$S_i/\Sigma S_i$	各项措施污染物去除率η_i	各项措施污染物去除率与总污染物去除率的占比	污染物平均去除率η
生物滞留带	870.20	0.27	0.8	0.216	0.80
透水铺装	594.00	0.18	0.8	0.144	
绿色屋顶	1764.00	0.55	0.8	0.440	

根据《海绵城市建设技术指南》公式：

年SS总量去除率 = 年径流总量控制率 × 低影响开发设施对SS的平均去除率

本项目SS总量去除率 = 75% ×0.80 = 60.00% >50%，满足建设目标要求。

4）控制目标评价

可见通过下渗减排、滞留转输、补充地下水、雨水收集回用等措施，外排至市政雨水管渠的雨水量得到有效控制，雨水利用达到可观效益，对于海绵建设目标的实现具有积极意义。

（2）改造效果对比

1）改造前后对比

实施改造前后数据对比如表5-14所列。

表5-14　实施改造前后数据对比

类别	年径流总量控制率/%	SS污染物去除率/%	雨水资源化率/%	峰值径流系数	雨水管渠重现期/年	绿色屋顶改造前后室温对比/℃
改造前	51	45	0	0.49	1～2	34
改造后	75	52	16	0.48	2～3	32.5

2）实施效果

① 生物滞留带。生物滞留带改造前、改造后及改造细节如图5-20～图5-23所示。

② 绿色屋顶。绿色屋顶改造前、改造后实景如图5-24、图5-25所示。

③ 生态停车场。生态停车场铺装效果见图5-26。

④ 雨水收集回用系统。雨水收集回用系统改造后、出水水质对比及回用系统细节如图5-27～图5-29所示。

图5-20 生物滞留带改造前实景

图5-21 生物滞留带改造后实景

图5-22 生物滞留带改造细节（一）

图5-23　生物滞留带改造细节（二）

图5-24　绿色屋顶改造前实景

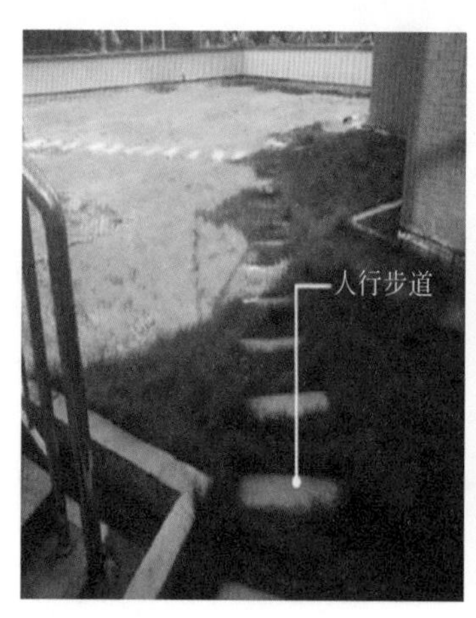

图5-25　绿色屋顶改造后实景

图5-26 生态停车场铺装效果

图5-27 雨水收集回用系统改造后

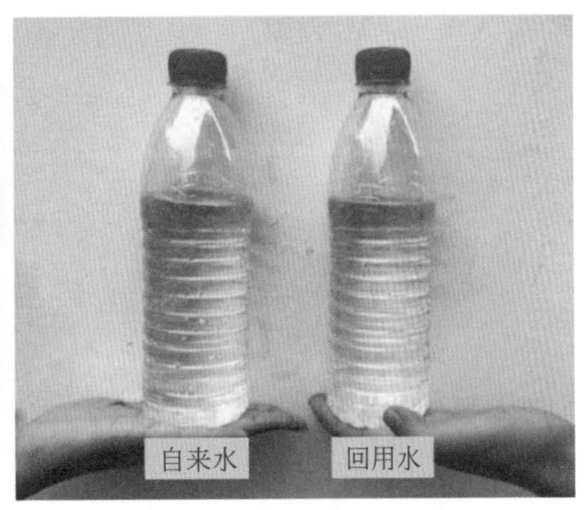

图5-28 出水水质对比

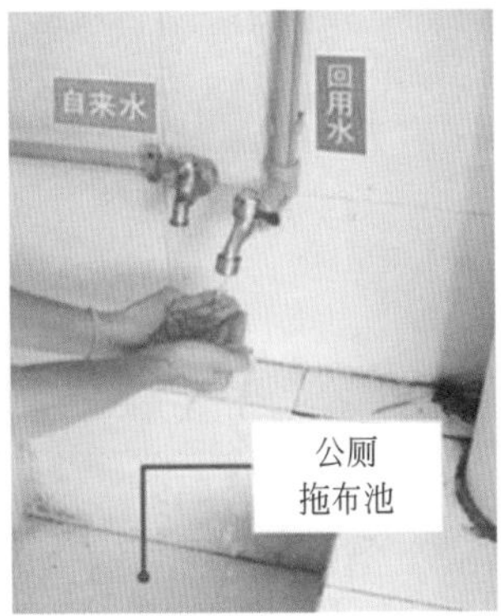

取水阀

图5-29 雨水收集回用系统细节

本次海绵改造对校园的水安全、水生态、水资源等方面均有较大提升。

①水安全：通过各类海绵化改造设施对雨水进行净化、调蓄，同时有效缓解校园内涝问题，并提高校园雨水管排放能力。

②水生态：各项海绵化设施对雨水进行净化处理，源头上削减雨水中污染物的浓度，对下游水体起到保护作用。

③水资源：雨水收集回用设施中储存的雨水可用于绿化浇洒、道路冲洗、公厕清洗等，提高雨水收集利用率，节约校园内水资源用量。

同时，绿色屋顶与其他生态设施组合建设，不仅提升校园下垫面的雨水调蓄能力，还有效缓解了热岛效应，改善了校园的教学环境，为校园师生打造更舒适、更便利的教学生活环境。

5.1.4 蓄渗能力弱、景观效果差的老旧小区海绵化改造工程

（1）改造工程特点

小区作为绿色建筑全面工程试点项目，整体绿地率较高，设计理念较为先进，小区利用东西地势高差，在小区内设置景观湖作为雨水调蓄，同时小区已经存在一部分下沉式绿地，并已经控制了一部分雨水不外排，但总体控制效果仍有待提高。本项目在小区原有的海绵设施基础上，进一步提升改造，以充分实现海绵化建设总体控制目标。

（2）基本情况

小区总占地约$6.6\times10^4m^2$。规划总建筑面积约$16.4\times10^4m^2$。绿地面积为$28952m^2$，绿地率为43.89%。小区东西地势约16m高差，小区内有约200m的水系贯穿小区景观园林。

本项目新建植草沟总面积为$549m^2$，新建雨水生物滞留池$52m^2$，新建$50m^3$雨水收集罐1个（含过滤净化设备1套）。

（3）问题与需求分析

小区内住宅顶层为复式楼层或斜屋面，硬化面积大，且不宜做绿化屋顶处理；小区内人行道均采用透水砖铺设，但实际渗透效果较差。经过计算，小区内现有的排水设施还无法满足海绵化建设总体目标的最低要求，需增加低影响开发设施，以实现建设目标。

（4）方案设计

1）设计控制目标值

根据所在城市相关技术规定，本工程取年径流总量控制率不低于70%，年径流污染控制率不低于50%的数值。

2）具体方案

根据现场踏勘，结合本项目小区内实际情况，经综合分析考虑，本工程主要采

用的低影响开发措施有植草沟、雨水调蓄池等。拟采用组合措施，实现海绵城市改造工程总体控制目标。

小区海绵化改造平面如图5-30所示。

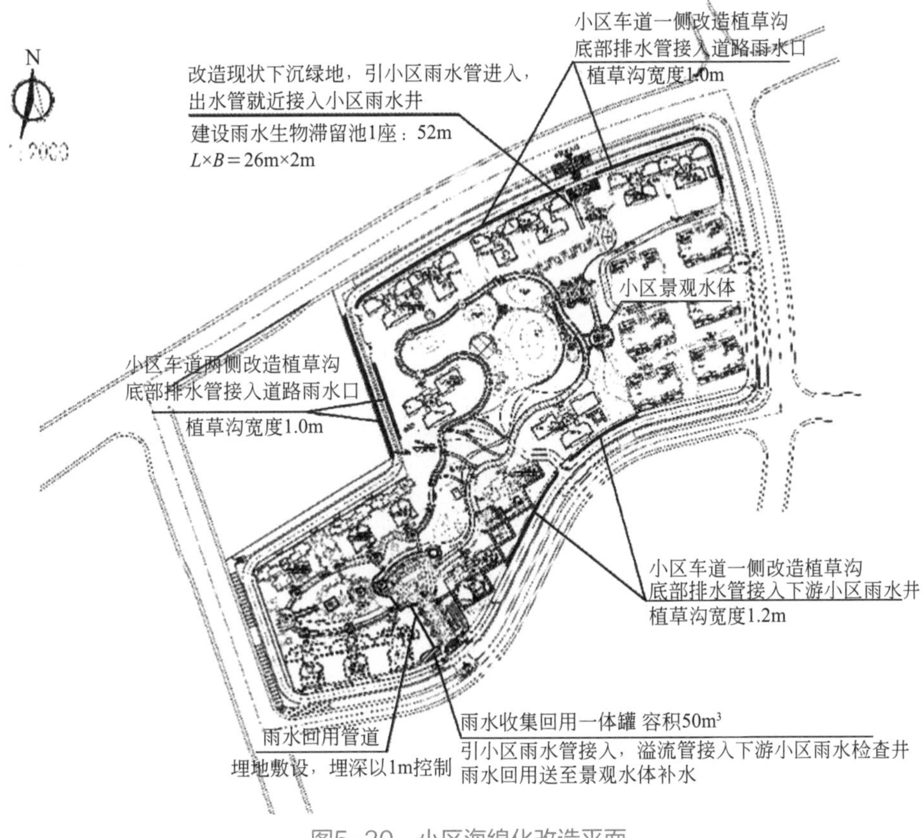

图5-30 小区海绵化改造平面

注：
1. 雨水管接入20m×2m雨水花园及雨水收集罐前，需先接入接收方井，再接入低影响开发设施；
2. 小区雨水管接入20m×2m雨水花园（或雨水收集罐），并断开与原有下游雨水管的连接，经过雨水花园（雨水收集罐）调蓄后再接入下游小区雨水管；
3. 截引楼面雨水时，需先于一层楼板底部横向截流雨水立管，引至雨水花园上方，再向下接入雨水花园；
4. 雨水生物滞留池底部排水管就近接入小区雨水检查井；
5. 本图低影响开发设施绘制大小及布置位置均为示意，实际尺寸以说明为准，具体位置需在现场确定。

① 植草沟。小区内部绿化草坪面积较大，且场地相对平整，拟改造小区部分车行道一侧绿化带，作为植草沟进行调蓄。在各汇水分区内，道路旁植草沟宽为0.5m，部分路段植草沟宽为1.2m，下凹0.15m。新建植草沟总面积549m^2，总调蓄容积234.8m^3。

② 雨水生物滞留池。本工程雨水生物滞留池设置在小区北门广场上，对现有分块的下沉式绿地进行改造，引小区雨水干管内的雨水接入，出水再回流至小区雨水管，实现雨水生物滞留池的调蓄和净化功能。

雨水生物滞留池调蓄量计算：雨水生物滞留池面积52m^2，总调蓄容积36.5m^3。

雨水生物滞留池计算表如表5-15所列，雨水生物滞留池横断面见图5-31。

表5-15　雨水生物滞留池计算

各层名称	厚度/m	有效空间利用系数	孔隙率/%	田间持水量/mL	平面面积/m^2	调蓄容积/m^3
蓄水层	0.2	0.9	1	0	52	9.36
覆盖层	0.08					
种植土层	0.9	1	0.47	0.11	52	16.848
过渡层	0.1	1	0.45	0.09	52	1.872
砾石层	0.45	1	0.45	0.09	52	8.424
总厚度	1.73				总容积	36.504

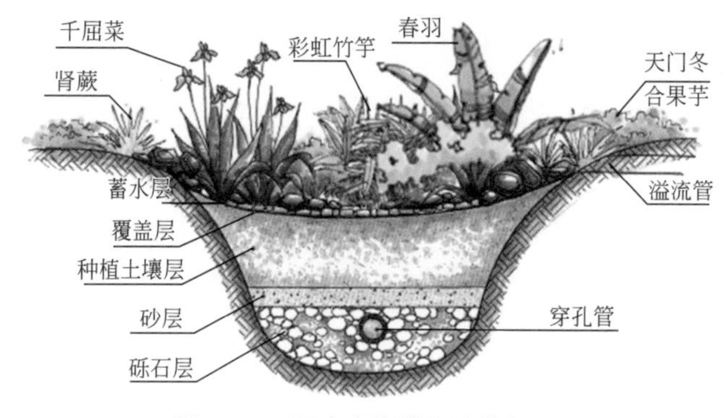

图5-31　雨水生物滞留池横断面

③ 雨水收集罐。本工程雨水收集罐拟建于小区南门出口旁的绿地下，为满足小区总体控制率的要求，其调蓄量应该作为植草沟与雨水生物滞留池调蓄量的补足。

雨水收集罐调蓄容积计算：小区内景观水体由人工湖及人工溪组成，考虑景观水体调蓄容积：景观水体总面积1805.89m^2，调蓄高度取0.10m，则其调蓄容积为1805.89×0.10 = 180.5m^3

需调蓄容积496.2m^3，植草沟总调蓄容积219.7m^3，雨水生物滞留池总调蓄容积49.2m^3，则还需调蓄的容积为：

W = 496.2–232.2–36.5–180.5 = 47m^3

取雨水调蓄池的设计容积为50m^3。

考虑人工湿地处理系统中一体化污水处理系统的运营安全，本次雨水收集进行初步过滤净化后利用于景观补水。

3）设计参数计算值

按项目改建工作总体要求，区域雨水控制率按70%，降雨强度按22.7mm。经计算，裕丰英伦小区初始外排综合径流系数为0.33，雨水控制率按70%计时，需控制目标调蓄量为496.24m^3。

表5-16为径流系数计算。

表5-16 径流系数计算

汇水面积种类	本次设计汇水类型	设计取值	项目实际面积/m²	计算径流面积/m²	原始外排综合径流系数	按70%控制率调蓄量/m³
硬屋面、未铺石子的平屋面、沥青屋面	建筑屋面排入管道	0.80	8631.74	6905.39	—	156.75
—	建筑排入中水	0.00	4391.82	0.00	—	0.00
混凝土或沥青路面及广场	小区车道	0.80	6594.00	5275.20	—	119.75
大块石等铺砌路面及广场	硬质广场	0.50	3301.00	1650.50	—	37.47
非铺砌的土路面	植草停车场	0.30	3384.00	1015.20	—	23.05
地下建筑覆土绿地（覆土厚度≥500mm）	绿化	0.15	28951.99	4342.80	—	98.58
透水铺装地面	透水地面	0.30	8905.00	2671.50	—	60.64
—	景观水面	0.00	1805.89	0.00	—	0.00
总计	—	—	65964.88	21860.59	0.33	496.24
—	—	—	—	—	控制67%	—

（5）改造效果

通过人行道两侧植草沟改造、绿化带改造、利用雨水生物滞留池和雨水收集罐调蓄雨水这三项技术措施，满足了控制率70%所需的雨水调蓄量，使整个小区的外排综合径流控制率由原来的67%提升到70%，达到了海绵城市的建设要求。此外，通过计算得出改造后的年径流污染消减率为51.6%，达到了海绵城市建设的要求。

5.1.5 径流污染较严重的德国韦尔海默马克小区海绵化改造工程

（1）基本情况

马克博特罗普南部韦尔海默市现代化住房参用了雨水渗透系统，这片房区收到由埃姆歇协会颁发的“水印”奖。这个智能项目可以缓解降雨中下水道系统的负荷，也可以增强水域系统效率。居民住房屋顶面积达16600m²的雨水收集起来通过特建管道引入埃姆歇河，而不进入排水管网，从而减轻管网负担并补充河水的储蓄量。每年可得到博托普城市8000欧元的管理费奖励。这个设计方案耗资6.6×10^5欧元，80%的金额来自“未来雨水计划”和“欧盟城市供水”规划。主要处理工艺为雨水收集与排送入埃姆歇河。

随着埃姆歇河沿岸截污地下隧道系统的建立，以后只有干净的径流雨水能进入埃姆歇河，受污染的雨水和小区生活污水则通过下水道汇入沿岸地下隧道，最终进入污水处理厂处理。而当地传统的雨水合流系统与埃姆歇河重建计划是不相符的，以前这个区域的所有雨水也都进入下水道系统，最终进入污水处理厂，这样做有两个不利影响：

① 为了可以容纳所有硬化面的雨水，沿岸的截污地下隧道需要建的规模更大，这样势必增加投资费用；

② 由于较为干净的径流雨水也进入下水道排走，这样无疑将会造成埃姆歇河清水补给量下降。

因为“未来雨水计划”的协调，韦尔海默马克小区屋面的雨水都汇集到小区低洼处的雨水调蓄塘和植草沟渠中，不再进入下水道系统。

通过这种方式，雨水可以一部分渗入地下，不能渗流的过量的水则可以通过新建的管道进入埃姆歇河，补充河水。

这样做不仅埃姆歇河水环境得到保护，根据小区地形地势建设的雨水花园和植草沟也提升了小区环境品质，而且由于排入下水道的雨水渐少，雨水收费也降低，租金附加成本也下降了。

（2）雨水绿色设施系统及重要节点设计

韦尔海默马克小区内，小区住宅屋面的污水通过雨水排水竖管，经过屋顶雨水引流铺装，进入屋面雨水引流植草浅沟，最终汇入小区雨水生态调蓄池，屋顶雨水引流铺装和屋面雨水引流植草浅沟分别见图5-32和图5-33。

经过这套系统，一部分屋面雨水经过植草浅沟和低洼绿地渗入地下，另一部分屋面雨水则进入小区雨水生态调蓄池储存，超量的雨水则溢流进入雨水排放管道，最终进入埃姆歇河补充河道水（见图5-34、图5-35）。小区机动车路面的雨水由于受到污染，则通过雨水箅收集进入下水道系统，与生活污水一起进入污水处理厂处理（见图5-36）。

图5-32　屋顶雨水引流铺装

图5-33 屋面雨水引流植草浅沟

图5-34 小区雨水生态调蓄池

图5-35 小区低洼绿地及植草沟

图5-36　机动车路面排水

5.2　提升型老旧建筑小区海绵化改造案例

5.2.1　绿化较好、雨水外排严重的老旧小区海绵化改造工程

（1）基本情况

该办公及住宅区改造前，有大面积整块的现状草地，场地空间充足，深度挖掘，创新性地采取雨水花园潜流湿地的做法，在不影响原有乔木的情况下，在绿地内设置便于出入的透水铺装小路，设计小桥及旱溪景观池，对原有绿地进行微地形改造，并增加绿地的植物多样性，结合枯山水和微地形改造设计理念，通过海绵化改造措施与休闲、娱乐功能的融合改造，增加了小区游憩功能；减少水土流失；提高小区的整体景观美感和乐趣；经过海绵化改造后达到源头减排的目的，满足小区居民的使用要求，并使景观得到明显别致提升。

（2）改造现状分析

项目是住宅、办公两用，现状为水泥路面，无地下室地平比较平整，建设用地面积2790.6m^2，其中建筑面积503.5m^2，地面绿化面积637.36m^2，硬化面积1620.75m^2。项目于2018年1月10日开工，2018年5月7日竣工，工期118d。海绵设施改造区域约561m^2，主要是小区内中心绿地改造为雨水花园半潜流湿地。

（3）问题与需求分析

原有景观花园部分植被缺失、枯死，人行道破旧。由于小区排水主要从大门往内侧排，最终集中汇入桂春路。雨水收集主要采用排水沟收集，沿三面围墙布置。场地雨水沟最终汇入小区北侧化粪池，雨污合流排出市政管网。由于小区中心花园地势较高，雨水无法从表面进入雨水花园消纳。

根据小区实际情况，主要对中心绿地改造，通过收集雨水包括屋面雨水、道路雨水及雨水花园自身面积汇水，雨水花园通过末端的溢流井控制碎石层水深，实现对小区场地雨水的调蓄，降低雨水外排洪峰流量。在雨水花园内置鹅卵石景观池，一是为了营造景观氛围；二是让景观池与碎石层互通，在暴雨季节形成潜水层，增加一定调蓄容积。

（4）方案设计

1）设计控制目标值

① 径流总量控制率：海绵城市建设目标值雨水年径流总量控制率为75%；

② 年径流污染削减率：雨水年径流污染削减率为50%。

2）具体方案

小区原有场地中心花园为小区室外场地的高地，周围路面排水均背向绿地，往围墙排水沟方向倾斜。中央绿地改造成雨水花园半潜流湿地，按常规的雨水花园汇水原理，雨水花园需低于周边场地从而在面上汇集雨水，但根据小区实际道路标高，方案通过改造利用小区的排水沟收集雨水集中排入雨水花园底部碎石层，将汇入雨水花园的管路全部设置成渗水管，使雨水花园内的渗水管与碎石层有机结合，出入互通。另外，在雨水花园末端出水井设施成渗水溢流井，溢流井内溢流墙有一定高度，控制雨水花园碎石层含水深度，在暴雨季节，可以充分发挥雨水花园碎石层储水调蓄功能，多余的雨水又可溢流不影响场地正常排水，暴雨过后，溢流墙底部设置有过滤功能的小排水孔，可以慢排消除雨水花园碎石层积水，为下一次调蓄腾出有效空间。海绵设施如表5-17所列，海绵化改造系统原理见图5-37，竖向图如图5-38所示，措施布置如图5-39所示。

表5-17 海绵设施一览

编号	名称	面积/m^2
1	雨水花园半潜流湿地	561
2	绿植改造	35.1
3	改性沥青路面	1620

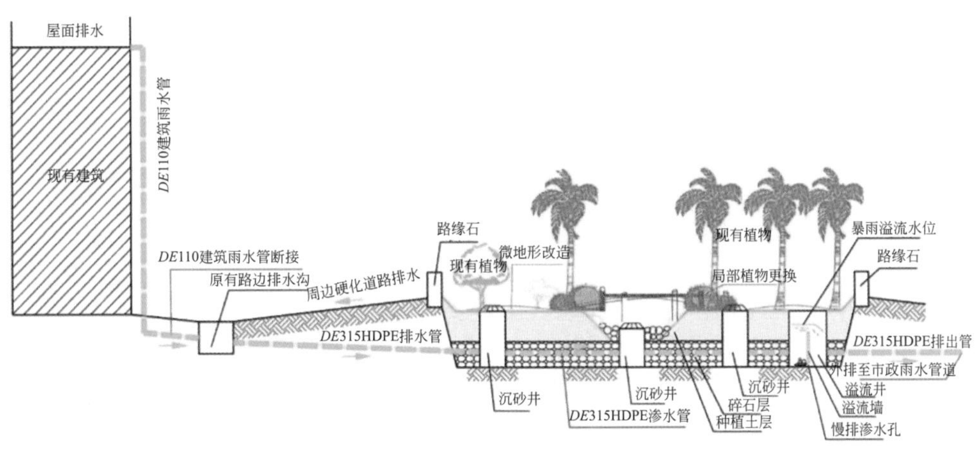

图5-37 海绵化改造系统原理

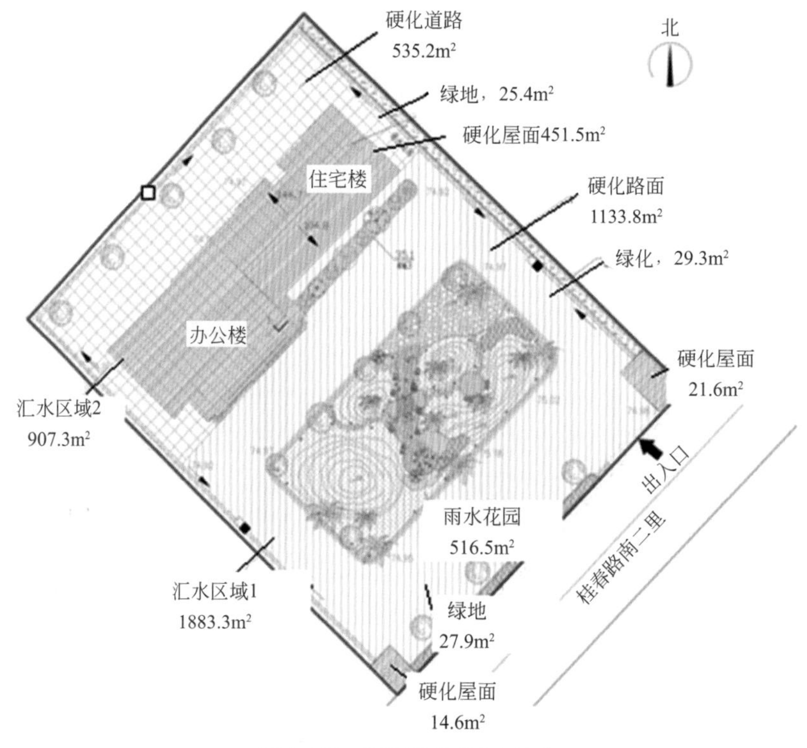

图5-38 海绵化改造竖向图

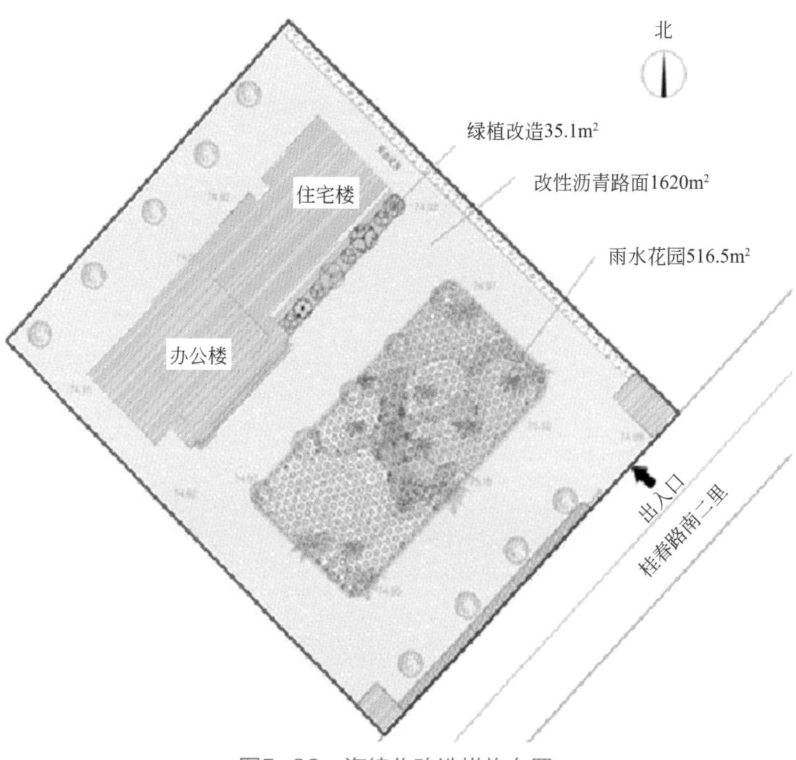

图5-39 海绵化改造措施布置

3）设计参数计算值

海绵化改造前外排径流系数及雨水控制率见表5-18，设计目标及需增加控制的雨量见表5-19，海绵化改造措施及改造后雨量控制率见表5-20，海绵化改造前后场地SS削减率见表5-21，表5-22，海绵化改造信息参数见表5-23。

表5-18　海绵化改造前外排径流系数及雨水控制率

序号	用地类型	面积S/m^2	径流系数	加权径流面积/m^2	各地块雨量控制率/%	相应设计控制降雨量/mm	加权海绵控制雨量/m^3
1	硬化地面	1669.00	0.90	1502.10	10	1.70	2.84
2	硬化屋面	487.70	0.90	438.93	10	1.70	0.83
3	公共绿化	633.90	0.15	95.09	85	40.40	25.61
4	汇总	2790.60	综合径流系数ψ	2036.12	实际综合雨量控制率/%	综合海绵控雨量/mm	总控制降雨量/m^3
			0.73		49.30	10.49	29.28

表5-19　设计目标及需增加控制的雨量

目标雨量控制率/%	目标设计控制降雨量/mm	总控制降雨量/m^3	总需增加控制降雨量/m^3
75.00	26.00	72.56	43.28

表5-20　海绵化改造措施及改造后雨量控制率

改造措施及参数					改造效果评估		
采取措施	融水层面积/m^2	容水层孔隙率/%	容水层厚度/m	新增控制降雨量体积/m^3	新总控制降雨量/mm	新综合海绵控雨量/mm	增设海绵设施后综合雨量控制率/%
雨水花园	516.50	25	0.30	38.74	68.01	24.37	72.53

表5-21　海绵化改造前场地SS削减率

序号	主要去除SS	汇水面积/m^2	SS削减率/%	总削减SS	汇水总面积/m^2	综合SS削减率/%
1	公共绿地	633.9	60	380.34	2790.6	13.63

表5-22　海绵化改造后场地SS削减率

序号	主要去除SS设施	汇水面积/m^2	本设施SS削减率/%	本设施削减SS计算面积/m^2	总削减SS加权计算面积/m^2	汇水总面积/m^2	综合SS削减率/%
1	公共绿地	117.4	60	70.44	1671.245	2790.6	59.9
2	雨水花园	1883.3	85	1600.81			
3	直接排放硬化场地面积	789.90	0	0			

表5-23　海绵化改造信息参数

海绵城市建设目标值		海绵改造后设计值			采用海绵设施
年径流总量控制率/%	径流污染控制率/%	年径流总量控制率/%	径流污染控制率/%	径流系数	雨水花园
75.00	50	72.53	58.89	0.27	516.50

（5）改造效果

在雨水无法从地面排入雨水花园半潜流湿地时，充分利用原有雨水口收集雨水，通过地下敷设管道流入半潜流湿地碎石蓄水层，首先保证雨水花园地面蓄水调蓄功能，其次保证半潜流湿地地下蓄水层蓄水功能，在雨天可以同时使用地面及地下有效地汇集小区建筑屋面及场地道路雨水。

将汇入雨水花园的管路全部设置成渗透式排水管，使雨水花园下设的渗透式排水管和碎石层有机结合，出入互通，在雨水花园末端出水井设置成渗透式溢流井，溢流井内设置可调节溢流板，从而控制蓄水层含水深度，按照季节需求进行调节，避免长期积水；在暴雨季节可以充分发挥雨水花园半潜流湿地强大的地上地下蓄水调蓄功能，多余的雨水又可通过溢流井排入市政管网，不影响场地正常排水，雨后溢流墙底部设置有过滤功能的小排水孔，可以慢慢下渗半潜流湿地碎石层水源，为下一次调蓄腾出有效调蓄空间，并对初期雨水进过滤，补充了地面植物水源，可有效减少植物灌溉，节省水源。雨水花园改造前后对比见图5-40。

(a) 改造前

(b) 改造后

图5-40　雨水花园改造前后对比

在雨水花园内置鹅卵石景观池（见图5-41），首先营造景观氛围，其次景观池与半潜流湿地碎石层互通，在雨季形成潜水层，增加了海绵调蓄容积，强化升级海绵措施。此外，雨水花园内检查井设沉沙坑，可有效地减少污染物外排。雨水花园见图5-42。

图5-41 鹅卵石景观池（半潜流湿地）

图5-42 雨水花园

5.2.2 地势较高、蓄滞能力差的老旧小区海绵化改造工程

5.2.2.1 基本概况

该小区紧邻湖泊、环境优美、绿树成荫、空气新鲜、干净整洁怡人，机动车辆停放有序，健身设施齐全。此小区是一个绿色、自然、阳光、舒心、美丽和谐的花园小区。小区内有住宅32栋，幼儿园1座，游泳池2个，排球、羽毛球、篮球活动场地6块，绿地公园一处，2处较大型生态停车场，小区总占地面积87753m^2。本小区西侧为南湖连通渠，与其他小区割裂，东、南、北侧为现状市政道路。小区内地形均高于周围现状市政道路，周围市政道路排水设施完善，未有客水进入本小区，周边地块也尚难以接纳消化本小区雨水。该小区未采用措施对区域内雨水进行“渗、滞、蓄、净、用、排”等控制，屋面、硬化地面等雨水等通过雨水口或检查井收集后排至路下市政雨水管道，最终排至南湖泄洪排水渠。雨水未能有效收集调蓄，径流量大，无雨水回用措施。

5.2.2.2 改造现状分析

（1）地形地貌

通过地理信息系统对地形数据进行分析，得到高程图（见图5-43）及坡度图（见图5-44）。

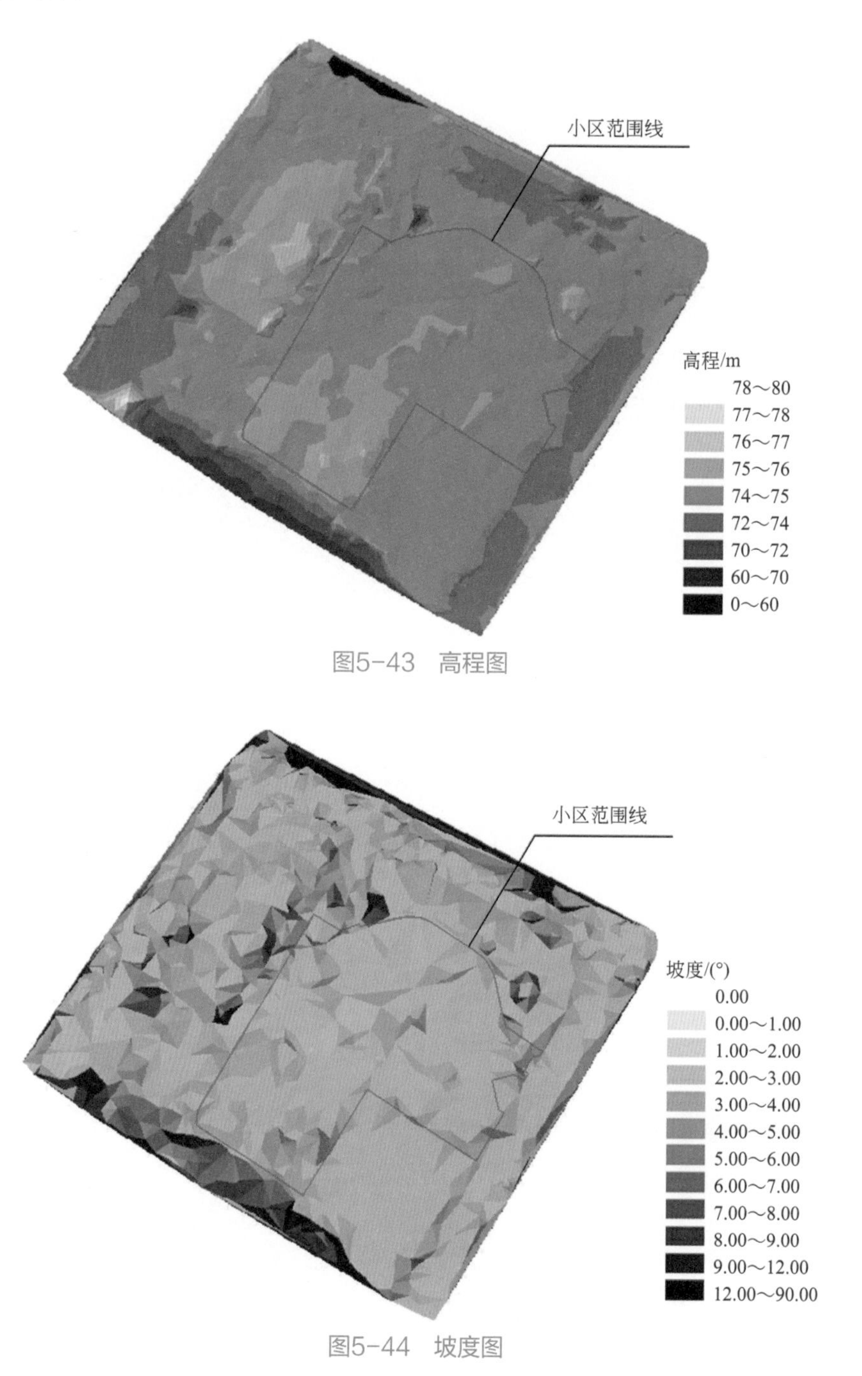

图5-43 高程图

图5-44 坡度图

由坡度图可知，该小区西南侧偏高，其他位置地势较为平坦，地形坡度起伏较小，这决定了排水不会集中在一个区域。

（2）排水现状

小区现状排水体制为雨污分流制，现有排水系统完善，道路均敷设有给排水管线。根据小区地形特征，采用分区排水方式。小区现有4处雨水外排出路，分别为南湖泄洪渠，滨湖路市政雨水管道（见图5-45）。

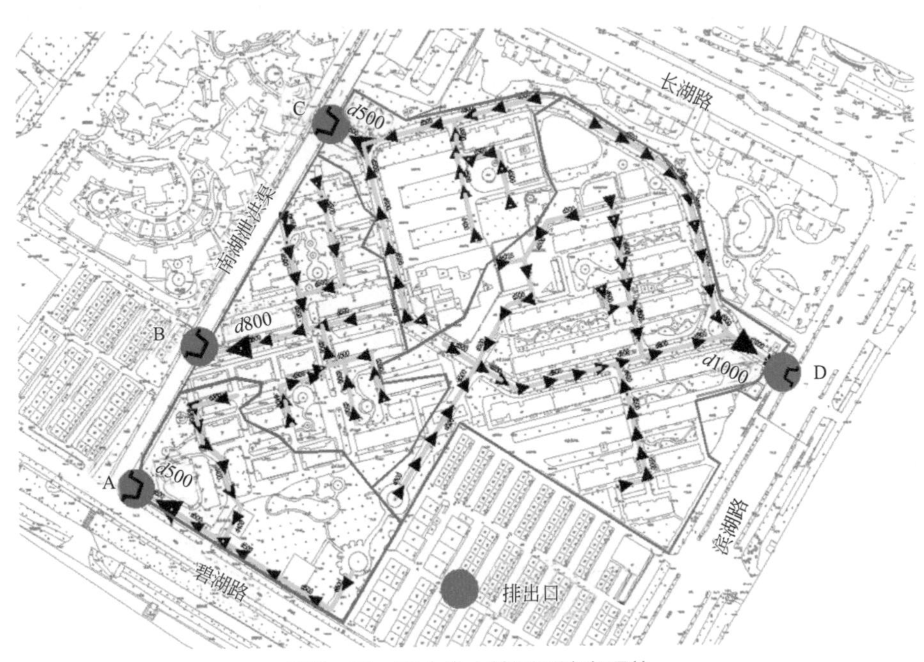

图5-45　雨水排水管网及流向现状

A、B、C处雨水管道排出口，均为南湖泄洪渠，末端管径分别为*d*500、*d*800、*d*500，管内底标高分别为73.96m、73.24m、73.55m，地面标高分别为76.29m、75.49m、75.36m；D处雨水管道排入滨湖路现状雨水管网，末端管径为*DN*1000，管内底标高为72.06m，地面标高为74.52m。

（3）绿化现状

小区绿化面积为25876m^2，生态停车场面积为7936m^2，绿化率约为30%，小区绿化现状如图5-46所示。

现状绿地标高均高于道路标高，道路雨水未经绿地吸收直接进入雨水管道排放。绿地大多为普通绿地，土壤透水性不高，吸水、蓄水性差，不利于雨水滞留、渗排。经现场调查，小区内乔木以榕类树木及大王椰为主，耐水性能良好。

但小区绿地种植有较多的灌木和乔木，高低错落，疏密有致，四季常青，开窗可见绿，出门可踏青，现状绿地分布较合理，交错布置于各住宅楼之间，灌木乔木搭配种植，景观效果良好。

图5-46　小区绿化现状

（4）地面铺装现状

小区现有两个大型露天停车场，占地面积分别为1215m^2及2447m^2，均采用植草砖铺装，由于使用年限较久，植草砖破坏较严重，存在雨天排水不畅的情况。

小区道路人行道普遍已采用透水铺砖，其他人行活动区域则采用硬化铺砖，透水性能较差。小区道路采用混凝土路面，小区内球场亦采用混凝土铺装，透水性能差。小区地面铺装现状如图5-47所示。

图5-47　小区地面铺装现状

（5）地下室及地下停车场现状

本小区均为地面停车场，无地下室及地下停车场。

（6）小区现状下垫面面积比例

小区总控制范围面积87753m^2，其中屋面面积15311m^2，路面硬化面积35036m^2，透水铺装面积3594m^2，生态停车场面积7936m^2，绿化占地面积25876m^2。

（7）现状雨量径流系数

根据控制范围内汇水面积类型进行计算，初始雨量径流系数现状计算如表5-24所列。

表5-24 初始雨量径流系数现状计算

编号	汇水面积种类	本次设计汇水类型	径流系数设计取值	项目实际面积/m^2	计算径流面积/m^2	综合径流系数
1	硬屋面、未铺石子的平屋面、沥青屋面	建筑屋面排入管道	0.80	15311.00	12248.80	
2	混凝土或沥青路面及广场	小区路面、广场、停车场	0.80	35036.00	28028.80	
3	绿地	绿地	0.15	25876.00	3881.40	
4	透水铺装地面	生态停车场	0.20	7936.00	1587.20	
5	透水铺装地面	人行道透水铺装	0.20	3594.00	718.80	
6	总计			87753.00	46465.00	0.53

5.2.2.3 问题与需求分析

小区雨水系统完善，但根据现场调研及小区物业反馈的情况，目前主要存在3块积水区域。位置如图5-48所示。

① 小区入口，进门右侧绿地处生态停车场局部洼地，下暴雨经常造成积水现象。

② 小区内，幼儿园旁大型生态停车场，场地排水不及时，场地多有破坏。

③ B5、B7栋楼之间生态停车场排水出路不畅，降雨时容易产生积水。

根据小区入口处的积水原因进行改造，对生态停车场周围设置下沉绿地，做开孔路缘石，下雨及时将雨水引入下沉绿地，并在下沉绿地内设置溢流口，通过下渗及溢流作用，及时将积水问题解决处理。

对②、③点处生态停车场进行改造，换填下渗土，对生态砖重新铺装，并在周围设置下沉绿地，及时让雨水下渗及排空，解决积水问题。

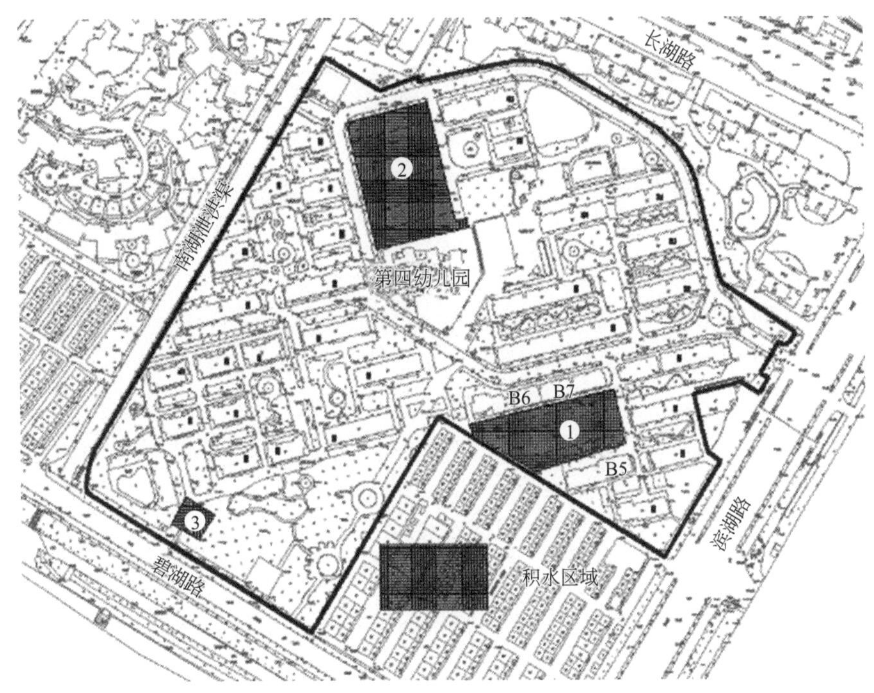

图5-48　小区积水区域位置

5.2.2.4　方案设计

（1）总体控制目标

径流总量控制率：根据设计导则规定，多年平均径流总量控制率，改建不低于70%，即设计降雨量为22.7mm。

年径流污染削减率：年径流污染削减率不低于50%。设计降雨量如表5-25所列。

表5-25　设计降雨量

多年平均径流总量控制率/%	50	55	60	65	70	75	80	85	90	95
设计降雨量/mm	10.7	13.8	16.9	19.8	22.7	26.0	33.4	40.4	54.5	66.5

（2）方案设计主要内容

本工程雨水系统改造流程如图5-49所示。

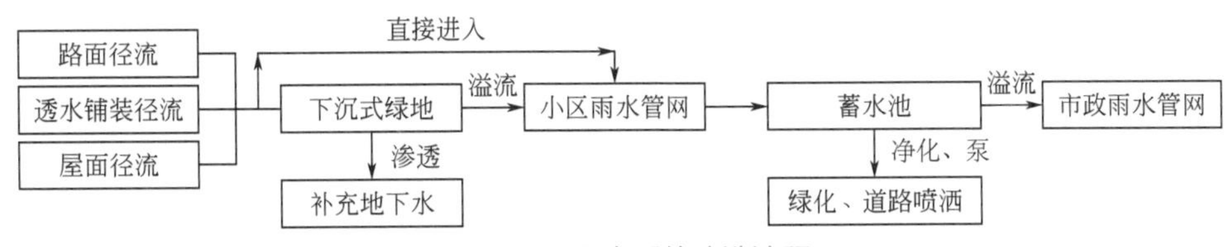

图5-49　雨水系统改造流程

雨水系统改造采取的措施有下沉式绿地、透水铺装改造、雨水收集池。降雨后，雨水通过下沉式绿地下渗，超过下沉式绿地容积的雨水量则被雨水收集池进行收集利用。

（3）方案主要改造措施

1）旧生态停车场改造

① 改造位置：图5-48中②所在位置。现状生态停车场均采用植草砖铺设，因长期使用缺乏维护，受车辆碾压等影响，导致目前存在积水等问题。为改善原停车场的使用功能，提高雨水径流的入渗能力，拟对原生态停车场进行改造。

② 改造措施：选用透水性能良好，结构强度较大的植草砖对场地进行铺装。

③ 改造工程量：现状生态停车场改造面积3662m^2。

2）下沉式绿地改造

① 改造位置：图5-48中①所在位置。结合现状绿地情况，对部分与地面高差不大且无大型乔木种植的绿化带进行下沉式改造。

② 改造措施：在现状绿地局部地块做2m左右宽的下沉式绿地，使屋面雨水及路面雨水通过排水竖向进入其中进行滞留及入渗。通过掺入细砂及碎石等措施，提高种植土壤的入渗系数，以达到雨水调蓄的效果。

③ 改造工程量：下沉式绿地改造面积3477m^2。

3）雨水收集池改造点

① 改造位置：图5-48中③所在位置。在小区雨水管网末端设置雨水收集池。根据小区雨水汇流分区，雨水收集池分别布置在4个雨水排出口附近。

② 改造措施：小区的地面径流及屋面径流雨水经小区雨水管道收集至雨水调蓄池，雨水收集池采用雨水回收过滤系统一体化设计，系统分为弃流、沉淀、过滤、消毒等环节；可将雨水中的树叶、泥沙、悬浮物等主要污染物处理干净，雨水达到相关水质要求后可回用，如小区绿化浇灌、小区道路冲洗等。

③ 改造工程量：根据计算，4个排水分区的雨水收集池布置情况如下。

排水Ⅰ区：雨水收集回用系统1套，容积$V = 20m^3$。

排水Ⅱ区：雨水收集回用系统1套，容积$V = 40m^3$。

排水Ⅲ区：雨水收集回用系统1套，容积$V = 60m^3$。

排水Ⅳ区：雨水收集回用系统1套，容积$V = 180m^3$。

5.2.2.5 计算评价及改造效果

（1）雨水径流量控制率计算

根据排水竖向对区域内各汇水分区进行划分，分为4个排水分区。对各汇水分区内雨水量及渗透量进行计算，各汇水分区雨水流量及渗透量计算统计见表5-26。

表5-26 各汇水分区雨水流量及渗透量计算统计

名称	地块汇水总面积/m^2	综合径流系数ψ	地块应承担的水量/m^3	下沉式绿地面积/m^2	渗透设施总下渗水量/m^3	需补充调蓄容积V/m^3
排水Ⅰ区	14895	0.38	124	576	107	20
排水Ⅱ区	17998	0.55	228	892	191	40
排水Ⅲ区	15274	0.45	155	448	98.5	60
排水Ⅳ区	39586	0.58	518	1561	338	180
合计	87753	0.52	1025	3477	734.5	300

经过计算，各排水分区在进行改造之后，仍难以消纳所产生雨水量，需补充调蓄容积。故在这4个排水分区的下游布置雨水收集池进行雨水收集与处理回用，雨水收集池容积的选择根据地块雨水产流量与渗透量的差值选取。经计算，上述4个排水分区尚需补充的调蓄容积分别为20m^3、40m^3、60m^3和180m^3。

因此，通过采用以上各种海绵化改造措施及雨水收集处理池，本工程所能滞留、下渗及收集的雨水量为：734+300 = 1034m^3。项目范围总面积87753m^2，经加权平均计算，综合径流系数0.52，根据雨水径流量计算公式：$W = 10\times\psi_c hF$（m^3），反算本项目所消纳的雨水降雨量为22.70mm，查设计导则中对应雨水径流量控制率约为70%。

（2）雨水径流量控制评价

根据控制范围内汇水面积类型进行计算，通过下沉式绿地的改造，降低了外排综合径流系数。改造前后雨水径流系数计算见表5-27、表5-28。

表5-27 改造前雨水径流系数计算

编号	汇水面积种类	本次设计汇水类型	径流系数设计取值	项目实际面积/m^2	计算径流面积/m^2	原始外排综合径流系数
1	硬屋面、未铺石子的平屋面、沥青屋面	建筑屋面排入管道	0.80	15311.00	12248.80	
2	混凝土或沥青路面及广场	校区路面、广场、停车场	0.80	35036.00	28028.80	
3	绿地	绿地	0.15	25876.00	3881.40	
4	透水铺装地面	生态停车场	0.20	7936.00	1587.20	
5	透水铺装地面	人行道透水铺装	0.20	3594.00	718.80	
6	总计			87753.00	46465.00	0.53

表5-28 改造后雨水径流系数计算

编号	汇水面积种类	本次设计汇水类型	径流系数设计取值	原汇水面积/m^2	改造措施面积/m^2	改造后项目实际面积/m^2	计算径流面积/m^2	综合径流系数
1	硬屋面、未铺石子的平屋面、沥青屋面	现状建筑屋面 排入管道、蓄水池	0.80	15311	0	15311	12249	
2	混凝土或沥青路面及广场	现状车道、 广场、停车场	0.80	35036	0	35036	28029	
3	绿地	现状绿地	0.15	25876	3477	22399	3360	
4	透水铺装地面	现状生态停车场	0.20	7936	3662	4274	855	
5	透水铺装地面	现状人行道 透水铺装	0.20	3594	0	3594	719	
6	透水铺装地面	改造生态停车场 （原为硬化路面）	0.10	0	0	0	0	
7	透水铺装地面	改造生态停车场 （原为现状生态停车场）	0.10	0	3662	3662	366	
8	透水铺装地面	改造硬化地面 （原为现状人行道）	0.10	0	0	0	0	
9	透水铺装地面	改造球场透水铺装 （原为硬化路面）	0.10	0	0	0	0	
10	下沉式绿地	改造下沉式绿地 （原为绿地）	0.00	0	3477	3477	0	
11	总计			87753		87753	45578	0.519
12								控制48%

（3）雨水径流污染物控制率计算

根据不同改造措施的污染物去除率，结合本项目中所涉及的海绵化改造措施占比，进行污染物去除率加权平均计算，详见表5-29。

表5-29 污染物去除率计算表

单项设施	换算实际处理面积S_i/m^2	各项措施面积占比$S_i/\Sigma S_i$	各项措施污染物去除率η_i/%	各项措施污染物去除率与总污染物去除率的占比η_i/η	总污染物去除率η/%
透水砖铺装	11557	0.13	0.85	0.11	0.545
雨水收集池	13215	0.151	0.8	0.121	
下沉式绿化滞留带	34484	0.3929	0.8	0.314	

根据以上计算，本工程污染物去除率可达到54.5%大于50%，满足建设目标要求。

（4）改造效果图

海绵化改造效果如图5-50所示。

(a) 透水砖铺装

(b) 雨水收集池（一）

(c) 雨水收集池（二）

(d) 下沉式绿化滞留带

图5-50 海绵化改造效果

5.2.3 系统完善、提标改质类型的老旧小区海绵化改造工程

5.2.3.1 基本概况

小区环境优美，绿树成荫，空气新鲜，环境整洁怡人，机动车辆均停放在地下停车场内，实现人车分流，休闲活动的设施齐全，是一个绿色、自然、阳光、舒心、美丽和谐的高档住宅小区。小区内住宅分三期建设，现已完工一、二期，三期房屋正在建设当中。

总占地面积191854.78m^2，分三期建设。现二期工程建设接近竣工，一期二期红线范围净用地为127865.27m^2，其中绿化面积约为45200.37m^2，屋面面积约为25697.54m^2，路面硬化面积约为50648.51m^2，景观水体面积约为6318.85m^2。

5.2.3.2 改造现状分析

（1）小区排水现状

现状排水体制为雨污分流制，中心内现有排水系统已基本完善，道路均敷设有给排水管线。小区现有4处雨水外排出路，分别有3处接至1号路市政雨水井，1处接至2号路市政雨水井。一期高层区与别墅区排往A、B两处，二期别墅群排往C处，二期高层排往D处（见图5-51）。

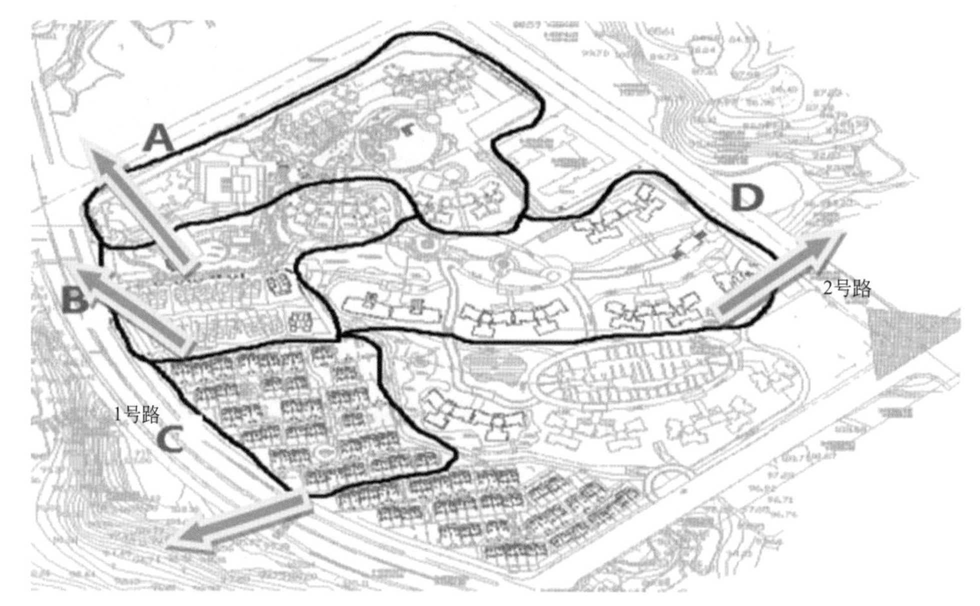

图5-51 现状排水流向

A处雨水管道排出口为1号路市政雨水管网，末端管径为d800，管内底标高为86.63m，设计地面标高为90.47m；B处雨水管道排入1号路市政雨水管网，末端管径为d700，井底标高为88.09，设计地面标高91.60m；C处雨水管道排入1号路市政雨水管网，末端管径为d900，管内底标高为92.43m；设计地面标高为97.65m；D处雨水管道排入2号路市政雨水管网，末端管径为d600，井底标高为97.82m。

（2）外市政1号路排水现状

1号路道路两侧分别铺设雨水管和污水管，靠近调蓄池设计位置的设计地面标高为88.76～89.53m，管道的设计管内底标高为85.07～85.91m。

5.2.3.3 方案设计

（1）总体目标

① 年径流总量控制率：按项目改建工作总体要求，区域雨水控制率不低于70%。多年平均径流总量控制率对应的设计降雨量如表5-30所列。

表5-30 多年平均径流总量控制率对应的设计降雨量

多年平均径流总量控制率/%	50	55	60	65	70	75	80	85	90	95
设计降雨量/mm	10.7	13.8	16.9	19.8	22.7	26.0	33.4	40.4	54.5	66.5

② 年径流污染削减率：不低于40%。

③ 初期雨水污染控制指标：屋面为2mm；路面为5mm。

④ 单位硬化面积调蓄容积：对于政府投资的新建公共建筑，单体屋面正投影面积超过2000m^{2}的，每1000m^{2}硬化面积应配建不小于25m^{3}的雨水调蓄设施。

（2）主要设计内容

根据现场踏勘，结合本项目实际情况，主要对小区内排水系统、绿化系统、道路交通系统等地方进行海绵化开发改造建设。经方案设计确定，本工程主要采用的海绵化改造措施有：植草沟、生物滞留设施、调蓄池等。采用该组合措施，实现海绵城市提升工程总体控制目标。雨水改造系统流程见图5-52，一期海绵化改造平面布置见图5-53，二期高层区海绵化改造平面布置见图5-54。

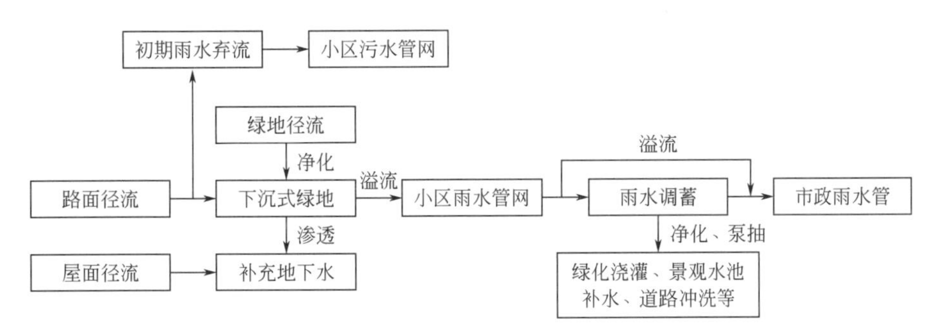

图5-52 雨水改造系统流程

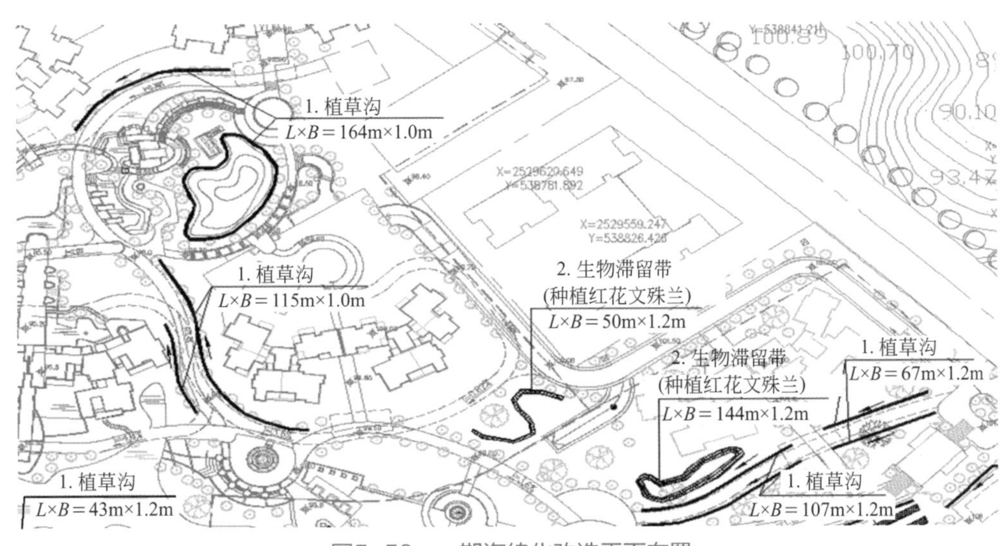

图5-53 一期海绵化改造平面布置

结合设计规范要求和小区实际情况等因素，本工程主要采用的措施有植草沟、生物滞留设施和调蓄池。具体位置如图5-53、图5-54所示。

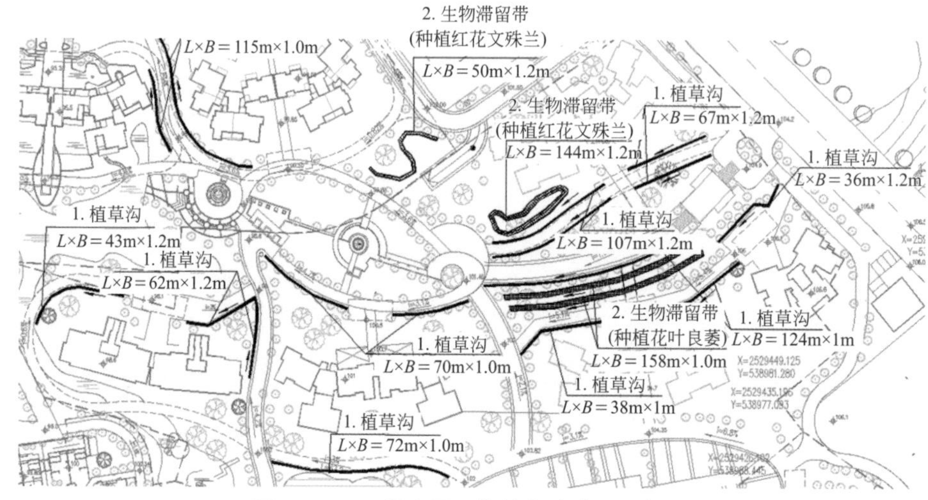

图5-54　二期高层区海绵化改造平面布置

1）植草沟

① 改造位置：图中编号1。

② 改造措施：本措施本着尽量保护现有绿地的原则，选择道路边缘处平坦绿地改造成植草沟。通过对绿地的微地形改造起到雨水下渗、调蓄的效果。

③ 工程数量：总改造面积约961m²。

④ 调蓄量：961×0.15 = 144.15m³。

2）生物滞留带

① 改造位置：图中编号2。

② 改造措施：本措施本着尽量保护现有绿地的原则，对现状绿地进行局部的微地形改造，即通过在现状绿地局部地块做1～2m宽的带状生物滞留带，通过对绿地的局部改造达到对雨水的调蓄效果。

③ 工程数量：总改造面积约为390.8m²。

④ 调蓄量：390.8×0.15 = 68.4m³。

3）调蓄池

① 改造位置：雨水回收利用蓄水池位置如图5-55所示。

② 改造措施：由于小区内部地下停车场已完全建设完成，并且覆盖面积较大，小区边缘绿地没有放置雨水调蓄池的条件；并且基于小区现状管线的流向考虑，现将雨水调蓄池设计在小区西北侧的新建公园内部，从小区雨水管处截留雨水，将雨水截留进调蓄池里蓄存、利用。

③ 工程数量：本项目中调蓄池主要收集一期径流雨水，在一、二期范围内，未能利用海绵改造措施和现有水系，调蓄池实现雨水调蓄的面积约为30000m²，总改造面积约为390.8m²。

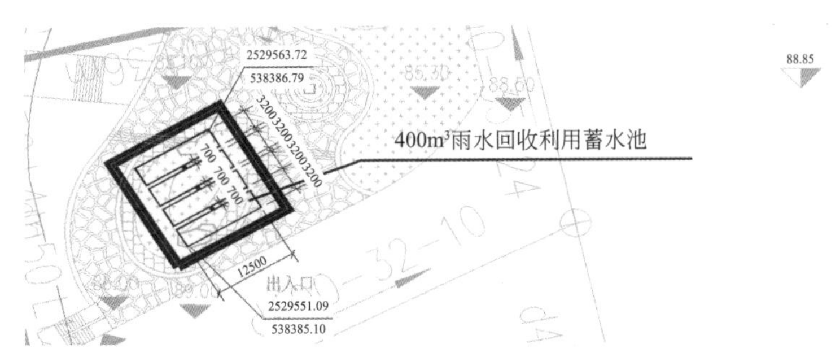

图5-55 雨水回收利用蓄水池位置

④ 调蓄量：1852.60−1024−30000×0.64×0.0227 = 392.76m³，取400m³。

5.2.3.4 改造计算及效果评价

（1）改造后外排径流系数

通过海绵改造后，外排径流系数如表5-31所列。

表5-31 改造后外排径流系数计算

编号	汇水面积种类	本次设计汇水类型	设计取值	项目实际面积/m²	计算径流面积/m²	原始外排综合径流系数	控制雨水量（70%控制率）/m³
1	硬屋面、未铺石子的平屋面、沥青屋面	建筑屋面排入管道	0.90	25697.54	23127.79		525.00
2	混凝土或沥青路面及广场	校区路面、广场、球场	0.90	50648.51	45328.96		1028.97
3	绿化	绿化	0.15	45200.37	6780.06		153.91
4	水系	景观水系	1.00	6318.85	6318.85		143.44
5	总计			127865.30	81555.66	0.64	1851.30

注：绿化改造后，消纳自身径流。

降雨强度按22.70mm。经计算，初始外排综合径流系数为0.64，雨水控制率按70%计时，需控制目标调蓄量为1857.09m³。

（2）雨水径流污染控制率计算

根据措施的污染物去除率，结合本项目中所涉及的海绵化改造措施占比，进行加权平均计算，污染物去除率计算见表5-32。

表5-32 污染物去除率计算

单项设施	面积S_i/m²	各项措施面积占比$S_i/\Sigma S_i$	各项措施污染物去除率η_i/%	各项措施污染物去除率占比/%	总污染物去除率η/%
植草沟	961	0.71	0.7	0.497	0.575
生物滞留带	390.8	0.13	0.6	0.078	

根据《海绵城市建设技术指南》公式：年SS总量去除率 = 年径流总量控制率 × 海绵化改造设施对SS的平均去除率 = 62%×0.58 = 36%，为使整个小区的年污染物去除率达到50%，在三期建设中应加入海绵建设理念，使三期建筑范围的年污染物去除率达到62%。本项目设计包括新建植草沟961m²，生物滞留带390.8m²，加上对原有水系的利用，调蓄量总计1024m³。本工程设计年SS去除率为35%，为使整个小区的控制率满足70%，年SS去除率达到60%，计算三期控制率需达到80%。本项目的建设可改善雨水的收集排放系统，减少雨水初期径流对城市水环境的污染，减缓内涝问题给小区带来的不便和安全隐患，是一项具有显著社会效益的城市基础设施建设项目；通过海绵化改造，减少了雨水外排流量，周边管网排水能力得到有效提升。

（3）改造效果图

生物滞留及植草沟改造效果如图5-56所示。

图5-56 生物滞留及植草沟改造效果

5.2.4 洪涝灾害严重的美国西雅图High Point社区海绵化改造工程

（1）基本情况

High Point社区毗邻朗费罗河流域，是美国西雅图一个能够容纳多阶层的混合式居住区。High Point社区项目面积约为49hm²，于2004年开始重建，2007年完成，重建过程中引入了海绵化改造的多项措施，并运用自然开放式排水系统的设计手法，使得一个有着较高人口密度的城市居住空间在人居绿地空间、舒适步行系统和对于水质的改善和雨水的利用方面得到很好的平衡。为了创建环境友好型和能源节约型的绿色生态住宅区，设计者除了重点考虑雨水的利用和排放外，在住房和基础设施等方面的重建也是坚持了多种可持续发展的原则。在该住宅区的设计中，综合使用了多种技术进行雨洪管理，例如植草沟、雨水花园、调蓄水池、渗透沟等。LID技术在该住宅区的成功应用不仅在于设计者因地制宜地将LID的原理和相关技术运用到整个住宅区的重建过程中，更值得一提的是设计者利用这些技术与园林景观相结合，创造性地将池塘公园、袖珍公园和儿童游戏场地等多功能开放空间的地下部分设计成了地下储水设施，并通过减少道路宽度和街边的植被浅沟的设置来营造舒适的步行系统，将一个人口密度较大的住宅区营造成一个舒适、生态、优美的绿色住区。西雅图High Point社区改造前后示意见图5-57、图5-58。

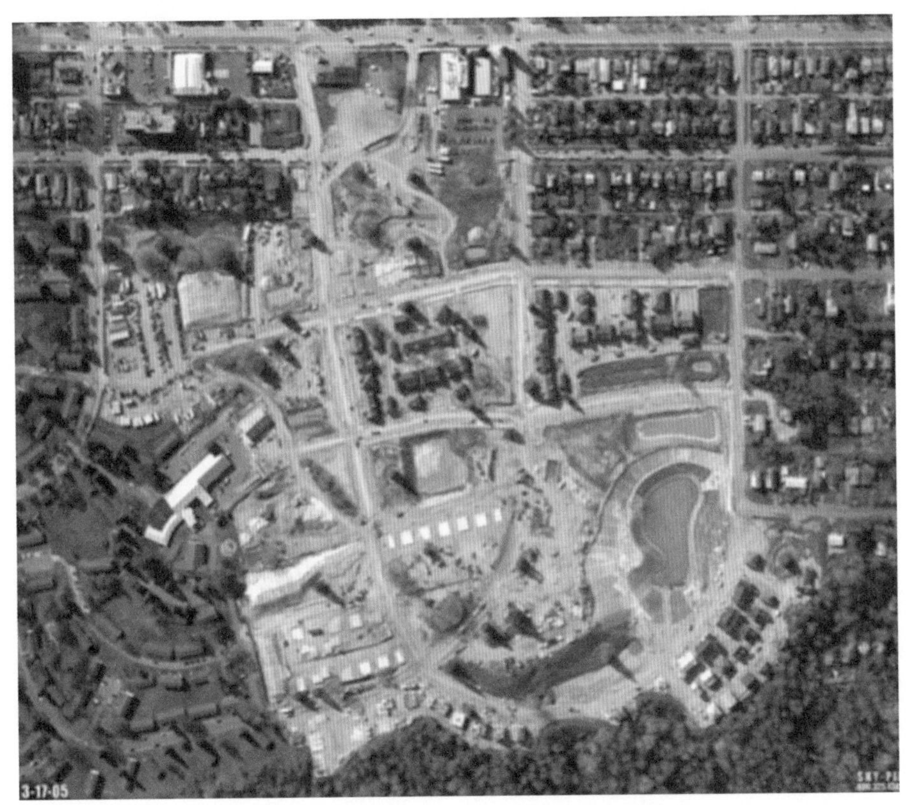

图5-57 西雅图High Point社区（改造前）

图5-58　西雅图High Point社区（改造后）

（2）方案设计

美国西雅图High Poin住宅区就是一个典型的LID（Low Impact Development）设计原则充分得以应用的住宅区。在该住宅区的设计中，综合使用了多种技术进行雨洪管理，例如植草沟、雨水花园、调蓄水池、渗透沟等。住宅区的雨水主要来自屋顶、道路和广场等，设计者根据场地条件的不同运用了不同的技术和措施，模拟自然的水文过程，雨水通过植被浅沟的引导和输送，汇入北部的池塘中，经过净化和处理后达到相关标准的雨水最终才能排到朗费罗河流域，保证了河流的生态平衡，保护了生物的栖息环境。

LID是给予模拟自然水文条件原理，采用源头控制理念实现雨水控制与利用的一种雨水管理方法。为使场地开发对雨水的自然水文过程的影响降到最低，LID的设计原则有以下5个方面：

① 以自然水文过程作为设计框架；

② 使用微管理技术；

③ 在降水源头解决雨水问题；

④ 使用简易的非构造式的处理方式；

⑤ 创造与景观相结合的多功能雨水处理措施。

（3）主要控制措施

1）对于不透水铺装面积的控制

High Point住宅区的一大特点就是街道和停车场使用了透水性材料铺装，这也是自然开放式排水系统的主要内容之一，透水性铺装的使用可以有效减少雨水径流量，减少城市排水系统的负担（见图5-59）。在以上措施仍然达不到降低雨水排放量的要求时，则利用雨水花园来处理多余的雨水，因为雨水花园可以增加雨水的过滤和下渗。雨水花园的做法通常是在一小块低洼地种植大量当地植物。当降雨来临时可通过自然水文作用，如渗透过滤等对雨水截流。流经雨水花园的雨水径流在汇入植草浅溪前可以使自身的污染物降低30%。

图5-59 透水铺装改造现状

2）对于屋顶排水的要求

High Point住宅区内的建筑密度较高，屋顶的汇水面积较大，所以屋顶雨水的收集与利用对于住宅区的自然开放式排水系统来说又是一个重要的组成部分。设计者根据每家每户住宅场地的面积、条件和美学的需求选择了多种屋顶排水的方式，能够使屋顶的雨水能够迅速地收集或者排入到植被浅沟或是公共雨洪排放系统中去（见图5-60）。屋顶雨水的排放过程可以分成落水阶段和导流阶段。落水阶段是屋顶的雨水通过落水管的引导落入地面的过程，为了减缓雨水落下对于地面的冲击并且减小雨水的流速，设计者设计了四种方式，分别是导流槽、雨水桶、涌流式排水装

图5-60 屋面排水断接改造现状

置和敞口式排水管。为了景观效果，导流槽还可以根据住户的喜爱设计成不同风格和样式，成为居住区独特的环境艺术品，为居住区景观添色不少。

3）植被浅沟

High Point住宅区的整个自然开放式排水系统中有一个独特的由植被浅沟组成的网络系统，这个系统沿着High Point住宅区中的每条道路分布设置，它对来自街道和屋顶的雨水进行收集、吸收和过滤，然后排入地下，最终排入公共雨洪排水系统。在High Point住宅区，植被浅沟沿街布置，路缘石开口，可以使得雨水流入，道路一般为单坡向路面，可将雨水引导入植被浅沟中。根据区域排水量的大小，植被浅沟的深浅和宽度可以变化，深和宽的植被浅沟最后便成为一个滞留水池。池中设有溢流口，水深超过溢流口的高度就通过雨水管道直接进入居住区北部的调蓄水池中。

4）调蓄水池

调蓄水池有很大的蓄水能力，是一种具有良好滞洪、净化等生态功能的雨洪控制利用设施。可以用来储存大量雨水用于灌溉、保存净化水源等。蓄水池可以是开放的水塘，或者是设置于地上或地下的密闭容器。在城市绿地中开放的蓄水池可以结合园林景观进行统筹安排它的位置、形状、容积，并与其他造园要素一起精心安排，形成雨水景观。

High Point住宅区中，来自街道和屋顶的雨水通过汇水线的引导，最终都汇入了位于居住区北部公园的池塘中，池塘最深可达4.7m，可以容纳27123m^3的水量；雨水在这里沉淀、过滤、渗透后才流向朗费罗河流域，保证了河流的生态平衡，保护了生物的栖息地，沿着池塘400m长的散步道、斜坡草坪、栈桥和宽阔的水面，使得这里成为居民最喜爱的活动场地。

5）其他海绵化改造措施

High Point住宅区还结合了渗透沟、屋顶绿化、土壤改良等一系列措施进行重新改造。

① 渗透沟。渗透沟是一个填满了石头的沟渠，十分适用于小型区域的排水要求。雨水先集中在沟表面，经过一定时间后渗透入地下，需要注意的是应防止渗透沟的堵塞影响渗透效果。如果在雨水进入渗透沟之前加入预处理，会使渗透沟使用期限更长，效率更高（见图5-61）。

② 屋顶绿化。屋顶绿化可以广泛地理解为在各类古今建筑物、构筑物、城围、桥梁（立交桥）等的屋顶、露台、天台、阳台或大型人工假山山体上进行造园，种植树木花卉的统称。

屋顶绿化对增加城市绿地面积，改善日趋恶化的人类生存环境空间，改善城市高楼大厦林立造成绿地面积少，改善过多道路的硬质铺装而取代了自然土地和植物的现状；避免过度砍伐自然森林造成的沙尘暴，各种废气污染而形成的城市热岛效应；开拓人类绿化空间，建造田园城市，改善人民的居住条件，提高生活质量，对美化城市环境，改善生态效应有着极其重要的意义（见图5-62）。

图5-61 渗透沟改造

图5-62 屋顶绿化

③ 土壤改良。住宅区在重建过程中往往需要进行清理，由于部分植被和土壤被移走，致使场地原有的土壤环境遭到不同程度的破坏。这一过程直接改变土壤团粒结构、土壤孔隙、土壤中的有机物和土壤中生物的正常活动。改善土壤的方法有堆肥、增加覆土、添加营养物或石灰等。改善后的土壤所含营养物质和渗透能力都会有所加强，更利于雨水渗透和植被生长（见图5-63）。

图5-63 土壤改良

（4）改造效果

2007年12月1～2日华盛顿州和俄勒冈州连下两场暴雨，为内涝产生创造了条件。2007年12月3日的暴雨格外集中，6h的降雨量为百年一遇，华盛顿州最大地区降雨量为17.4英寸（442mm），最大风速为129英里/时（208km/h）。西雅图城市发生大面积内涝，但High Point社区没有发生内涝的情况（见图5-64）。经核算，低冲击开发排水系统设计为二十五年一遇的暴雨（195mm），效率远远超出设计能力。

High Point社区改造效果见图5-65。

图5-64　西雅图High Point社区淹水情况

图5-65　High Point社区改造效果

5.2.5　汉诺威康斯伯格居住小区海绵化提升改造工程

（1）基本概况

康斯伯格居住区位于德国汉诺威市东南部，康斯伯格山脉下，是该市最大的居住开发区，紧邻2000年汉诺威世博会展区。自20世纪50年代开始，州市政府就此区域讨论了各种规划方案，直到2000年世博会在汉诺威市召开，最终促成了康斯伯格规划的实施和完成。康斯伯格住区占地160hm^2，正式规划始于1990年，到2002年一期建设基本完成，约3000户住宅建成，可容纳居民6500人。该小区是采用全新概念建设的绿色环保小区：能源方面，全部采用太阳能和风能，无外来电力供应；供水方面，首先利用雨水满足灌溉和环境用水需求，不足时采用自来水补充；建筑材料全部采用新型保温隔热环保材料。同时采用节能、节水技术，最大限度节约能源和用水。

（2）改造现状分析

由于当地地下水位较高，康斯伯格城区是汉诺威重要的地下水储存地，这也是汉诺威政府一直迟迟没有在康斯伯格城区进行建设的原因之一，因为一旦在这一地区建设住宅区，必将对地下水产生影响。雨水的利用除采用绿地、入渗沟、洼地等方式外，透水型人行道也被广泛应用；同时，还经过特殊设计，利用储蓄径流的地下蓄水池与径流进入蓄水池的撞击声模拟海浪的声音，增添了小区的气息。观测证明，小区建成后径流系数几乎没有增加。

（3）方案设计

生态小区雨水利用系统是20世纪90年代开始在德国兴起的一种综合性雨水利用技术。该技术利用生态学、工程学、经济学原理，通过人工设计，依赖水生植物系统或土壤的自然净化作用，将雨水利用与景观设计相结合，从而实现人类社会与生态、环境的和谐与统一。其具体做法和规模依据小区特点而不同，一般包括屋顶花园、水景、渗透、中水回用等。

康斯伯格近自然雨水管理体系主要包括：

① 位于整个场地西北部最低洼处的18～35m的雨水滞留区域，作为住区的大型公园绿地，下暴雨时可起到滞洪作用。

② 位于居住区西北部世博区的河道及雨水收集池。

③ 两条12～30m宽的东西向绿地坡道，雨水可顺应地势在绿道中缓慢流淌至最低洼处的滞洪公园。

④ 社区公园及社区中心的雨水滞留景观。

⑤ 位于康斯伯格山脚，道路边沿约16～25m的雨水景观带，同样作为雨水滞留区域。

⑥ 沿整个住区道路网分布的“洼地-沟渠”雨水渗滤系统（Mulden Rigolen

System)。其中“洼地-沟渠”雨水渗滤系统是核心技术措施，当住区内的各类雨水滞留区无法承载雨量时便起到至关重要的作用。它由地上和地下两个部分组成，地上部分为表面覆盖绿化，带有砂石过滤层的排水浅沟和洼地，沿道路设置，地下部分即位于洼地下方的储水装置，储水装置连接着地下排水管道。雨水首先进入地表沟渠，经过滤净化下渗，暴雨时则溢流进储水装置，储水装置水位上升到一定高度时再进入排水管道。

（4）改造效果

康斯伯格住区改造效果如图5-66所示。

在系统的生态设计中，虽然进行了大面积的施工，康斯伯格地区的自然水位仍得到保持，整个区域的降水几乎完全不流失，极其接近1994年未开发时自然状态下的14mm/a。和普通居民区雨水165mm/a的流失量相比，康斯伯格城区的流失量仅为19mm/a。

(a) 雨水花园

(b) 路缘石开口导流

(c) 地表导流

(d) 屋面雨落管断接

(e) 末端调蓄湖

(f) 人工湿地

图5-66　康斯伯格住区改造效果

地表明沟中大面积的水面促进了雨水的蒸发，起到增加空气湿度，改善生态环境的作用；同时，蓄水区也很好地抑制了灰尘的产生，区域被布置地如同公园一般，宽达35m，同雨水收集池一起防止雨洪的发生，雨量大的时候，雨水将逐渐溢流进入排水渠道。这种雨水的处理系统仅少量地增加了下水道口流量和渗透量，并且使得未开发前的自然状态在很大程度上被保持了下来。相反而言，普通的雨水排放方式会导致雨水流失量巨大，无法将雨水“蓄”在该片地区内。

街道两侧的排水沟系统能在最快的时间收集街道上的降雨，公共和私人用地上的雨水也同样被收集起来，这些雨水会被作为重要的景观用水再利用，水景大大提高了环境的居住质量。同时雨水再利用的可视化过程也使人们从直观上对生态概念有了了解，加强了保护资源的意识。

5.3　全面型老旧建筑小区海绵化改造案例

5.3.1　环境优雅、景观优美的老旧小区海绵化改造工程

（1）改造工程特点

该小区地处某市核心区域，属于高档住宅小区，改造前小区环境典雅，景观绿化优美。海绵化改造需要在实现基本的功能性需求前提下，结合景观，对居住环境进行高品质的提升。

（2）基本情况

该小区用地面积为85467m^2，总建筑面积410431m^2，主要有高层住宅、公寓、裙房沿街商铺及商业区组成。该小区中部高南北低，东高西低，中心花园均为地下

室顶板，覆土厚度为1.5m。地下室面积125899.13m^2，地下一层、局部三层为停车库及设备用房，地下室顶板覆土1～1.5m。地下室顶板覆土层设置滤水板和盲管。采用透水铺装、屋顶绿化、植草沟、下沉式绿地，雨水回收利用于灌溉、建筑雨水断接等海绵设施。

（3）问题与需求分析

存在雨水没有得到有效控制，雨水资源浪费，海绵指标不达标问题。

（4）方案设计

1）设计控制目标值

年径流总量控制率不低于75%；年径流污染削减率不低于50%；将雨水回用。

2）具体方案

结合地形与用地条件设置各类渗蓄净化设施。根据现场踏勘情况，初步建议设置下沉式绿地为核心，通过植草沟、透水铺装渗管等建设，梳理场地自然汇流路径，充分利用流域内自然地形布置滞留设施。设置生态停车位，采用透水铺装的措施，降低径流系数，结合汇水路线因地制宜地采用性价比高的海绵化设施，实现水质、水量指标。主要技术措施包括植草沟、下沉式绿地、透水铺装、绿色屋面等。根据竖向将改造小区划分为如图5-67所示的A、B、C三个水分汇水区。

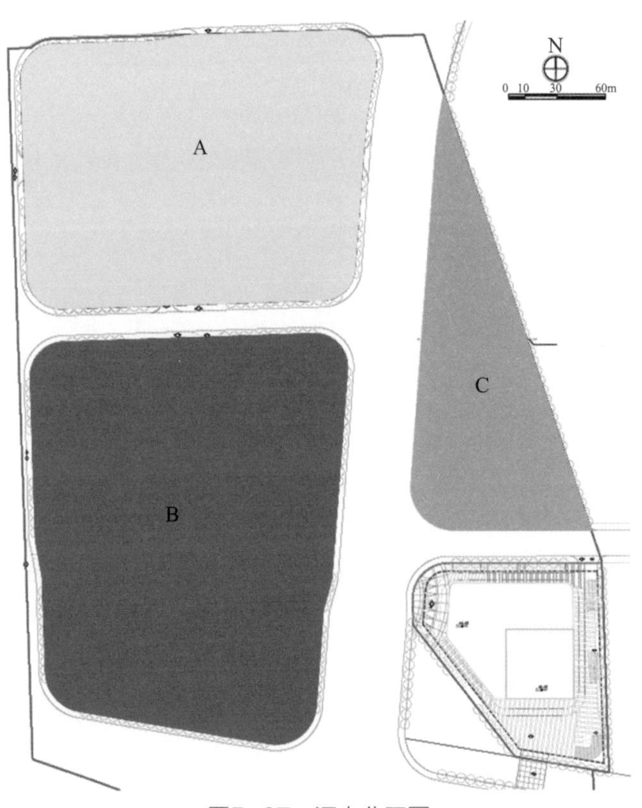

图5-67　汇水分区图

小区改造海绵化措施总体布局如图5-68所示。

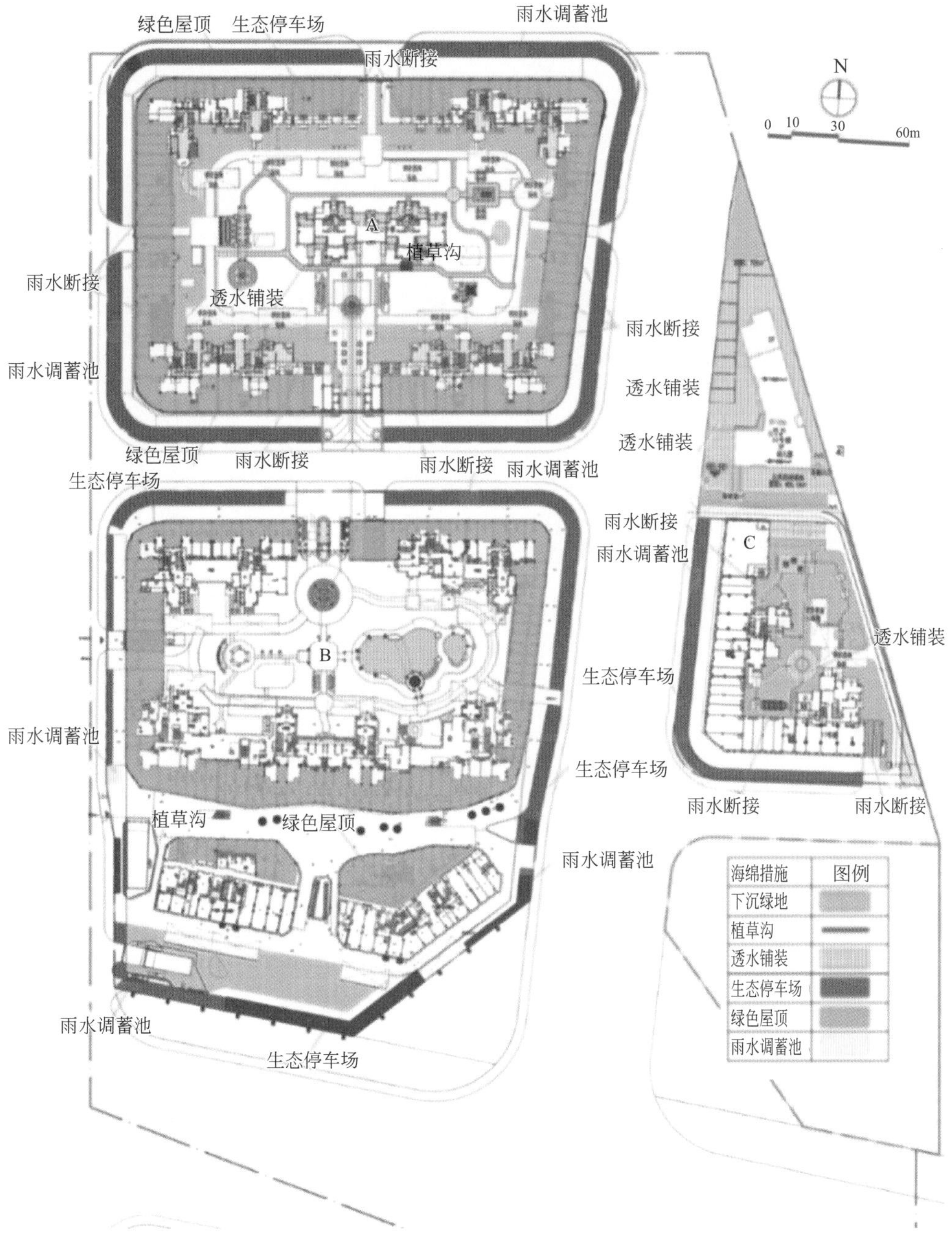

图5-68 小区改造海绵化措施总体布局

该小区根据一星绿建要求已在A、B地块的裙房商业屋面设置绿色屋顶，并在每个地块分别设置了一座60m^{3}的雨水调蓄池及回用处理系统；同时，根据现场实际情况，该项目已在建设中，部分地块室外景观基本已经完成。现根据以上要求，在满足绿建要求以及不破坏已建成片区的前提下，进行海绵城市的布置及改造，分区详细设计如下。

① 汇水A区。将部分绿地做成下沉式绿地，增加绿地的控制雨水量。人行路面及停车场均采用透水铺装，部分屋面采用绿色屋面，降低雨水径流系数，将透水铺装路面及绿地雨水分别就近排入附近的下沉式绿地进行滞留、净化、下渗，多余雨水经绿地上雨水口溢流排入市政雨水管网（见图5-69）。

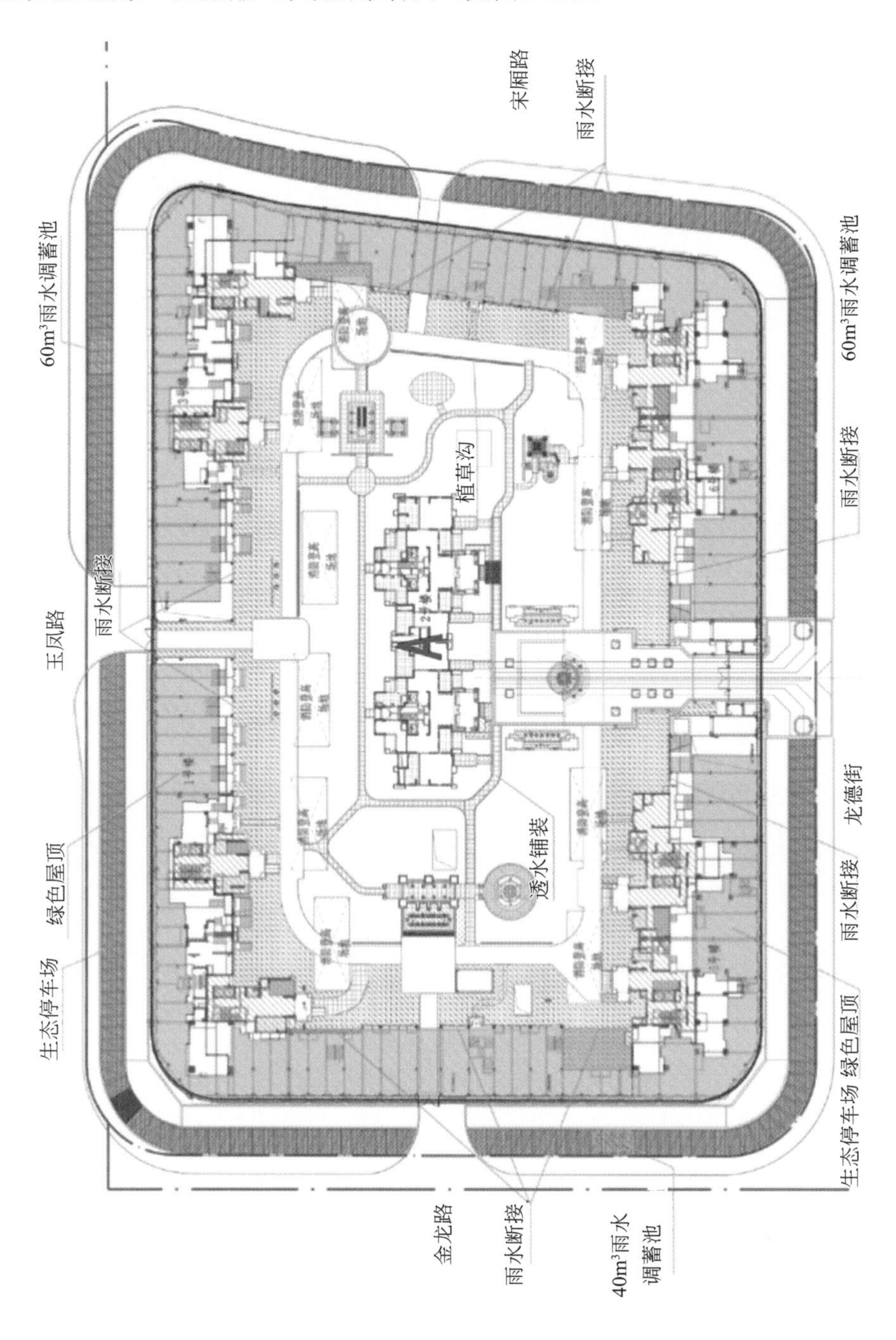

图5-69　汇水A区海绵设施布局

② 汇水B区。由于B地块部分区域已建成，此部分保留现状，不做改造，对其余部分进行海绵化布置，B1的调蓄量由增大调蓄池以及相邻的B2地块的海绵措施进行消纳（见图5-70）。

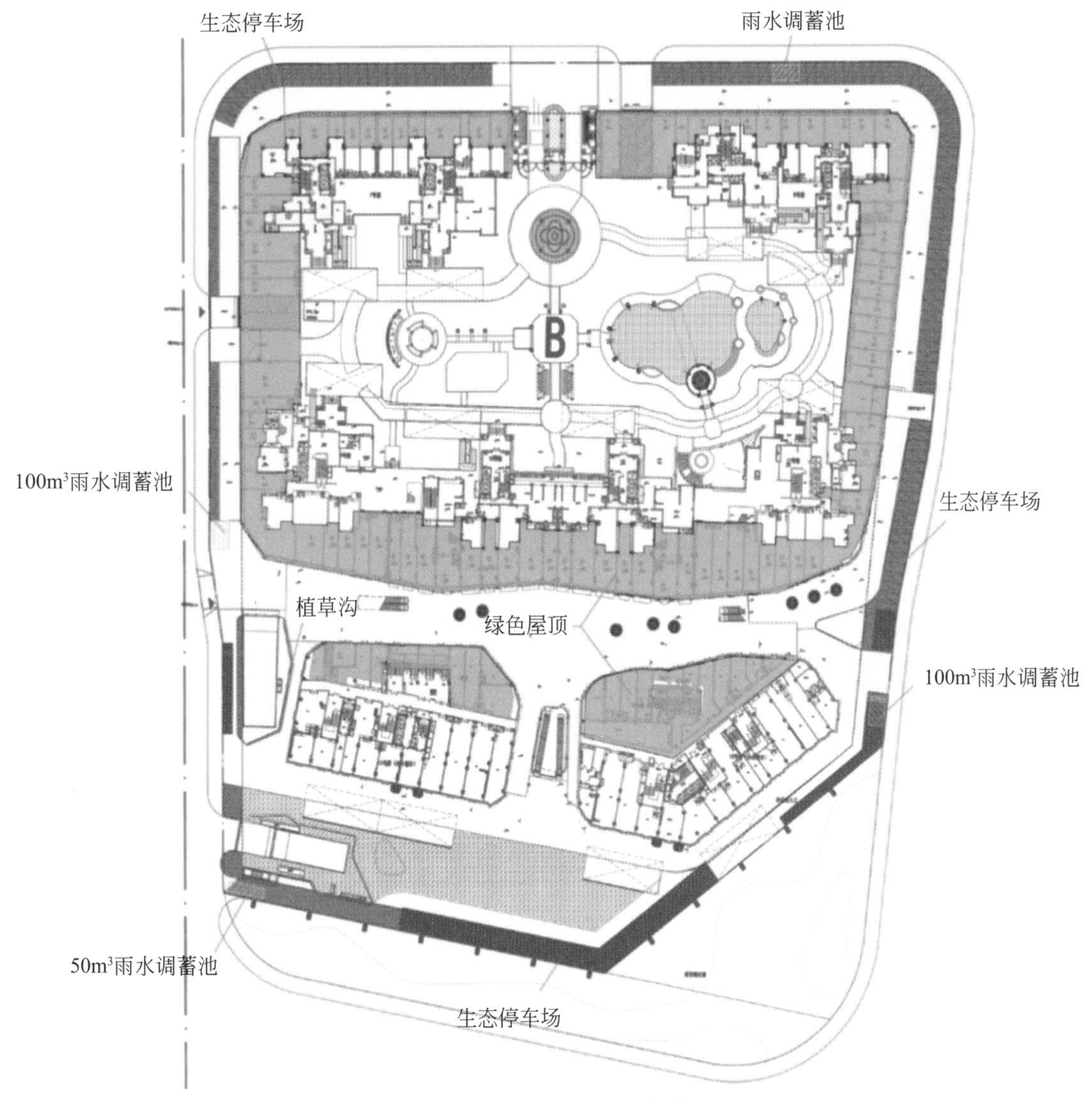

图5-70 汇水B区海绵设施布局

③ 汇水C区。C地块北面为幼儿园，地面铺装为透水铺装，绿地做成下沉式绿地，南面住宅区除裙房屋面未设置绿色屋顶外，其余做法与A地块基本相同，设置下沉式绿地及植草沟，人行路面及停车场均采用透水铺装（见图5-71）。

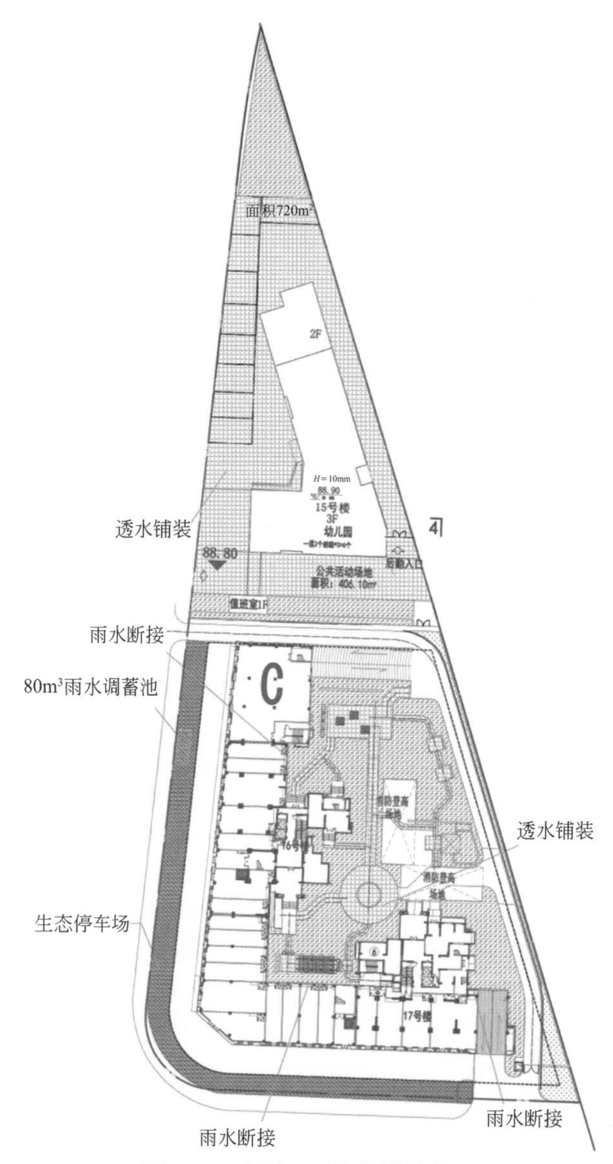

图5-71　汇水C区海绵措施布局

3）设计参数计算值

经过海绵化设计后，径流系数及雨水量控制目标见表5-33。

表5-33　海绵设计后径流系数及雨水量控制目标计算

汇水面种类	原场地汇水类型	径流系数	实际面积/m²	计算面积/m²	按75%控制率调蓄量/m³
绿地	绿地	0.15	18408.06	2761.21	71.79
屋面	混凝土屋面	0.85	15274.19	12983.06	337.56
生态停车场	停车场	0.15	6305.00	945.75	24.59
块石等铺砌路面	道路	0.80	32106.69	25685.35	667.82

续表

汇水面种类	原场地汇水类型	径流系数	实际面积/m^2	计算面积/m^2	按75%控制率调蓄量/m^3
透水铺装地面	庭院道路	0.15	2018.00	302.70	7.87
绿化屋面	绿化屋面	0.30	11356.00	3406.80	88.58
总面积		0.54	85467.94	46084.87	1198.21

设计措施及控制雨水量如表5-34所列。在75%控制率指标下，控制雨水量总计1364.79m^3。

表5-34 设计措施及控制雨水量

序号	项目	单位	数量	厚度/mm	控制雨水量/m^3
1	下沉式绿地	m^2	6723	130	873.99
2	植草沟	m^2	160	130	20.8
3	雨水调蓄池	m^3	470		470
4	总计				1364.79

根据雨水径流量计算公式：$W = 10\times\psi_c hF$（m^3），反算得到需要雨水降雨量达到29.6mm时，雨水调蓄容积可最大利用，此降雨量对应雨水控制率77.9%，大于75%，满足要求。

经计算，低影响开发设施对SS的平均去除率为0.80，年径流总量控制率为77.9%，故年SS总量去除率为0.63，满足要求。

（5）改造效果

下沉式绿地、屋顶绿化等海绵措施与园林景观较好的结合在一起，在满足海绵建设标准的同时，与景观融为一体，不但不影响景观，反而加强了景观的效果；在雨天，建好的海绵措施能把道路上雨水快速排向下沉式绿地及植草沟，有利于用道路排水功能的使用。雨水收集系统完善，雨水径流清晰，雨水资源得到净化和有效利用。

5.3.2 资金充裕、运维保障的老旧公建小区海绵化改造工程

（1）改造工程特点

该机关办公区建设年代久远，老旧程度较大，但其后期运营维护有持续的资金支持，且由于是政府机关，对海绵化改造支持度高，可深度进行改造。宜采用多样性的、创新性的、实施效果好的综合改造方案。

（2）基本情况

该办公区始建于1998年，办公区内场地硬化面积较大，现状绿化率为17.40%，主要由综合办公楼、多功能办公楼、食堂、宿舍楼组成。现状场地建筑密度

22.10%，场地内道路、办公楼中庭及屋面均为大理石及瓷砖贴面，硬化率高，雨水无法渗透，且场地道路铺装破损严重，局部出现下凹的情况，易造成积水。场地内环形通道与围墙之间设置有绿化带，存在黄土裸露现象，东南侧有一处约900m^{3}绿地花园，植物种植密度大。现状排水体制为雨污分流制，均分别埋设有雨水、污水管网，场地排水系统完善。总投资约为760万元。

（3）问题与需求分析

1）排水不畅，存在积水点

办公区现状绿地主要为花园及道路边绿化带，单块面积小，数量多，零散布置，且高出道路，造成雨水难以进入绿地，不利于道路客水的消纳；场地内硬化地面为不透水铺装，铺装使用年限较长，路面出现部分开裂下沉的情况，导致场地内部分区域积水。场地内局部道路现状见图5-72。

图5-72　场地内局部道路现状

2）办公区内无雨水断接及收集措施

屋面及路面雨水直接由场地雨水管网收集后排入周边市政管网，径流雨水污染重，易导致下游水体污染情况加重。

3）浇灌用水量大，无雨水循环利用设施

场地内道路及绿化浇灌需求较大，采用自来水浇灌费用大，雨水资源利用率低。

（4）方案设计

1）设计控制目标值

年径流总量控制率应不低于70%，即设计降雨量22.70mm；年径流污染削减率不低于50%。

2）具体方案

根据场地现状排水管道流向，结合场地竖向标高，将设计范围共划分为4个区域，场地汇水分区情况如图5-73所示。

图5-73 场地汇水分区情况

根据场地现状情况，场地通道及绿化带均根据地形环形布置，分别布置于A～D四个汇水区域内。其中，A区主要建筑物为多功能厅，面积为2741.12m^2；B区主要建筑物为综合楼，面积为5993.12m^2；C区主要建筑物为员工宿舍及室内球馆，面积为1598.05m^2；D区主要建筑物为员工食堂，并且包含场地内的大部分绿地，面积为3134.41m^2。

根据现场踏勘，结合实际情况，主要对内排水系统、绿地花园系统、道路交通系统等地方进行海绵化开发改造建设。经综合分析考虑，主要采用的低影响开发措施为生物滞留设施、透水铺装、植草沟、雨水收集利用池、绿色屋顶等，海绵措施布局见图5-74。

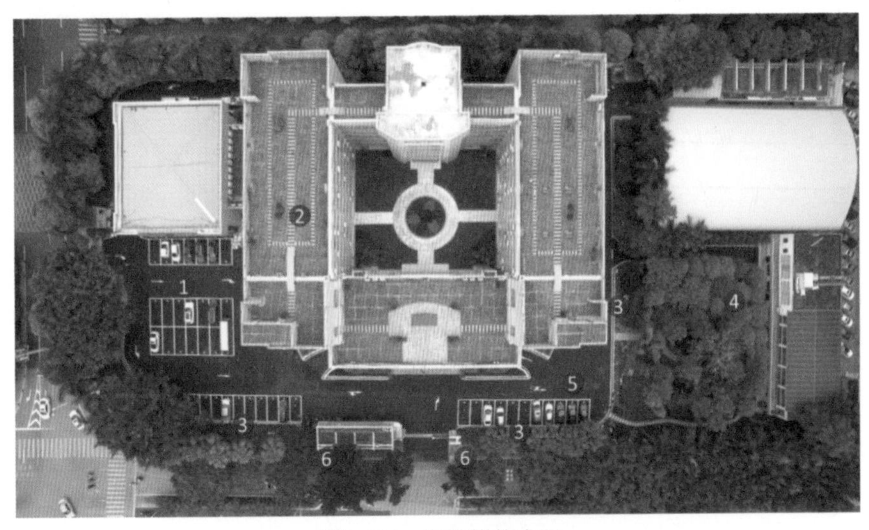

图5-74 海绵措施布局

①—透水铺装路面；②—绿色屋顶；③—下沉式绿地等生物滞留设施；④—雨水花园；⑤—生态停车场；⑥—雨水收集利用池

3）轻质绿色屋顶

由于办公区综合楼使用年限较长，为保证楼层结构安全，前期设计中无法采取一般的绿色屋顶做法。因此，在满足屋面荷载的前提下，对该办公区绿色屋顶的设计进行了有针对性的改良创新。传统绿色屋顶是由种植土与绿色植物对建设屋顶进行覆盖，以此达到海绵效果；该办公楼屋顶改造为轻质种植盒形式的绿色屋顶，植物选用佛甲草。种植盒内布置约7～9cm的轻质种植土，通过轻质植草盒作为容器布置于楼面上。

4）设计参数计算值

办公区经海绵化改造后外径流系数计算如表5-35所列。

表5-35　改造后外排径流系数计算

编号	汇水面积种类	设计汇水类型	设计取值	项目实际面积/m^2	计算径流面积/m^2	综合径流系数
1	硬屋面、未铺石子的平屋面、沥青屋面	硬屋面	0.90	2829.17	2546.25	
2	混凝土或沥青路面及广场	硬化路面	0.90	1744.55	1570.10	
3	大块石等铺砌路面及广场	花园卵石步道	0.80	91.52	73.22	
4	绿化	绿化	0.15	2216.16	332.42	
5	绿色屋面		0.30	1797.92	539.38	
6	透水铺装	透水沥青	0.25	3974.00	993.50	
7	透水铺装	透水铺砖	0.30	809.00	242.7	
8	总计			13462.32	6297.57	0.47

由表5-35可知，办公区综合径流系数已由改造前0.77减小至0.47，海绵改造后雨水径流量控制率约为76.06%，满足控制要求。污染物去除率计算如表5-36所列。

表5-36　污染物去除率计算

序号	单项设施	汇水面积S_i/m^2	各项措施汇水面积占比$S_i/\Sigma S_i$	各项措施污染物去除率η_i（以SS计）	各项措施污染物去除率与总污染物去除率的占比/%	污染物平均去除率η/%	雨水径流控制率/%	年径流污染削减率/%
1	透水沥青	3974.00	0.51	0.90	0.460	88	76.06	66.81
2	生物滞留带	66.00	0.01	0.90	0.008			
3	植草沟	66.80	0.01	0.80	0.007			
4	雨水回收利用池	1257.10	0.16	0.90	0.147			
5	绿色屋顶	1606.00	0.21	0.80	0.167			
6	透水砖	809.00	0.10	0.90	0.095			
7	合计		1.00		0.88			

由表5-36计算可知，本工程污染物削减率为66.81%，< 50%，满足控制要求。

（5）改造效果

经过海绵提升工程建设，较好地解决了场地内积水问题，有效地控制外排至周边市政雨水管网的雨水量。以问题为导向，解决使用单位的诉求，海绵化改造前后对比如图5-75所示。

(a) 改造前

(b) 改造后

图5-75 海绵化改造前后对比

该办公区海绵化改造，因地制宜改进使用了轻质绿色屋顶，同时通过增加楼面行人步道与木质观景平台；于步道转角布置花箱点缀的景观设计，将传统的绿色屋顶打造成集海绵功能、行人观景、休憩放松的“多功能”屋面。绿色屋顶改造前后对比如图5-76所示。

(a) 改造前

(b) 改造后

图5-76 绿色屋顶改造前后对比

（6）后期运行维护

1）维护管理机制

项目竣工期满一年后，移交项目所在单位后勤部进行维护管理，设计单位针对本项目编制《低影响开发雨水设施运行维护管理手册》，供维护单位进行指导、维护与实施。

2）维护管理费用保障情况及保障机制

每年均有预算内维修经费，其中包括海绵设施维护专项费用，如更换死亡植株、植被修剪、主体清淤等。

3）维护管理中遇到的突出问题及解决措施

项目竣工一年内，期间均由施工方人员对海绵设施进行维护，由于维护人员不固定，造成维护不到位，海绵设施功能有一定的衰减。在项目移交后维护管理应由专业维护和管理人员进行，并应对专业维护和管理人员加强专业技术培训。

5.3.3 场地开阔、意愿一致的老旧公建小区海绵化改造工程

（1）改造工程特点

本项目主要采用“渗、蓄、净、用”的海绵城市建设理念，通过雨水花园、透水铺装、雨水蓄渗水池、植草沟、生物滞留设施等低影响开发措施对博物馆区域进行海绵城市提升改造。考虑到本项目为改造项目，博物馆建成时间短，在设计时尽量保留现状，避免大量开挖，充分利用南部环形水系进行雨水调蓄。此外，在园区绿化率较高的有利条件下，分散式地在绿地区域布置下沉式绿地、雨水花园等，同时在道路两侧大量布置渗透植草沟进行雨水的下渗及转输，将路面雨水引流至下沉式绿地里，避免了大范围的竖向改造。

（2）基本情况

博物馆位于城市新区，北临江水，对望某景区景观塔，周边自然环境优美。本工程是对已建成项目进行海绵化改造，项目建设有一栋办公展览综合楼，改造前建筑单体及室外总体景观均已施工完成，且绿地植被丰富、长势良好。改造前，博物馆广场采用花岗岩铺装，生态停车场采用植草砖铺设，主体建筑屋面为叶片状的硬屋面，人行道为透水铺装。园区内雨水排水分为6个排出口，经室外雨水管收集后排至四周市政雨水管网。项目总用地面积60943m^2，于2015年5月开始研究阶段，2015年8月开始设计阶段，2015年12月正式施工，2016年6月竣工。

（3）问题与需求分析

园区内现状绿地大多为普通绿地，单块面积小、数量多、分散布置，但是大部分高出道路广场约0.1m，造成雨水难以进入绿地且场地土壤均为红黏土，透水性差，不利于雨水滞留渗排；园区内建筑占地面积大，广场铺地较多，且大多数为不透水铺装，其径流量较大，不符合海绵城市建设雨水径流源头控制的原则；园区内人工湖水系面积较大，水深较浅，采用防渗做法，且由于周围室外雨水管网标高较

低，管内雨水无法重力自流至人工湖，未能实现人工湖雨水调蓄及下渗功能，人工湖水源主要为自来水。

（4）方案设计

1）设计控制目标值

年径流总量控制率不低于70%；年径流污染削减率不低于50%。

2）具体方案

① 场地下垫面分析和汇水区域划分。根据场地中部高，四周低（见图5-77），水系驳岸坡度较大的特点，结合雨水管网分布及水系划分汇水分区，具体汇水分区为如图5-78所示的A、B、C、D、E、F、G七个分区。

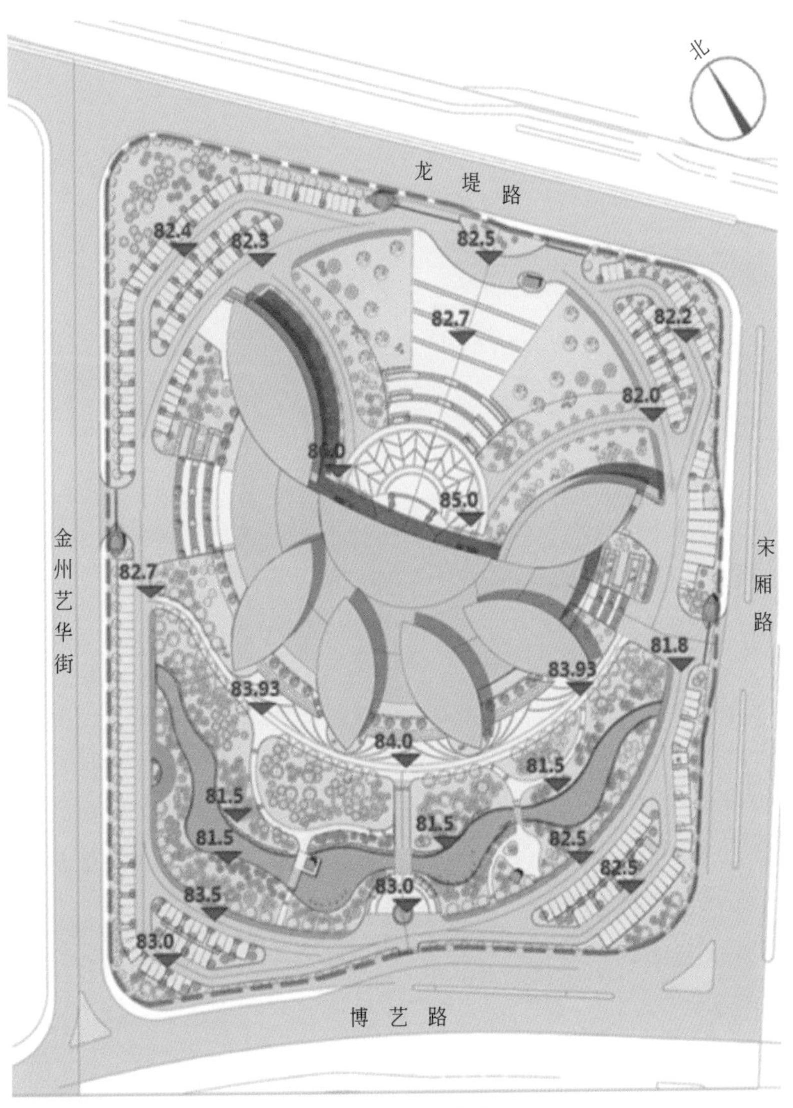

图5-77 高程分析

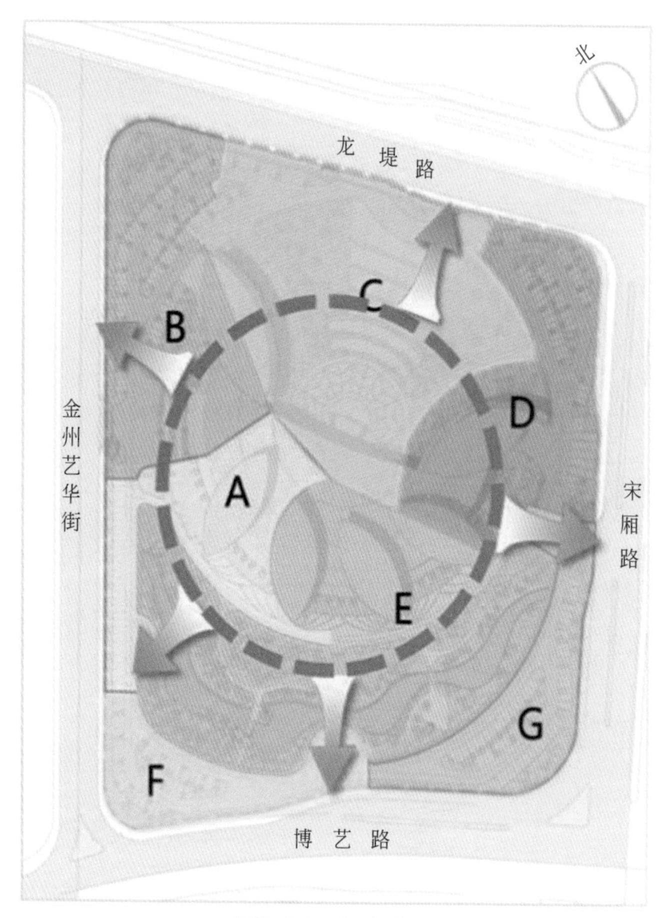

图5-78 汇水分区

外排径流系数计算：根据各汇水分区下垫面进行计算，博物馆现状外排径流系数为0.53。现状外排径流系数计算如表5-37所列。

表5-37 现状外排径流系数计算

编号	汇水面积种类	设计汇水类型	径流系数设计取值	实际面积/m^2	计算径流面积/m^2	初始外排综合径流系数
1	硬屋面、未铺石子的平屋面、沥青屋面	排入管道的硬屋面	0.90	10773	9696	
2	混凝土或沥青路面及广场	路面、广场	0.90	19766	17789	
3	透水砖铺装	现状透水砖人行道	0.40	1050	420	
4	透水铺装路面	现状植草格生态停车场	0.20	5347	1069	
5	水体	人工湖	0	2749	0	
6	绿地	绿地	0.15	21258	3189	
7	总计			60943	32163	0.53

② 海绵设施的设计、选择与计算。主要采用“渗、蓄、净、用”的海绵城市建设理念，通过雨水花园、透水铺装、雨水蓄渗水池、植草沟、生物滞留设施等低影响开发措施对博物馆区域进行海绵城市提升改造。

海绵设施布置如图5-79所示。

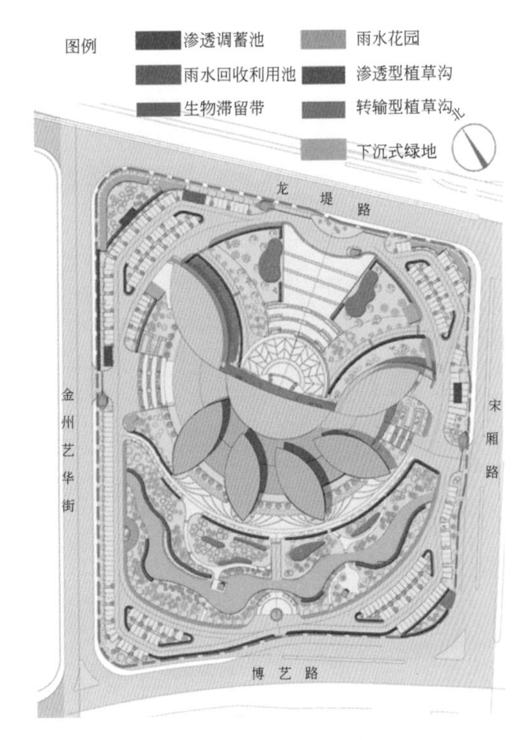

图5-79 海绵设施布置

道路雨水通过路缘石开口经过绿地、植草沟等进入下沉式绿地或生物滞留池中下渗。超过下沉式绿地或生物滞留池容积的雨水，与部分通过雨水口、排水沟汇集的雨水被雨水调蓄池进行收集下渗或利用。屋面雨水经过断接，消能井消能后，与部分广场雨水经过植草沟、雨水花园过滤渗透后，并经过植被缓冲带，将雨水汇至人工湖，对人工湖进行补水，重力自流条件下实现人工湖调蓄雨水的功能（见图5-80）。

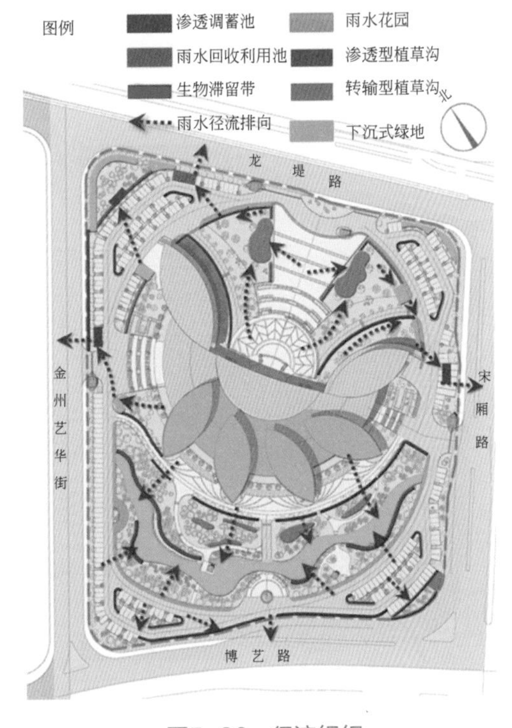

图5-80 径流组织

③ 海绵节点设计

Ⅰ. 雨水花园：园区内绿地较为零散，环建筑四周绿地由于高差原因均采用阶梯形式，且种植密度较大。根据竖向地形，在园区主入口两侧及人工湖附近设置8处雨水花园，面积约988m²。主要对雨水进行渗透、滞留、净化及利用。雨水花园设置有蓄水层300mm，100mm超高，考虑持续降雨，在最高集水面50mm处设计溢流口，多余雨水经溢流口溢流至雨水管网。雨水花园种植土厚度为900mm，隔离层设计有透水土工布，渗透、存储层设计有厚度450mm砂砾石，避免雨水滞留时间过长影响植物，在砂砾层底部设有渗排管（见图5-81）。雨水花园可对雨水进行下渗、滞留、净化及利用，有效控制洪峰值，在雨水花园面层有厚80mm覆盖层，有效地控制径流污染消减。

图5-81　雨水花园断面示意

Ⅱ. 屋面雨水断接至雨水花园：将南侧屋面倒虹吸雨水断接至雨水花园（见图5-82），屋面雨水出户管经消能井消能后，以壅水的方式接至雨水花园，在经雨水花园下渗、滞留及净化后作为人工湖补水用水。雨水断接屋面面积为3957m^2。

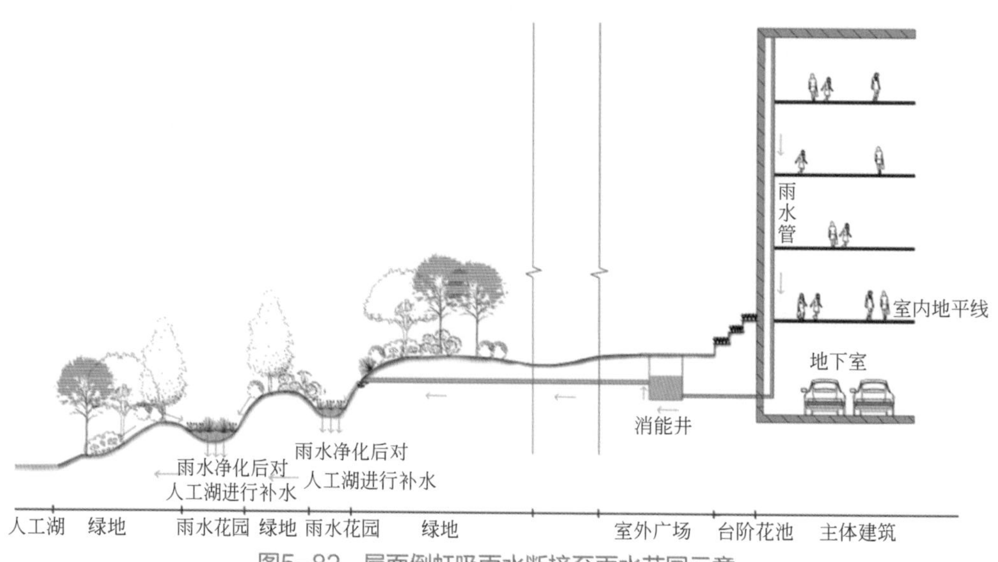

图5-82　屋面倒虹吸雨水断接至雨水花园示意

Ⅲ. 雨水收集利用：雨水进入雨水花园、植草沟、下沉式绿地等海绵设施下渗、滞留及净化后溢流至雨水管网，在管网末端排出口分别设置4座埋地式雨水蓄水池，其中3座各$80m^3$的雨水调蓄池，主要进行下渗，消减洪峰值；1座$140m^3$的雨水回用池，雨水经一体化处理设备处理合格后进行园区绿化用水及道路冲洗。雨水采用回收过滤一体化设计系统，经弃流→沉淀→过滤→消毒→绿化浇灌等流程。

雨水一体化处理设备示意见图5-83。

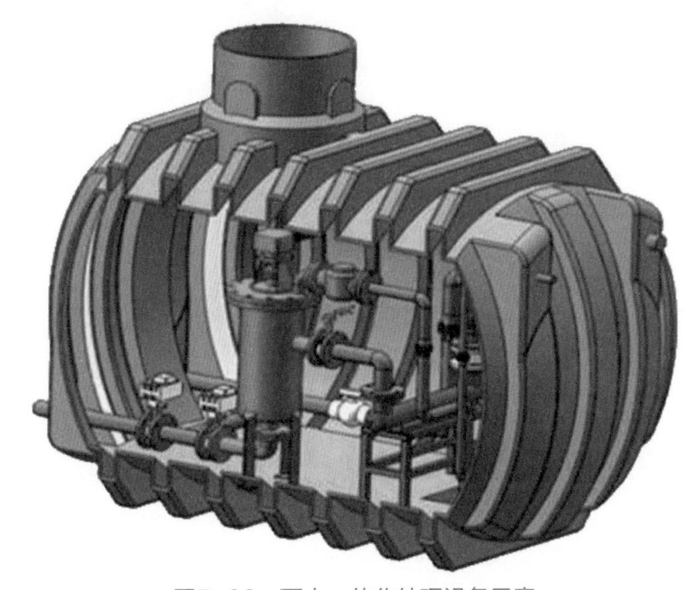

图5-83　雨水一体化处理设备示意

Ⅳ. 路缘石开口与植草沟结合：在园区内部分道路的路缘石开口，将道路铺装广场雨水汇流至植草沟，经植草沟转输至雨水花园或下沉式绿地，进行下渗、滞留及过滤。立缘石开设的孔洞尺寸为250mm×100mm，路缘石开口长度为631m，植草沟面积为$761m^2$。

④ 海绵景观设计。博物馆开放包容的设计理念，使得无论是大师才华集锦亦或是民间智慧荟萃，在这里都能有一方展示天地。多样化的展示方式与生态化的景观设计碰撞结合，将区域的古今变迁、人文风情向观者娓娓道来，谱写了城市历史智慧与生态环境完美融合的优美乐章。其中，海绵景观效果展示便是最亮眼的乐谱之一。方案巧妙地将游览路线与海绵设施相结合，利用博物馆本身的科普功能，向游客传播海绵理念。

以主入口为起点，环博物馆一周进行游览，整个海绵景观以起景—过渡—高潮—结束为海绵景观游览序列的节奏感，逐渐引人入胜。海绵景观游览路线如图5-84所示。

一进入景区正门，位于主入口广场中轴两侧的大面积雨水花园便映入眼帘，通过将鸢尾、美人蕉、旱伞草等多种植物合理配置，打造出错落有致的花园式景观，为主广场增添亮点。主入口雨水花园实景如图5-85所示。

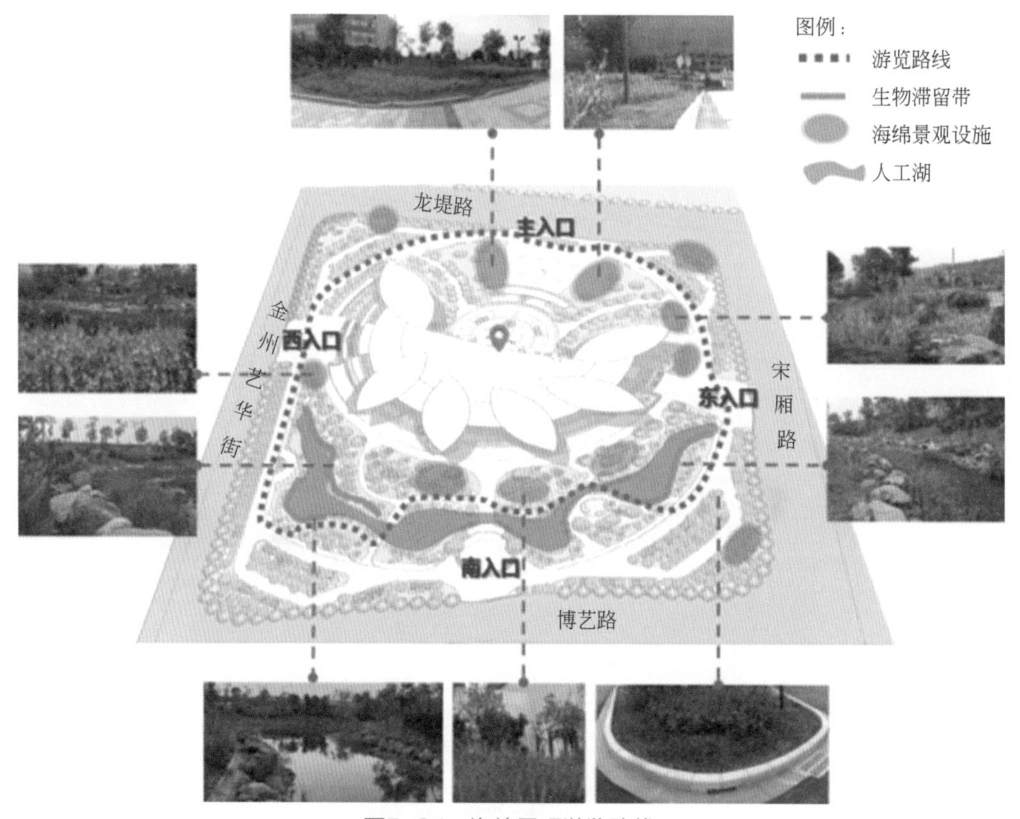

图5-84　海绵景观游览路线

图5-85　主入口雨水花园实景

步移景异，往东面继续游览，即可看见用心打造的植草沟和停车场附近的小面积下沉式绿地，充分体现了海绵理念与景观设计的完美结合。停车场旁下沉式绿地实景如图5-86所示。

图5-86　停车场旁下沉式绿地实景

经过东门，便来到了南面的叠石水溪，呈现在眼前的是一派绿影横斜、姹紫嫣红、水朗疏清的景象，自然野趣的景观氛围让人心旷神怡。岸边绿地设置了雨水花园，同时还在驳岸两侧增添了生物滞留带，既形成了一道独特的植物景观，又能起到收集储藏雨水，进行水体净化的作用。人工湖驳岸生物滞留带实景如图5-87所示。

图5-87　人工湖驳岸生物滞留带实景

欣赏完人工湖美景之后，往西面行走，沿着一路的植草沟和忽而让人眼前一亮的下沉式绿地，便回到主入口，结束了整个海绵景观的游赏。下沉式绿地实景和植草沟实景分别如图5-88、图5-89所示。

图5-88　下沉式绿地实景

图5-89　植草沟实景

3）设计参数计算值

以A区为例：

A区位于园区西南侧，计算汇水面积为5979m^2，现状场地有道路、生态停车场、绿地等，采用渗透型植草沟及渗透调蓄池进行海绵改造。A区海绵化改造计算见表5-38～表5-41。

表5-38 A区改造后外排径流系数计算

编号	汇水面积种类	设计汇水类型	径流系数设计取值	实际面积/m^2	计算径流面积/m^2	初始外排综合径流系数	按75%控制率调蓄量/m^3
1	硬屋面、未铺石子的平屋面、沥青屋面	排入管道的硬屋面	0.90	2088	1879		49
2	混凝土或沥青路面及广场	路面、广场	0.90	1763	1587		41
3	透水砖铺装	现状透水砖人行道	0.40	127	51		1
4	透水铺装路面	现状植草格生态停车场	0.20	558	112		3
5	绿地	绿地	0.15	1348	202		5
6	海绵渗透设施	渗透型植草沟	0	95	0		0
7	总计			5979	3831	0.66	99

表5-39 A区海绵化计算

A汇水分区	雨量径流系数	容积	面积	降雨量	径流总量控制率
A区汇水面积F_A/hm^2			5979		
综合雨量径流系数φ	0.66				
渗透型植草沟可做面积F_{RS}/m^2			95		
单位面积渗透型植草沟蓄水层容积W_X/m^3，蓄水层有效深度0.15m		0.15			
单位面积渗透型植草沟2h下渗量W_P/m^3，排空时间$t=12$h，土壤渗透系数$K=5.79\times10^{-6}$m/s		0.03			
单位面积渗透型植草沟调蓄容积$W=W_X+W_P$/m^3		0.18			
渗透型植草沟调蓄容积$V_{RS}=F_{RS}\cdot W$/m^3		17.1			
雨水渗透调蓄池调蓄容积/m^3		80			
A区设计调蓄容积V_A/m^3		97.1			
A区设计降雨量$H_A=V/(F\cdot\varphi\cdot10)$/mm				24.6	
A区雨水年径流总量控制率α_A/%					72.5

表5-40 A区控制措施雨水量

序号	项目	单位	数量	控制雨水量/m^3	污染物去除率（以SS计）/%	单项设施SS去除率/%	雨水年径流总量控制率/%
1	渗透型植草沟	m^2	95	17.1	60	17.3	
2	雨水渗透调蓄池	套	1	80	85	60.5	
3	小计			97.1		61.2	72.5

表5-41 其余各地块区域措施控制雨水量

序号	项目	单位	数量	控制雨水量/m^3	污染物去除率（以SS计）/%	单项设施SS去除率/%	雨水年径流总量控制率/%
B区（汇水面积FB＝0.83hm^2）							
1	下沉式绿地	m^2	358	54	60	20.4	
2	渗透型植草沟	m^2	106	16	60	6.4	
3	雨水渗透调蓄池	套	1	80	85	45.3	
4	小计			150		57.8	80.1
C区（汇水面积FB＝1.44hm^2）							
1	雨水花园	m^2	589	176	80	42.3	
2	下沉式绿地	m^2	46	7	60	1.3	
3	渗透型植草沟	m^2	66	10	60	1.8	
4	雨水利用调蓄池	套	1	140	85	35.7	
5	小计			333		68.53	84.5
D区（汇水面积FB＝0.82hm^2）							
1	下沉式绿地	m^2	149	22	60	12.11	
2	渗透型植草沟	m^2	44	7	60	3.85	
3	雨水渗透调蓄池	套	1	80	85	62.4	
4	小计			109		56.6	72.2
E区（汇水面积FB＝1.6hm^2）							
1	雨水花园	m^2	138	106	80	33.8	
2	渗透型植草沟	m^2	356	21	60	5.0	
3	生物滞留带	m^2	412	124	80	39.5	
4	小计			251		67.42	86.1
F区（汇水面积FB＝0.36hm^2）							
1	渗透型植草沟	m^2	136	20	60	60	
2	小计			20		27.7	46.1
G区（汇水面积FB＝0.45hm^2）							
1	雨水花园	m^2	176	13	80	26.67	
2	渗透型植草沟	m^2	43	26	60	40	
3	小计			39		40.33	60.5

通过对各块雨水年经流总量控制率的加权平均α =（αAFA+αBFB+…+αGFG）/（FA+FB+…+FG）=（0.6×72.5%+0.83×80.1%+…+0.45×60.5%）/（0.6+0.83+…+0.45）= 77.4%，得雨水年经流总量控制率为77.4%，径流污染削减率为63.32%，改造后初始外排综合径流系数0.52，满足海绵建设目标要求。

（5）改造效果

本项目采用源头削减、中途转输、末端调蓄等多种手段，通过渗、滞、蓄、净、用、排多种技术，实现城市良性水文循环，提高对径流雨水的渗透、调蓄、净化、利用和排放能力，达到了海绵城市建设的目标。海绵化改造前后对比见表5-42。

表5-42　海绵化改造前后对比

项目	年径流总量控制率/%	年径流污染削减率/%	雨水资源化利用率/%	峰值径流系数
改造前	45	30	0	0.53
改造后	77.4	63.32	14	0.52

海绵化改造项目关键的技术要点在于如何将道路、广场、屋面的雨水引至设计海绵设施点。只有雨水能够顺利汇流至海绵设施处，海绵化改造才能真正落到实处，起到控制径流量，减少径流污染的作用。路缘石改造前后对比见图5-90。路缘石及植草沟改造前后对比见图5-91，改造之后路面雨水可以通过开口路缘石进入植草沟，经植草沟转输至雨水花园或下沉式绿地。

主入口两侧雨水花园改造前后对比见图5-92，改造前主入口两侧绿地主要是自然野趣的疏林绿地，经过改造后，广场雨水汇流至两侧雨水花园，广场雨水下渗减排，同时增加了主入口的景观丰富性。

水系驳岸改造前后对比见图5-93，改造前水系驳岸主要以疏林绿地为主，经过设置梯级生物滞留带进行雨水的逐级净化后，回补水系，既调蓄了雨水，又提升了景观效果。

(a) 改造前

(b) 改造后

图5-90　路缘石改造前后对比

(a) 改造前

(b) 改造后

图5-91 路缘石及植草沟改造前后对比

(a) 改造前

(b) 改造后

图5-92 主入口两侧雨水花园改造前后对比

(a) 改造前

(b) 改造后

图5-93 水系驳岸改造前后对比

项目结合景观及绿化专业理念共同设计，既达到海绵目标又达到提升景观效果的作用。完成后，得到专家认可，受到电视台采访，为城市新区的海绵建设起到了促进作用。

5.3.4 德国波茨坦广场雨水控制与利用改造工程

（1）基本情况

目前，有很多措施可以用于生态城市的建设。但是，将各种措施进行有机地组合用于大型项目的建设还比较少。波茨坦广场的规划设计在各种生态措施的整合方面成为一个典型案例，包含能耗目标、环境友好材料的使用，以及完整的雨水绿色管理概念。按照市议会的要求，这一区域的雨水峰值排放量为3L/（s・/hm^2）。这意味着要在大雨时削减峰值径流，从而避免雨水进入合流制排水系统。波茨坦广场与兰德维尔河平面关系见图5-94。

图5-94 波茨坦广场与兰德维尔河平面关系

每年来自19栋建筑的23000m^{3}的雨水通过以下措施进行控制和利用：

① 大量高密度的绿色屋顶。

② 屋顶径流雨水用于冲厕和绿化灌溉。

③ 人工湖补水。

其中，绿化屋顶面积达40000m^2（见图5-95），雨水储存池容积3500m^3，人工湖面积12000m^2，用于雨水处理的人工湿地1200m^2。

图5-95　波茨坦广场建筑屋顶绿化

（2）基本情况

图5-96为波茨坦广场主景观水体冬季实景图，如图5-97所示为波茨坦广场雨水调蓄与循环系统流程，可以看出该系统主要由两个部分构成：一是图右侧所示的屋面雨水调蓄利用系统；二是图左侧的景观水体循环净化系统。

图5-96　波茨坦广场主景观水体冬季实景

图5-98展示了波茨坦广场雨水控制利用的水量关系，可以看出整个系统由约3500m^{3}的调蓄水池和15000m^{3}的景观水体组成（其中12000m^{3}正常容积和3000m^{3}的缓冲容积），屋面雨水经过落水管进入地下的调蓄水池，再经过泵提升到最南边的景观水池中，进入水体之前先由人工湿地进行净化。

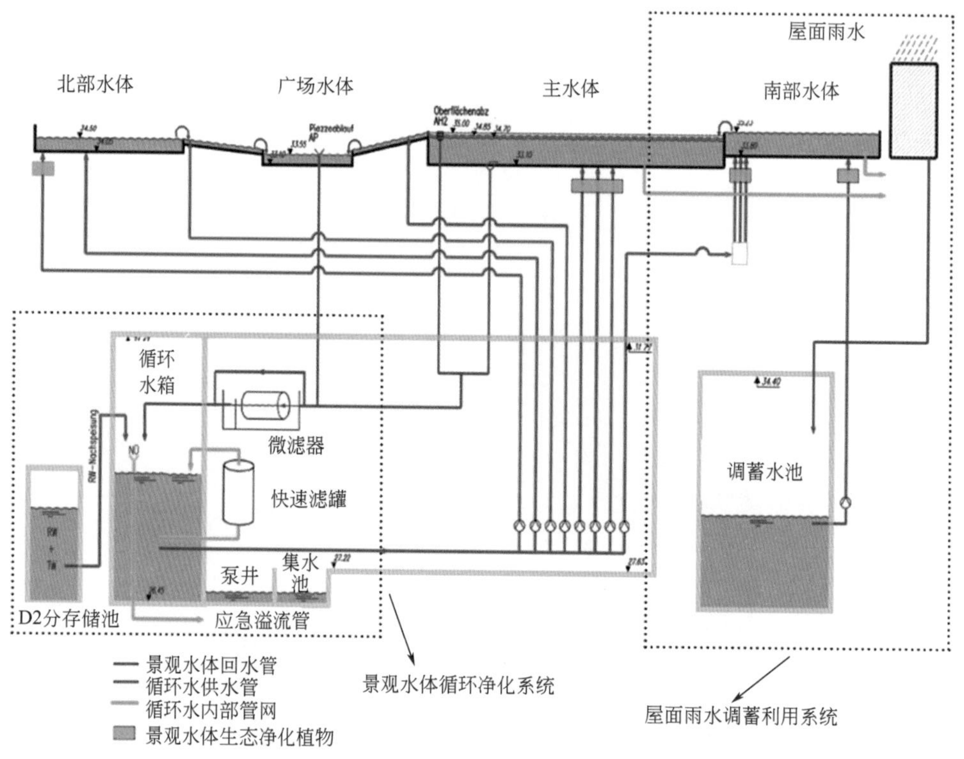

图5-97　波茨坦广场雨水调蓄与循环系统流程

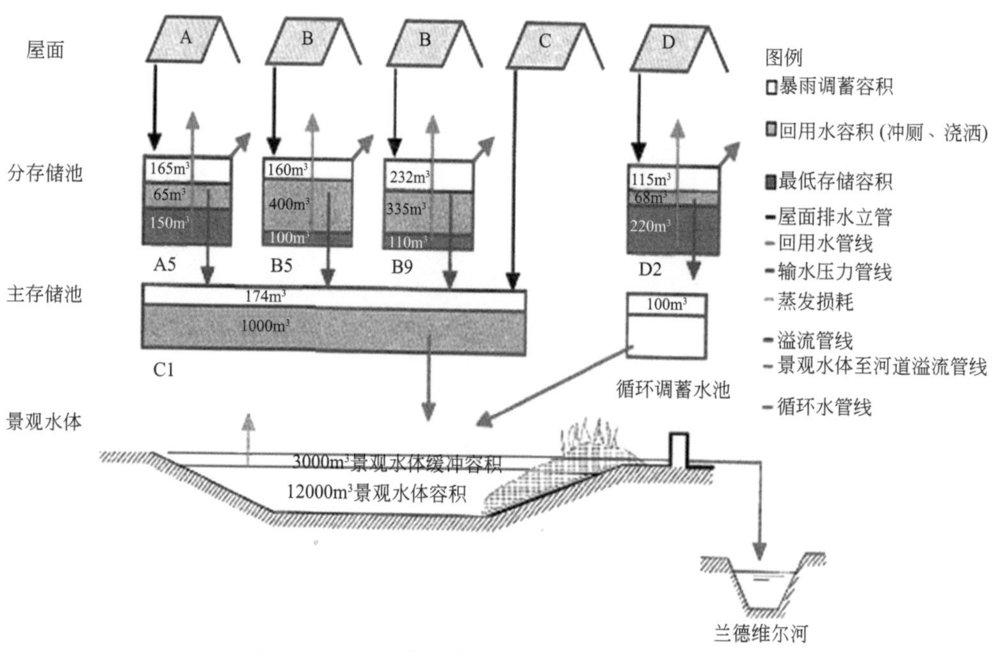

图5-98　波茨坦广场雨水控制利用的水量关系

调蓄水池有4个分存储池（容积分别为563m³、660m³、677m³、403m³）和1个主存储池，其中4个分存储池的容积包括暴雨调蓄容积、回用水容积和最低存储容积，分别位于A5、B5、B9和D2楼下，主存储池在C1楼下，有暴雨调蓄容积194m³和回用水容积1000m³，A5、B5、B9分存储池的雨水最终进入C1主存储池，最终泵入南部水体。另外，在景观水体循环净化系统中配有100m³的循环调蓄水池，D2分存储池的雨水进入循环调蓄水池。

在大暴雨时，景观水体的3000m³的缓冲容积也充满，景观水池中的水则通过溢流管道排入兰德维尔河。

循环净化系统在向景观水体供水时，分多个供水点，其中北部水体有2个供水点，其中1个供水点处有人工湿地；广场水体有2个供水点；主水体有3个供水点，供水点处均有人工湿地；南部水体有3个供水点，供水点也均有人工湿地。图5-99为波茨坦广场景观水体净化湿地。

图5-99 波茨坦广场景观水体净化湿地

循环净化系统主要由景观水体向循环调蓄水池的回水子系统和循环水池自净化循环子系统组成。景观水体中的水由分布在广场水体和主水体上的3个回水管，经微滤器后回到循环水池。循环水池自身配备快速滤罐，过滤由景观水体和D2分存储池进入循环水池中的水，快速滤罐配有加药装置。雨水及景观水体循环净化处理设施见图5-100。

图5-100 雨水及景观水体循环净化处理设施

5.3.5 美国波特兰市雨水管断接改造优化工程

（1）基本情况

波特兰居住区雨水系统改造起步较早，在绿色基础设施的开发实践、雨水可持续管理等方面具有一定的引领作用。在1995年实施的“雨落管断接计划”就作为《合流制溢流管理规划》的一部分被提出，“雨落管断接”虽为单一的一项雨水系统改造措施，但是这一项目涉及范围较广，为波特兰建成区的雨水系统改造创造了一个良好开端。

雨落管断接策略利用建筑周边绿地营造溢流种植池与渗滤种植池来承接屋面径流，切断落水管与排水管网的直接连接，雨落管断接示例见图5-101。生态屋顶从源头上消减屋面径流量，与溢流种植池搭配应用。上述设施是波特兰雨洪管理景观基础设施的主体类型，其工程构造、植物营造上采取了模式化的构建方式，设施的规模通常在几平方米到几十平方米不等。

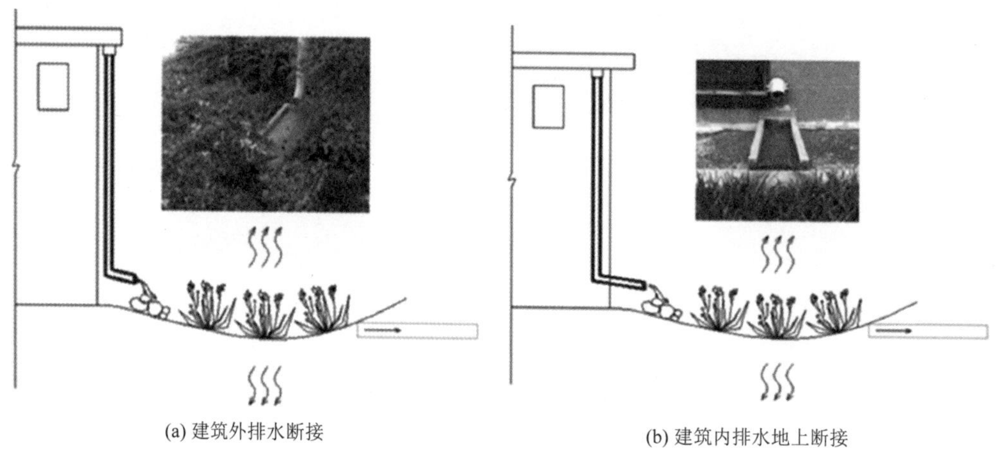

图5-101 雨落管断接示例

该项工程由政府发起，倡导居民将原先接入雨污混流市政管道的屋顶排水管的出口改为接入周边花园或者草坪。政府派专业人员挨家挨户宣传，并提供技术咨询。用户可以选择自行断开雨水口，并获得56美元补助；或直接由专业人员提供免费施工改造服务。据统计，超过5600户家庭加入这个计划，工程实施后，每年约45万立方米的雨水不再进入雨污管道中，合流制排水管网中约20%的溢流污染量被除掉，但工程费用仅占溢流污染控制总工程费用的1%。因此，该工程被认为是一项经济实用，效果显著的雨水绿色基础设施工程。

另外，为有效指导雨落管断接项目的实施，1996年和2004年分别颁布了《住宅屋面排水断接及附加项目指南》和《合流制区域现有雨落管断接项目指南》。

（2）具体案例

建筑屋面的雨洪管理采用落水管阻隔策略，设置有溢流种植池、渗滤种植池、植草沟（见图5-102～图5-104）3种设施。溢流种植池承接落水管，沿建筑外墙面作为基础绿带布置，宽度为1200～1500mm，雨水滞留深度为100～150mm。渗滤种植池利用建筑周边绿地设置，承接屋面及建筑外环境场地的径流量，设施与建筑外墙基础的距离大于3～5m，平面尺寸各异，雨水滞留深度一般为150～200mm。少数采用了植草沟，用以承接落水管及建筑外侧道路的径流量。部分在应用落水管阻隔策略的基础上，营造了生态屋顶，起到消减屋面径流的初始流量的目的。

植被特征方面，大部分设施中植被覆盖度适中，株型饱满健康，无裸露地表，多数采用乔灌草的复合栽植方式，少数为单层的草本栽植模式。植被多具有耐湿、抗旱及耐阴性。

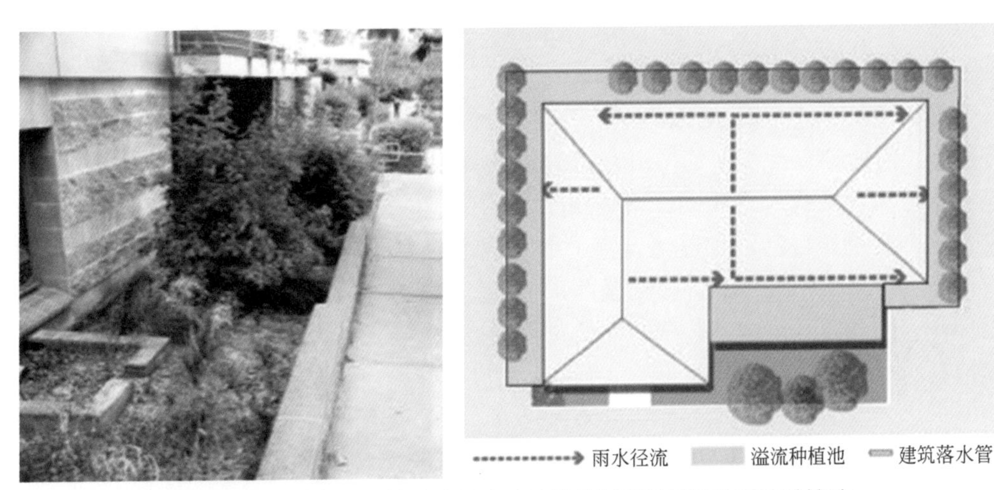

图5-102 特莱恩溪流公寓结合建筑外墙基础绿带设置溢流种植池

图5-103 巴克曼高地公寓结合建筑庭院绿地设置渗滤种植池

图5-104　内斯特公寓溢流种植池

工程特征方面，出现有溢流口、引流槽、拦截坝、蓄水箱、景观小品（见图5-105）等措施。溢流口、拦截坝的构筑方式与绿色街道策略一致。部分案例中设施布局与落水管径流出口有一定距离，多采用引流槽连接，可将屋面径流快速导入设施内。仅有一个案例结合溢流种植池设置了地下蓄水箱，将收集的水资源用以水景营造，但由于造价及维护成本高，该措施并未普遍推广。少数案例构筑了景观小品，把雨水冲洗、滴落及从屋顶蔓延到地面的过程通过生态装置艺术展示出来，利用屋面径流造景，增加雨洪管理景观的吸引力和关注度。

图5-105　部分案例构筑景观小品

参考文献

[1] 王沛永. 美国High Point住宅区低影响土地开发（LID）技术应用的案例研究［A］. 中国风景园林学会. 中国风景园林学会2011年会论文集（下册）［C］. 中国风景园林学会：中国风景园林学会，2011:7.

[2] http://jz.docin.com/p-1543249785.html.

[3] 葛润青. 德国生态住区建设研究——以汉诺威康斯伯格为例［J］. 绿色科技，2016（18）:143-146.

[4] http://www.sohu.com/a/276066594_827352.

[5] 章健玲. 德国柏林波茨坦广场［J］. 风景园林，2010（01）:59-62.

[6] 张文辉，张如真. 广场设计中的"海绵城市"应用——柏林波茨坦广场案例分析［J］. 建筑节能，2017,45（10）:80-83，87.

[7] 李亮. 德国建筑中雨水收集利用［J］. 世界建筑，2002（12）:56-58.

[8] 张晶晶，车伍，闫攀，等. 雨水断接技术在旧城改造领域的应用分析［J］. 建筑科学，2015,31（02）:118-125.

[9] 朱乃轩，车伍，张伟，等. 美国城市建成区雨水系统改造经验分析［J］. 中国给水排水，2017,33（20）:5-10.

[10] 刘家琳，张建林. 波特兰雨洪管理景观基础设施实践调查研究［J］. 中国园林，2015,31（08）:94-99.

[11] 刘家琳. 波特兰市"Grey to Green"雨洪管理策略与实践探析［J］. 动感（生态城市与绿色建筑），2014（04）:78-83.

[12] 马慧洁，韩雪原. 水敏性城市设计的评价原则与应用研究——以美国波特兰地区为例［J］. 小城镇建设，2017（04）:58-65.